해양과학총서 7

극지와 인간 2판

국립중앙도서관 출판시도서목록(CIP)

극지와 인간 / 2판 / 장순근, 이재학 엮음. -- 안산 :
한국해양과학기술원(전 한국해양연구원), 2013년 12월 17일
p.224 ; 18.8×25.7cm

ISBN 978-89-444-9007-1 04450 : ₩18,000
ISBN 978-89-444-1022-2(세트) 04450

극지[極地]

450.97-KDC5
559.89-DDC21 CIP2013025263

해양과학총서 7

극지와 인간

발행인 | 강정극
발행처 | 한국해양과학기술원
책임편집 | 장순근, 이재학
출판기획 | 한종엽, 조정현
편집디자인 | 모모새비지니스
인쇄 | 올리브 디앤피
표지 일러스트 | 손정호

초판 발행 | 2001. 11. 30
2판 발행 | 2013. 12. 17

출판등록 | 1990. 09. 07 안산시 제9호
ISBN 978-89-444-1022-2 (세트)
ISBN 978-89-444-9007-1 (04450) 값 18,000원

한국해양과학기술원 www.kiost.ac
주 소 | 426-744 경기도 안산시 상록구 해안로 787
Tel. 031)400-6000
주문·보급 | 계백북스
Tel. 02)734-2267, 734-9914 Fax. 02)736-9917

극지와 인간 2판

장순근 · 이재학 엮음

KIOST
한국해양과학기술원

목 차

1장 극지의 자연환경

지구의 양쪽 끝에 있는 극지는 하늘이 다르고 공기가 다르다. 땅을 덮은 두꺼운 얼음은 천천히 흘러내리며 차가운 바다는 계절 따라 얼고 녹는다. 그 땅과 바다에도 특유한 생물들이 있어, 생명체의 위대함을 느끼게 한다.

2장 극지와 인간

북극에서는 오래 전부터 사람이 살아왔으나 남극은 19세기 초에 발견되어 해안과 내륙과 극점이 탐험되었다. 지금은 많은 상주 기지들과 하계기지가 들어서 있으며 다양한 연구를 하고 있다.

3장 우리나라의 극지 연구사와 연구기반

우리나라는 1978년 크릴을 어획하기 시작한 후 남극조약에 가입했다. 1988년 2월 17일 세종기지를 준공했으며, 이어 다산기지와 극지연구소를 설립했다. 쇄빙연구선이 취항했으며 남극대륙에 장보고기지를 준공할 예정이다.

4장 우리나라의 극지 연구

1978년에 크릴 연구로 시작된 우리나라의 극지 연구는 생명과학, 해양과학, 대기과학, 지질과학, 빙설과학, 운석과학으로 넓어졌다. 연구지역도 남극반도 일대를 벗어나 남극대륙 내부와 주변해역으로 확장하였으며 북극도 연구하고 있다.

부 록

우리나라가 극지 연구를
시작한지 30여 년이 지나면서
괄목할 만한 발전을 이루었다.

2001년 11월 당시 한국해양연구원(KORDI)이 『해양과학총서』 7권으로 「남극과 지구환경」을 발간하였다. 그때만 해도 옛날이었다. 시간이 흘러 당시 한국해양연구원이 2012년 7월 한국해양과학기술원(KIOST)으로 확대 개편되었다. 그동안 한국해양과학기술원의 연구 규모와 연구 역량은 엄청나게 증대되었다.

처음 「남극과 지구환경」이 나올 당시와 비교하면 우리나라와 극지의 관계는 매우 확대되고 긴밀해졌다. 예컨대, 북극 스발바르(Svalbard) 군도 스피츠베르겐(Spitsbergen) 섬에는 2002년 4월 29일 다산기지가 생겼고, 한국해양연구원 부설로 극지연구소(KOPRI)가 2004년 4월 16일 설립되었다. 이어서 쇄빙연구선이 2009년 12월 취항했고 극지연구소 건물이 2013년 4월 인천 송도 신도시에 들어섰으며 2014년 2월에는 남극대륙에 장보고기지가 준공될 예정이다. 근 10년 사이에 제대로 된 극지 연구를 하기 위한 바탕이 적지 않게 마련된 것이다. 1978년 12월 7일, 원양어선 남북 호가 부산항을 출항하면서 시작된 우리나라 극지 연구는 30여 년이 지나면서 그야말로 괄목할 만한 발전을 이루었다.

그 동안의 성과를 갈무리할 필요가 있는 시점에 『해양과학총서』를 개정, 증보하기로 결정되었다. 마침 한국해양과학기술원 부설 극지연구소에서 '극지전문도서발간을 위한 기획연구'를 하면서 2012년 후반기에 『극지탐구 시리즈』를 창간, 그 1권으로 이 책의 내용을 담은「극지와 인간」을 발간하기로 하였다.

제목에서 보듯이 이 책은 극지와 극지에 관계된 인간의 중요한 활동을 거의 망라하여 소개한다. 먼저 극지의 자연환경을 알아보고, 극지의 발견과 극지에서 인간이 벌인 탐험 그리고 극지를 둘러싼 국제정치와 연구토대를 살펴볼 것이다. 또한 우리나라의 극지 연구사와 연구기반을 알아보고, 마지막으로 우리나라의 극지 연구성과를 살펴본다.

우리나라는 1978년, 처음 남극해의 크릴을 재료로 최초의 극지 연구를 시작하였다. 남극해의 엄청난 해양자원을 이용하여 경제성장을 이루려는 의도였다. 남극해 크릴 조업은 가끔 쉬기도 하였으나 지금도 계속된다. 단지 지금은 크릴보다는 파타고니아 이빨고기 같은 고급어종이 중요한 어획대상이다(파타고니아 이빨고기를 흔히 메로라고 부르며, 참치보다 비싼 값으로 거래된다). 1985년 11월~12월에는 우리나라의 청소년들에게 호연지기를 길러주려고 남극대륙을 탐험하여 남극 최고봉을 등정하였다. 이어서 1986년 11월에는 서른세 번째로 남극조약에 가입하였다.

1988년 2월 17일에는 남극 세종기지가 준공되었다. 이때부터 비로소 남극 연구의 체계가 세워져 현재는 연구분야가 생명과학, 지구과학, 그리고 운석 연구와 빙설 연구까지 확장되었다. 연구지역도 남극대륙, 남극해, 북극해까지 확대되었으며 그린란드와 캐나다까지도 연구지역에 포함되었다. 단순히 분야와 지역만 넓어진 게 아니다. 해저지각과 해수의 움직임을 연구하고, 미생물을 발견하고 이용하며 단백질의 유전자발현을 살펴보고 신물질을 창출해 특허를 획득했을 정도로 연구의 질도 높아졌다. 이런 연구가 많아지면 우리 삶의 질도 높아질 것이다. 나아가 극지 연구의 중요성이 커지면서 남극대륙 안쪽에 기지를 지을 생각도 하고 있다.

연구에 바쁜 가운데서도 귀중한 글을 쓴 분들과 이 책을 편집하는데 도움을 준 극지연구소 박현이씨와 정유리씨에게 깊은 고마움을 표한다. 그들의 노력이 없었다면 이 책은 만들어지지 않았을 것이다.

극지는 낯설고 우리나라의 극지 연구는 아직도 갈 길이 멀다. 하지만 이 책「극지와 인간」의 출판으로 실제로 극지 연구를 지원해주시는 국민들이 극지와 극지 연구를 조금이나마 이해할 수 있다면 더 바랄 것이 없다.

2013년 9월

편저자 장순근, 이재학

극지의 환경변화는 인류에게 경고를 보내는 조기경보 장치

남빙양을 포함하여 지구전체 면적의 약 6.8%를 차지하는 남극은 인류에게 마지막 남은 미개발지로서 지구상 유일하게 파괴되지 않은 원시적 자연환경을 보전하고 있는 하나의 거대한 자연과학 실험장이자 자원의 보고이다. 반 세기전 세계 열강들의 주도하에 본격적으로 시작된 남극 과학연구는 남극에 부존하는 자원개발에 대한 기득권을 확보하기 위한 정치 외교적인 목적이 컸다. 그러나 20세기 말 냉전의 종식과 함께, 날로 심각해져가고 있는 지구 온난화, 오존홀 증대 등의 전 지구적 환경변화가 새로운 문제로 대두되면서, 남극은 이제 21세기에 우려되고 있는 환경재앙에 대해 인류에게 경고를 보내는 조기경보 장치로서 그 중요성이 부각되고 있다. 이러한 중요성과 함께 남극환경을 적극적으로 보호해 나가야한다는 인식이 국제적으로 확산되면서, 1998년 1월에는 남극환경보호를 위한 강력한 범 국제적인 대책으로서 '환경보호에 관한 남극조약의정서'가 발효되었다. 의정서는 남극환경과 생물들을 적극적으로 보호해 나가기 위해 남극에서는 순수한 과학적 활동 이외에는 어떠한 개발행위도 금지하고 있다.

남극은 지리적으로 타 대륙으로 부터 멀리 떨어져 있으며, 상대적으로 오염이 덜된 남반구에 위치하고 있으므로 지구상에서 가장 깨끗한 지역이다. 평균 2,160미터 두께로 덮여있는 남극의 얼음은 수십만 년 동안 지구상의 기후변화에 대한 기록들이 그대로 보존되어 있는 냉동 타임캡슐로, 현재 진행되고 있는 지구 온난화 등의 환경문제를 연구하는 데 있어 귀중한 자료로 이용되고 있다. 또한 남극의 얼음은 전 세계 담수의 70%를 차지하는 인류에게 귀중한 수자원인데, 이 얼음이 모두 녹으면 전 세계 해수면을 60미터 정도 상승시켜 대재앙이 초래될 수도 있다. 또한 성층권 오존층 파괴가 가장 심각하게 나타나고 있는 곳이 남극대륙 상공이며, 지구상의 어느 생물보다도 오존층 파괴로 인한 자외선 조사량의 증가, 지구 온난화 등의 기후변화에 특히 민감하게 반응할 수 있는 것이 남극생물이다. 또한 남극은 독특한 지리적, 환경적 이유로 태양과 지구의 상호작용을 뚜렷이 관측할 수 있는 곳이기도 하다. 이와 같이 남극의 빙하, 대기, 해양 그리고 생물들은 오늘날의 지구환경변화의 추세를 예견하고 이에 대한 해결책을 제시할 수 있는 중요한 연구대상으로 최근의 남극 과학연구는 바로 이 부분에 촛점이 맞춰져 있다고 해도 과언이 아니다.

남극 연구의 반세기 역사를 갖고 있는 선진국들에 비해 우리나라는 이제 겨우 10여년의 짧은 역사를 갖고 있으나, 지구환경변화와 관련하여 빙하, 지질, 생물 및 우주과학에 이르기까지 다방면에서 연구활동을 해오고 있다. 그동안 세종기지를 중심으로 많은 연구가 수행되어 그 결과들은 국내외 전문 학술지에 1,000여 편의 논문으로 발표되어 우리나라의 과학역량을 과시하고 있다. 이러한 과학활동은 남극조약, 국제 남극과학위원회 등 국제 무대에서 우리나라의 국가적 이익을 보장받는 근거가 되고 있다. 최근에는 북극으로도 그 연구 영역을 확대함으로써, 우리나라도 본격적인 극지 국가로서의 면모를 갖추게 되었다.

이 책은 1990년부터 한국해양연구원 연속간행물로 출간되고 있는『해양과학총서』제7권으로 편집되었다. 이 책에 소개된 내용들은 현재 남극 연구를 수행하거나 또는 과거에 남극 연구를 하였던 각 분야의 전문가들에 의해 집필되었다. 제1장에서는 남극환경 특성, 인간역사와 남극환경연구의 중요성, 제2장에서는 남극 해저퇴적물, 빙하연구를 통한 환경변화 추적에 대해서, 제3장에서는 남극대륙의 지질학적 특성과 지하자원에 대해서 다루었다. 제4장에는 남극의 해양환경과 생태계 특성을, 그리고 제5장은 성층권 오존층과 고층대기 물리에 대한 연구를 담고 있다. 제6장에는 남극의 국제정치, 우리나라 남극진출 역사와 북극 연구의 중요성, 앞으로의 발전 방향 등을 소개하였다.

마지막으로 이 책의 집필에 참가하신 모든 분들께 감사의 마음을 전하며, 이 책이 완성되기까지 편집과 원고 윤문 및 교정, 정리 등 부단한 지원을 아끼지 않으신 최형태, 송기섭 두 분과 김경아 씨에게 감사를 드린다. 이 책은 한국해양연구원의『해양과학총서』발간비용으로 출판되었다.

2001년 11월 30일

김예동, 안인영

극지의 자연환경

Natural Environment of Polar Regions

지구의 양쪽 끝에 있는 극지는 하늘이 다르고 공기가 다르다.
땅을 덮은 두꺼운 얼음은 천천히 흘러내리며 차가운 바다는 계절 따라 얼고 녹는다.
그 땅과 바다에도 특유한 생물들이 있어, 생명체의 위대함을 느끼게 한다.

극지의 하늘과 공기

극지의 하늘에서는 오로라가 보이고 24시간 내내 태양이 보이거나 아예 보이지 않기도 한다. 공기는 아주 맑고 깨끗해 먼 곳이 가까이 보이고, 눈보라가 심해 길을 잃는 수도 있다.

지건화 · 장순근 극지연구소

극지의 하늘

극지는 우리가 살고 있는 곳과는 아주 다른, 매우 특별한 자연 조건을 가지고 있다. 예컨대, 극지는 지구의 어느 곳보다도 적은 양의 태양 에너지를 받는 지역이다. 태양은 생명체가 살아갈 수 있도록 대기의 온도를 적절히 유지시켜주는 빛 에너지 이외에도 양성자나 전자와 같은 입자들을 빠른 속도로 내뿜고 있다. 이 고에너지 입자들이 태양 자기장과 함께 태양계 전체를 채우고 있는 태양풍을 형성한다. 따라서 태양계 내 모든 행성들은 마치 강력한 태풍이 부는 바다 한 가운데 떠 있는 작은 배처럼 아주 빠른 속도의 태양풍에 노출되어 있는 셈이다. 태풍보다도 훨씬 빠른 속도의 태양풍 속에서 지구, 특히 극지에는 어떤 일이 일어나고 있을까?

우선 태양의 빛 에너지를 생각해보자. 극지는 태양빛의 입사각이 가장 큰 지역이다. 평면에 파동이 들어오는 각도, 즉 입사각이 클수록 태양빛은 바닥과 거의 평행하게 내리쬐므로 일조량이 적다. 이것이 극지가 추운 이유, 일 년 평균 기온이 지구상에서 가장 낮은 이유다. 또한 지구의 자전축은 잘 알려진 것처럼 황도면에 수직인 방향에서 약 23.5도 정도 기울어져 있다. 어떻게 보면, 극지를 지구에서 가장 특별한 지역으로 만들어주는 요소가 바로 이것이다. 사람들에게 가장 낯선 극지환경이라 할 백야와 극야는 바로 이 23.5도의 기울기로 인해 발생한다. 여름, 극지에서는 자정에도 해가 지지 않는 백야(白夜) 현상이 나타나고, 겨울에는 정오에도 해가 뜨지 않는 극야(極夜) 현상이 나타난다.

백야와 극야 외에 극지를 상징하는 자연현상은 무엇일까? 그것은 바로 '북극의 빛'으로 알려진 오로라(Aurora)일 것이다. 오로라 또한 태양에너지로 발생하는 현상인데,

http://www.wikipedia.org

세계 여러 극지방에서 촬영된 오로라의 모습

오로라는 고도나 환경에 따라 다양한 형태와 색을 보여준다.

지구의 다른 곳에서 볼 수 없는 특별한 형태의 태양에너지가 극지의 높은 하늘로 들어와서 만드는 현상이다. 태양풍 속에서 지구가 반응하는 한 현상인 오로라는 관찰 지점의 고도나 환경에 따라 여러 가지의 구조와 색깔을 보여준다.

지구는 자체의 자기장이 있는데, 이 지구 자기장의 형태는 막대자석의 자기장 형태와 유사하다. 즉, 막대자석이 마치 남북극을 관통해 있다고 할 때 나타나는 모습과 유사한 형태의 자기장이 지구를 둘러싸며 자기권을 형성하고 있다. 그런데 우주공간이나 대기 밀도가 아주 희박한 고층대기에서 양성자나 전자와 같이 전하를 띄고 있는 입자들은 자기장의 자기력선을 따라 움직이려는 성질을 가지고 있다. 다시 말하면, 이 입자들은 자기력선을 가로질러서 지나갈 수 없다.

양성자와 전자의 이러한 성질과 지구의 자기력선이 강력한 태양풍으로부터 지구를 보호해주는 구실을 한다. 태양풍속의 양성자나 전자들이 큰 에너지를 가지고 빠른 속도로 지구를 향해 움직이지만, 이 입자들은 지구 자체의 자기장을 관통하여 지구 내부로 들어올 수 없다. 그런데 이 지구 자기장의 보호를 받을 수 없는 두 개의 지점이 지구에 있으니, 바로 북극과 남극이다. 남북극을 관통하는 막대자석 형태의 자기장을 가진 지구에서 극지는 지구 자기장의 자기력선이 나가고 들어오는 자극이 존재하는 지점이다. 막대자석의 자기력선 형태에서 볼 수 있듯이 이 자극 주위의 자기력선은 거의 수직으로 뻗어나가 태양풍의 자기력선과 만나게 된다. 따라서 극지의 자극 주위에서는 태양풍의 양성자와 전자들이 자기력선을 따라 지구의 고층대기로 직접 들어올 수 있다.

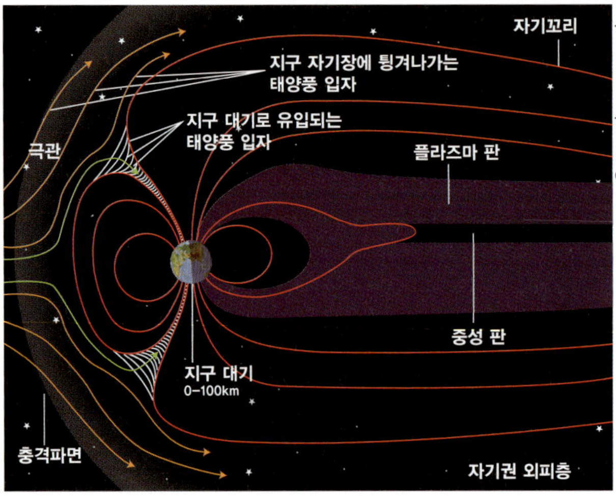

http://www.wikipedia.org - 참조

지구 자기장은 극지에서 외부 우주로 열려있어 태양으로부터 나온 고에너지 입자들이 지구 자기력선을 따라 극지 고층대기로 유입된다.

그러면 이렇게 지구로 들어온 양성자와 전자들은 지구 고층대기에 어떤 영향을 미칠까? 큰 에너지를 가지고 있는, 즉 빠른 속도로 움직이는 이 입자들이 극지의 고층대기를 통과하면서 대기 중 입자들과 충돌하는데, 이때 태양풍 입자들은 고층대기 중 산소나 질소 원자들에게 에너지를 빼앗기면서 흡수된다. 흡수된 에너지는 질소 원자를 이온화시키거나 질소 혹은 산소 원자 내 전자들의 에너지 상태를 높은 상태로 올리는데 사용된다. 이렇게 이온화된 질소 혹은 산소가 전자와 다시 결합하거나, 질소 혹은 산소 원자 내 전자들이 높은 에너지 상태에서 낮은 에너지 상태로 다시 내려오면서 빛을 내게 되는데, 이것이 바로 오로라다. 일반적으로 오로라가 발생하는 지역은 자극을 중심으로 띠 모양으로 형성되는 오로라 대(auroral oval)라고 부르는 영역인데, 자극점을 중심으로 지구의 밤이 진행되는 쪽에서 좀 더 넓게 형성된다. 우주에서 자극점을 중심으로 극지를 내려다본다고 상상해보면, 태양이 비추는 쪽이 낮 쪽이고 태양 반대편이 밤 쪽인 셈이며, 오로라 대는 낮보다는 밤 쪽에 좀 더 넓게 형성되는 것이다. 오로라가 생기는 고층대기의 고도는 보통 해발 80~250킬로미터 정도이다. 가장 흔히 보이는 오로라는 녹색이며 파란색, 적색 계열의 오로라도 생긴다. 한 가지 중요한 사실은 이러한 극지의 모든 특성이 남극에서나 북극에서나 동일하게 생긴다는 점이다.

극지 고층대기의 다양한 현상

그런데 극지 고층대기에서 일어나는 현상이 오로라가 전부일까?

오로라는 태양풍과 지구 자기장이 만나는 지점에서 일어나는 여러 가지 현상 중

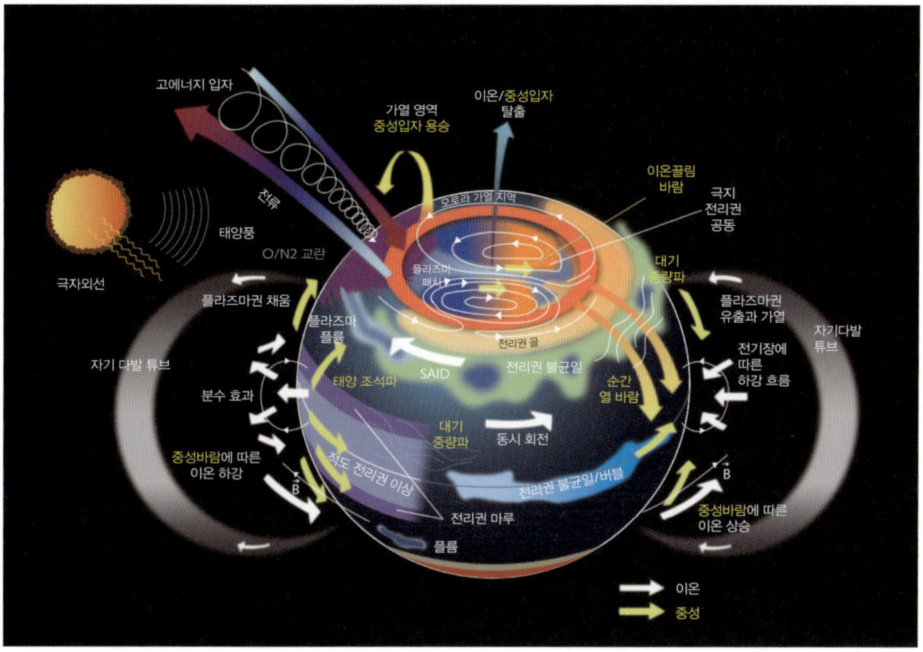

NASA/GSFC - 참조

다양한 형태의 태양에너지가 지구 극지 고층대기로 유입되어 복잡한 우주기상현상을 일으킨다.

극히 일부로서, 우리 맨눈으로 직접 관찰할 수 있는 현상에 지나지 않는다. 극지의 고층대기는 아주 특별한 지역이다. 태양풍의 자기장과 지구 자기장이 만나 서로 결합하는 지역인데, 강력한 태양풍이 지구 자기장이라는 보호막에 가한 충격이 전자기적 에너지의 형태로 축적되어 지구 고층대기로 전달되는 곳이 바로 극지이다. 특히 태양폭발과 같은 이벤트가 발생하면 평소보다 훨씬 많은 양의 고에너지 입자들이 태양풍에 섞여 지구에 도달한다. 이들은 극지 고층대기로 진입하여 고층대기를 구성하는 원자나 분자에 큰 에너지를 전달하여 평소보다 훨씬 밝은 오로라를 발생시키고 이들을 이온화시킨다. 이런 과정에서 생성된 이온과 전자, 즉 플라즈마(Plasma) 입자들은 태양풍과 지구 자기장의 상호작용에 따라 축적되어 자기력선을 따라 극지 고층대기로 전달된 전자기적 에너지 때문에 플라즈마 입자들의 운동이 엄청난 속도로 가속이 된다. 이렇게 가속된 이온과 전자들은 주변의 대기를 구성하는 원자나 분자들과 충돌하면 열을 발생한다.

따라서 극지 고층대기는 태양 빛에너지를 가장 적게 받는데도 경우에 따라서는 적도지역보다도 온도가 높아지는 수도 있다. 특히 태양폭발과 같은 우주기상현상이 발생할 경우, 지구 자기권과 고층대기에서는 지자기 폭풍이라는 현상이 일어나고, 이때 극지 고층대기에서는 평소보다 훨씬 심한 정도의 위와 같은 현상들이 발생하여 고층대기에 전 지구적인 영향을 미치기도 한다. 따라서 극지 고층대기는 우주기상예측을 위해서도 대단히 중요하다.

● 극지의 공기

남극을 연상하면 누구나 깨끗한 공기를 떠올린다. 실제로 깨끗하다. 아침에 바깥에 나와 신선하고 맑은 공기를 들이마시면 폐부 깊은 곳까지 대단히 시원하고 상쾌해진다. 1920년대 리처드 버드(Richard Byrd) 탐험대의 부대장으로 마리 버드랜드(Marie Byrd Land)를 탐험한 지질학자 로렌스 굴드(Laurence M. Gould)의 동료 대기과학자 프랭크 데이비스(Frank T. Davies)는 남극의 공기가 중부태평양의 공기보다 2배나 깨끗하다며 놀라워 했다(로렌스 굴드를 기념하는 미국 쇄빙선이 로렌스 굴드 호이다).

우리나라 대기과학자의 연구를 보면 남극 세종기지 주위의 공기는 $1m^3$ 당 아주 작은 먼지인 에어로졸(asrosol)이 이백 개에서 수백 개 정도 있다고 한다. 서울은 공기가 깨끗할 경우 같은 면적 당 10만 개, 평상시 30만 개, 더러울 때는 50만 개 정도이니 남극 공기의 깨끗함에 대해서는 더 말할 필요가 없다. 게다가 에어로졸의 특성 자체도 다르다. 세종기지의 먼지는 광물이 풍화되고 침식된 깨끗한 입자인 반면 서울의 먼지 대부분은 타이어가 닳은 고무가루와 중금속 알맹이다. 먼지의 성분이 세종기지의 먼지와는 비교할 수 없을 정도로 나쁘다.

깨끗한 공기로 인해 남극에서는 먼 곳이 아주 가까이 보이므로 대단히 조심해야 한다. 얼마나 가깝게 보이는지를 숫자로 표시하기는 쉽지 않지만, 실제 거리의 1/3이나 1/4 정도로 짧게 느껴진다. 이로 인해 바다에 나갔다가 멋있는 빙산이 '가까이' 있다고 느껴져 다가갔다가 한없이 항해하는 사람들도 있다. 이보다 더 위험한 예를 들자면, 날씨가 아주 좋은 날 기지 건너편 서울봉에 올라갔다가 세종봉이 손안에 잡힐 듯 가깝게 보여, 빙원위로 걸어가다가 고생해서 기지로 온 경우도 있다. 실제로는 매우 먼 거리임에도 깨끗한 공기로 인해 가깝게 느껴져 낭패를 당한 예이다.

남극의 공기에는 감기바이러스마저 없어 속옷바람으로 차게 다녀도 감기에 걸리지 않는다. 남극이 아닌 문명세계에서 그런 차림으로 돌아다닌다면 100% 감기에 걸릴 것이다. 그러나 '남극에 감기가 없다'고 해서 아주 없는 것은 아니어서, 세종기지가 있는 남위 62도13분 정도에서는 감기바이러스를 보유한 외부인이 들어오면 여름, 겨울할 것 없이 기지에 감기가 퍼진다. 남극에 감기가 없다는 말은 세종기지보다 훨씬 남쪽인 남위 80도 정도의 이야기일 것이다. 그렇다면 남위 74도37분, 동경 164도14분인 장보고 기지에는 감기바이러스가 생존할 수 있을지 흥미롭다.

극지의 깨끗한 공기

남극에서는 여름보다는 한 겨울에 공기가 깨끗하다는 것이 더 피부에 와 닿는다. 한 겨울, 갑자기 기온이 영하 20°C 아래로 내려가면서 눈보라라도 한바탕 불어닥친 다음 날 아침이면 예외 없이 찬란한 태양이 새파란 하늘에 나타난다. 그런 날에는 뺨에 닿는 공기가 아주 차, 때리면 깨질 정도지만 시리도록 깨끗하다는 것을 느낄 수 있다. 이렇게 공기가 특별히 깨끗한 것은 세종기지로 불어오는 눈보라가 주로 남극반도의 끝에서 불어오기 때문인데, 그곳의 공기가 킹조지(King George) 섬 맥스웰(Maxwell) 만 일대보다 더 깨끗하기 때문이다.

장순근

가까이 보이는 쉐텔리그 산

북극은 공기가 맑아 다산기지에서 8킬로미터나 떨어진 쉐텔리그 산이 아주 가까이 보인다.

가까이 보이는 산

북극은 공기가 맑아 먼 산이 가까이 보인다.

북극 다산기지는 여름에 사람이 많으면 150명 정도, 겨울에는 30명 정도 있는데, 이는 적은 숫자가 아니다. 더구나 그들은 늬-올레순(Ny-Alesund)이라는 크지 않은 마을에 모여 있다. 그래도 공기는 남극 못지않게 깨끗하다. 거리가 가까워 보이는 것도 남극 세종기지 못지 않다. 실제 다산기지의 서쪽에 있는 쉐텔리그(Schetelig) 산은 8킬로미터 정도 떨어져 있지만 마치 눈앞에 있는 것처럼 보인다. 이 산은 윗부분과 아랫부분의 기울기가 달라 큰 지각변동이 있었다는 것을 알려주는데 이것을 육안으로 확인할 수 있을 정도로 가깝게 보인다.

물론 '가까이 보인다'는 말에는 상당한 주관이 들어있다. 또 어떤 사람이 그 현상을 숫자로 정리했다는 말도 듣지 못했으므로 북극과 남극의 차이에 대한 것도 경험으로 느낀 주관적인 생각일 뿐이다.

남극에서 월동하는 사람은 일생에서 적어도 1년을, 하계연구원은 몇 달을 아주 깨끗한 공기를 마시고 산다. 그런 점에서 극지연구원들은 복 받은 선택된 사람들이다. 단순히 펭귄과 빙산을 구경하는 정도를 넘어서, 인간의 생명을 유지하는 데 절대 필요한 공기를, 그것도 보통 공기 아닌 아주 깨끗한 공기를 마실 수 있기 때문이다.

극지의 초 강풍

공기의 흐름인 바람은 북극에서도 세지만, 남극대륙, 그중에서도 동남극 아델리(Adelie) 랜드의 해안이 유난히 세다. 실제 그 곳의 해안에서 1912년 겨울과 1913년 겨울을 보낸 오스트레일리아 지질학자 더글라스 모슨 경(Sir Douglas Mawson, 1882~1958)은 「폭풍설의 고향」이라는 그의 저서에서 바람이 너무 세서 똑바로 서지 못했고 앞으로 크게 숙이거나 기어 다녔다고 썼다. 또 얼음에 박히는 크람폰(crampon)의 못이 7센티미터는 되어야 바람에 밀려서 바다에 빠지지 않는다고 말했다. 바람이 초속 25~30미터가 되면 바람을 안고 제대로 걷기 힘들다. 더 빨라지면 숨이 막히고 초속 40미터가 넘으면 균형을 잃고 쓰러지고, 쓰러지면 굴러간다.

남극 세종기지에서는 이러한 초강풍이 연 1~2회 분다. 다행스럽게도 장보고기지를 짓는 곳의 바람은 그렇게 세지 않다. 그러나 마음을 놓아서는 안 될 것이다. 모든 현상에는 반드시 예외가 있고 사람이 미처 관측하지 못한 초강풍은 언제나 불 수 있기 때문이다.

남극에서는 바람이 너무 강해 사람이 서서 다니지 못하는 수도 있다.

더글라스 모슨

낮은 기온

우리가 극지에 갖는 첫 인상은 온도가 대단히 낮다는 것이다. 맞다. 정말 낮다. 실제 남극에는 러시아 보스톡(Vostok)기지(남위 78도28분, 동경 106도48분, 높이 3,488미터)처럼 연평균 온도가 영하 55.4°C가 될 정도로 낮은 곳도 있다. 이런 곳에는 당연히 1년 내내 물이 없어, 20명 남짓한 사람들은 얼음을 잘라 물을 만드는 일이 매우 큰 일과다. 남극대륙의 대부분을 차지하는 높은 곳을 '대륙성 남극'이라 부르는데, 기온이 아주 낮다.

반면 남극반도 일대와 대륙의 해안을 말하는 '해양성 남극'은 그렇게 가혹하지 않다. 예컨대, 우리 세종기지는 해양성 남극에 있어, 연 평균온도가 영하 1.7°C로 그렇게 낮지 않다. 게다가 12월부터 다음해 3월까지는 월평균기온이 영상이다. 물론 우리 기지보다 더 북쪽에 있는 기지는 우리기지보다 기온이 더 높다. 그러나 우리기지는 바닷가에 있어 몸으로 느끼는 체감 추위가 상당히 심하다.

기온이 낮고 추워야만 남극이 아니다. 남위 60도 남쪽이면 남극이라고 말한다. 그러므로 남극이라고 해서 모두 사람이 얼어 죽을 정도로 기온이 낮은 것은 아니다. 남극은 오스트레일리아나 유럽보다 크며 중국의 1.4배가 될 정도로 아주 거대한 대륙이다. 그러므로 아주 추운 곳도 있고 그렇지 않은 곳도 있다.

덧붙이면 세종기지의 기온은 그렇게 낮지 않아도 눈보라가 몰아친 다음 날 아침에는 찬란한 태양이 나타난다. 또, 가끔 보이는 여명은 그렇게 아름다울 수가 없다.

남극의 여명
대단히 찬란한 세종기지 겨울 여명

극지연구소

극지의 땅과 바다와 생물

극지의 땅은 빙퇴석이나 얼음으로 덮였으며 바다는 얼고 녹기를 반복하는 해빙으로 덮여있다. 척박한 환경이지만 이 곳에서도 신기한 생물들이 강한 생명력으로 보기 드문 생태계를 이루어 살아간다.

장순근 · 허순도 극지연구소 이재학 한국해양과학기술원

● 극지의 땅

연중 거의 눈에 덮이고 대부분 얼어 있는 극지의 땅은 온대지방의 땅과 여러 면에서 다르다. 먼저 남극 세종기지 부근의 경우, 지면은 제자리에서 깨어진 자갈이나 바위 조각들로 덮인 곳이 많다. 그렇지 않은 지면은 빙퇴석(氷堆石)으로 덮이기도 한다.

빙퇴석이란 얼음이 깎고 운반하는 물질로 몇 가지 특징이 있다. 먼저 물질의 크기는 아주 큰 바위부터 돌덩이, 자갈, 진흙에 이르기까지 크고 작은 물질들이 뒤섞여 있다.

둘째, 자갈이나 그보다 더 큰 덩어리들은 모가 나있다. 얼음에 쓸려온 물질들은 물에 실려온 물질들이 닳고 부스러지는 것과는 달리 부스러지거나 닳지 않기 때문이다. 나아가 바위나 좀 큰 자갈은 얼음으로 표면이 닳아 아주 매끈한 경우도 있다. 덧붙이면 빙퇴석은 현재 빙하가 녹는 끝에서 생긴다. 그러나 기지일대에 있는 과거의 빙퇴석 흔적으로 보아, 빙하가 과거에 녹았던 곳을 유추할 수 있게 한다. 바위조각이든 빙퇴석이든 모든 지면에는 풀이 없어, 지면을 덮은 눈이나 얼음이 녹으면서 알게 모르게 점점 깎인다. 그 결과 송유관을 받친 기둥이나 컨테이너를 받친 주춧돌이 내려앉아 컨테이너가 뜨는 일이 생긴다.

지면의 자갈조각들, 모래알, 진흙가루는 얼고 녹는 것을 되풀이하면서 크기가 같은 것들끼리 모인다. 평지인 경우, 지름 수십 센티미터에서 1미터에 가까운 둥근 모양이 만들어지며 이를 구조토(構造土)라고 한다. 반면 지면이 경사진 경우, 알갱이들이 흘러내려가면서 크기가 같은 알갱이들끼리 모여 폭 수 센티미터에서 수십 센티미터의 평행한 띠를 만든다. 이런 구조토를 평행구조토라고 한다. 구조토는 그렇게 단순하지 않아 여러 가지 모양이 있다.

지면에서 가까운 곳은 기온 변화로 인하여 얼거나 녹기를 되풀이 한다. 그 결과 시간이 지나면서 땅에 묻힌 것들이 지표로 솟아오른다. 예컨대, 지하 30센티미터에 묻은 고철이나 유리조각 같은 쓰레기는 땅이 얼면 서릿발작용으로 20밀리미터 정도 밀려 올라오기도 한다. 그러나 날씨가 풀리면 지면이 녹아 쓰레기는 원래 자리로 돌아가려 하지만 제자리를 찾아가지 못해, 19.9밀리미터 정도 가라앉는다. 그 결과 0.1밀리미터 솟아오르는 것이다. 이를 여러 차례 되풀이하면, 쓰레기는 점점 솟아오르게 된다. 이러한 문제 때문에 남극에서는 쓰레기를 땅에 묻지 못하게 한다.

이재일

구조토

크기가 같은 암편들이 모여서 생긴 구조토

구조토
지면이 기울어진 곳에는 평행한 구조토가 생긴다.

이재일

얕은 조간대

넓은 바다로 열린 아주 얕은 조간대는 경우에 따라 사람의 머리보다 큰 돌덩이들로 아주 단단하게 다져지는 경우도 있다. 몇 가지 이유가 있는데, 먼저 파도가 세기 때문에 잔 자갈이나 모래는 없어지고 큰 돌덩이들만 남는다. 쉬지 않고 들이치는 파도는 돌덩이들을 때려 다져놓는다. 또 겨울이 시작할 때쯤, 집채만 한 얼음덩어리들이 밀물에 밀려들어왔다가 썰물에 나가지 못하고 해안에 얹히는 수가 자주 있다. 이러한 매우 무거운 얼음덩어리들은 봄이 되어 바닷물에 실려 사라질 때까지 몇 달이고 해안을 짓누른다. 그러나 남극의 봄이 되고 여름이 지나면서 얼음에 눌린 자국은 사라지는 것으로 보인다. 이런 이유들로 큰 바다로 열린 조간대는 아주 단단해지는데 세종기지의 서쪽 끝 세종곶에서 남쪽으로 발달된 곳에서 이러한 형태의 조간대를 볼 수 있다.

북극 툰드라의 경우, 나무는 없고 짧은 여름에만 지의류와 이끼가 자라고 꽃이 핀다. 또 순록, 토끼, 여우, 쥐, 사향소 같은 동물들이 모여든다. 비는 연중 200~300 밀리미터 정도 오며 물이 제대로 빠지지 않아 여름에는 늪이 되기도 한다. 한 여름에도 꽤 깊은 지면 아래는 얼어있다. 또 매년 지면 가까이의 땅 속이 얼고 녹기를 반복하기 때문에 도로포장을 하기 힘들다.

최근 지구의 기온이 올라가면서 극지의 지면 가까운 땅이 더 자주 얼고 녹으면서 가라앉거나 뒤틀리거나 솟아오르는 경우가 많아졌다. 이에 따라, 땅위에 있는 파이프나 건물 등의 구조물들이 움직이는 등 불안정해지는 문제를 일으키기도 한다. 이러한 현상은 극지에서는 피할 수 없는 문제이다.

극지의 빙하 부근에서는 빙하에 실려 온 자갈들로 덮여 있더라도 조심해야 한다. 자갈 아래가 바로 얼음일 경우가 있기 때문이다. 얼음이 사람들의 무게를 견디면 다행이지만, 그렇지 못해 깨지게 되면 비극이 생긴다. 이러한 얼음 속에는 물이 세차게 흘러가는 커다란 빈 구멍이 있는 수가 많기 때문이다.

극지에서 눈밭과 얼음평원은 넓은 의미로 땅이라고 할 수 있을 것이다. 그러나 눈밭은 모래밭처럼 걷기가 아주 힘들어서 1시간에 2킬로미터 정도밖에 갈 수 없다. 빙원에는 눈에 덮여 보이지 않는 크레바스가 있는데 이 또한 조심해야 할 것이다. 또 햇빛이 눈부시게 반사되어 앞을 못 보는 설맹(雪盲)에 걸리기 쉽다. 눈밭이든 빙원이든 극지의 땅들은 활동할 때 모두 조심해야 할 땅이다.

정순근

북극꽃

북극에서 볼 수 있는 꽃. 마치 솜털 같다.

● 극지의 빙하

얼음은 극지에서 가장 흔한 물질로 남극대륙의 약 98퍼센트를 덮고 있으며 그 부피가 2,700만 세제곱킬로미터에 이른다. 남극의 연평균 기온은 꽤 따뜻한 편인 해안에서 영하 10°C 이하이고, 내륙 중앙부에서는 영하 55°C 이하로써, 한 여름에도 영하의 기온으로 내린 눈이 녹지 않는 만년설로 이루어져 있다. 남극 다음으로 얼음이 많은 지역은 북극의 그린란드이며 얼음의 부피가 약 300만 세제곱킬로미터이다.

그 외에 여름철에도 눈이 녹지 않는 설선(雪線, snow line) 이상의 높은 고산지대에도 만년빙이 존재하며, 바닷물이 얼어 만들어진 해빙이 있다. 보통 높은 곳에서는 내린 눈이 축적되어 얼음이 되며, 낮은 곳에서는 강이나 바다로 녹아들어가 전체 얼음의 양은 균형을 이룬다.

만년빙은 지구 표면의 약 10퍼센트를 차지한다. 기후시스템 면에서 보면 해양 다음 두 번째로 규모가 큰 구성요소로서 지구에 도달한 태양빛을 반사시키는 거대한 거울 구실을 한다고 할 수 있다. 뿐만 아니라, 해양순환류를 생성하는 동력원으로서 기후를 조절하는 중요한 요소이고, 동시에 기후변화에 가장 민감하게 반응하는 것이기도 하다.

또한 전 세계 담수의 75퍼센트가 만년빙에 저장되어 있으므로 중저위도의 빙하는 그 지역의 중요한 물 공급처이다. 그린란드와 남극의 얼음이 모두 녹으면, 해수면이 각각 약 7미터와 64미터를 상승할 것으로 예상된다.

극지와 고산지대의 만년빙은 규모, 분포, 특성에 따라 아래와 같이 구분한다.

- 빙상(氷床) 또는 대륙 빙하 : 기반암을 모두 덮고 있는 넓이 5만 제곱킬로미터가 넘는 대륙크기 규모의 평원으로, 현재는 남극과 그린란드에만 있음.
- 빙모(氷帽) : 빙상보다 작은 얼음평원
- 빙하(氷河) : 육상에서 아래로 흘러내리는 얼음

눈과 얼음의 분포
숫자는 얼음이나 눈이 분포하는 최대 깊이나 너비를 나타낸다.

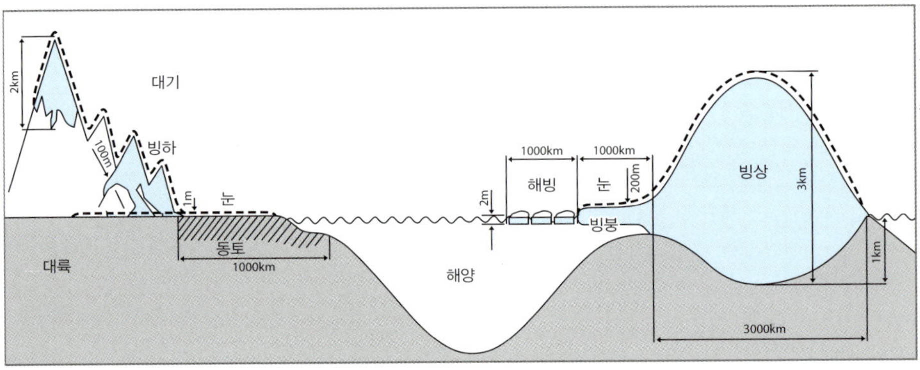

IPCC 4차 보고서, 2007

· 빙붕(氷棚) : 육상에서 흘려내려 온 얼음이 바다에 뜬, 두께 250~900미터에 이르는 두꺼운 얼음판을 말하며 대부분의 빙붕은 남극에 있음.

만년빙에 기록된 과거의 기후변화

극지와 고산지대의 만년빙은 눈이 녹지 않고 계속 쌓여서 만들어진다. 매년 내리는 눈이 여름에도 녹지 않고 쌓이며 그 아래에는 과거에 내린 눈이 깊이 매몰되어 있는데, 새로 내린 눈이 쌓이며 생기는 압력으로 인하여 일정한 깊이 아래로는 눈이 얼음으로 변하여 만년빙이 만들어지는 것이다. 그 과정에서 눈 입자 사이에 있는 공기들이 얼음 속에 기포로 간직된다. 따라서 만년빙은 과거의 대기조성을 직접 알 수 있는 지구상의 유일한 시료이다. 기후변화를 연구하는 학자들은 얼음 속의 기포를 분석하여 메탄가스와 이산화탄소 같은 온실가스의 변화를 알 수 있으며, 길게는 수십만 년 전까지 대기조성 변화를 알 수 있다.

극지연구소

눈이 겹겹이 쌓여 얼음으로 변화는 과정
눈이 계속 쌓이면 먼저 내린 눈은 압착되어 얼음이 되며, 그 과정에서 눈 입자 속의 공기가 기포로 남는다.

얼음을 구성하는 물 분자의 수소와 산소의 동위원소 비율을 이용하면 눈이 내린 시기의 기온을 알 수 있다. 극지에 내리는 눈은 주변의 해양에서 증발된 물이 대기로 방출되어 육상으로 이동하여 눈 입자로 떨어진다. 눈을 구성하는 물 분자의 수소와 산소 동위원소 구성은 온도에 따라 구성이 달라지는데, 온도가 높을 때는 무거운 동위원소가 많아지며, 온도가 낮을 때는 가벼운 동위원소가 많아진다. 그러므로 오래 전부터 쌓인 만년빙의 수소와 산소의 동위원소를 분석하면, 짧게는 여름과 겨울의 계절변화부터 길게는 빙하기와 간빙기의 기후변화까지 알 수 있다. 현재까지 시추된 가장 오래된 빙하는 남극 돔 C 지역에서 유럽빙하연구자그룹(EPICA)이 시추한 돔 C 빙하코어로써 지난 80만 년 동안에 생긴 기후변화를 복원하였다. 그 결과 빙하기와 간빙기가 10만 년 주기로 반복되었음이 밝혀졌다.

눈이 내릴 때에는 대기 중의 먼지나 입자들이 눈에 묻어 함께 떨어진다. 때문에 과거 빙하코어의 얼음을 녹여 성분을 분석하면 그 당시의 대기환경을 알 수 있다. 위에서 말한 유럽빙하연구자그룹이 남극 돔 C 빙하코어에서 먼지 입자의 양을 분석한 결과, 빙하기에는 대기 중에 먼지 입자의 양이 늘어나고 간빙기에는 줄어든다는 것이 알려졌다. 이온 성분 중, 주로 바다에서 오는 Na^+와 Cl^- 이온성분 변화를 분석하여 과거 바다의 빙하, 즉 해빙의 변화를 알 수 있다. 나아가 먼지입자의 미량원소 농도나 동위원소를 분석하여 입자가 어디에서 온 것인지 그 기원지를 해석하면, 과거의 대기 흐름을 알 수 있고, 대기오염 현상도 밝힐 수 있다.

● 바다, 극지의 보자기

북극해와 남극해의 큰 차이점 중 하나는 북극해는 육지에 둘러싸여 있는 반면, 남극해는 육지를 둘러싼 바다라는 점이다. 북극해가 북극지역을 덮고 있는 보자기라면 남극해는 남극대륙을 감싸는 보자기인 셈이다. 이러한 특성은 두 바다의 해류, 수괴 및 해빙분포에 이르기까지 해양물리학적 특성이 다르게 나타나는 요인의 하나다.

바다의 강, 해류

강한 흐름이 지속적으로 유지되는 바다 속의 강인 해류는 해양 내부에서 열, 에너지 그리고 물질 등을 수송하는 구실을 한다. 북극해의 대표적인 해류이자 난류인 '노르웨이 해류'는 대서양에서 노르웨이 해, 바렌츠(Barents) 해를 거쳐 대륙 연안을 따라 북극해 내부까지 연결되는데, 북극해로 열을 직접 전달한다. 이와 대비되는 한류로 '동그린란드 해류'를 들 수 있는데, 북극해에서 그린란드 동쪽 프람(Fram) 해협을 거쳐 대서양쪽까지 연결된다. 또한, 베링(Bering) 해협을 통하여 태평양의 해수가 척치(Chukchi) 해로 유입된다. 또 북극해는 그린란드 서쪽 데이비스(Davis) 해협을 통하여 대서양으로 유출되지만 그 양은 적다. 북극해 내부의 순환계는 바람에 따라 조절된다고 설명되지만, 현장에서 관측할 기회는 많지 않아, 아직 정량적으로 명확하게 알려진 상태는 아니다.

남극해의 대표적인 해류는 남극대륙을 오른쪽에 두고 동쪽으로 흐르는 '남극순환류'로서 강한 편서풍에 의하여 형성된다. 이는 태평양, 대서양 및 인도양과 연결되는 유일한 해류로 실제 길이는 약 21,000킬로미터로 지구상에서 가장 거대하다. 유속은 1초에 평균 0.5미터 이하로 빠르지 않지만, 표층부터 깊이 약 4,000미터까지 전 수심대에 걸쳐 흐르기 때문에, 해수 수송량은 드레이크(Drake) 해협에서 약 135스베드럽(Sv)(1 Sv = 1초에 100만 세제곱미터 수송), 오스트레일리아 남쪽에서 약 147스베드럽이다. 이는 쿠로시오 난류의 3~4배, 대한 해협을 통과하는 대마난류의 약 50배를 넘는 양이다. 남극순환류는 열과 염분의 열염(熱鹽)전선의 형태인 3개의 축으로 구성되어 있으며, 북극해 해류와는 달리 열이 남극대륙 쪽으로 전달되지 못하도록 하는 장벽이 된다. 즉, 남극해에서 해류에 따라서 남극대륙 쪽으로 직접 열을 옮기는 양이 매우 작다. 한편, 로스(Ross) 해와 웨델(Weddell) 해에는 시계방향으로 순환하는 해류의 흐름이 있다.

바닷물의 성질, 수괴

남극과 북극, 양극해역의 바닷물 수온은 영하 2°C에서 10도이며, 염분은

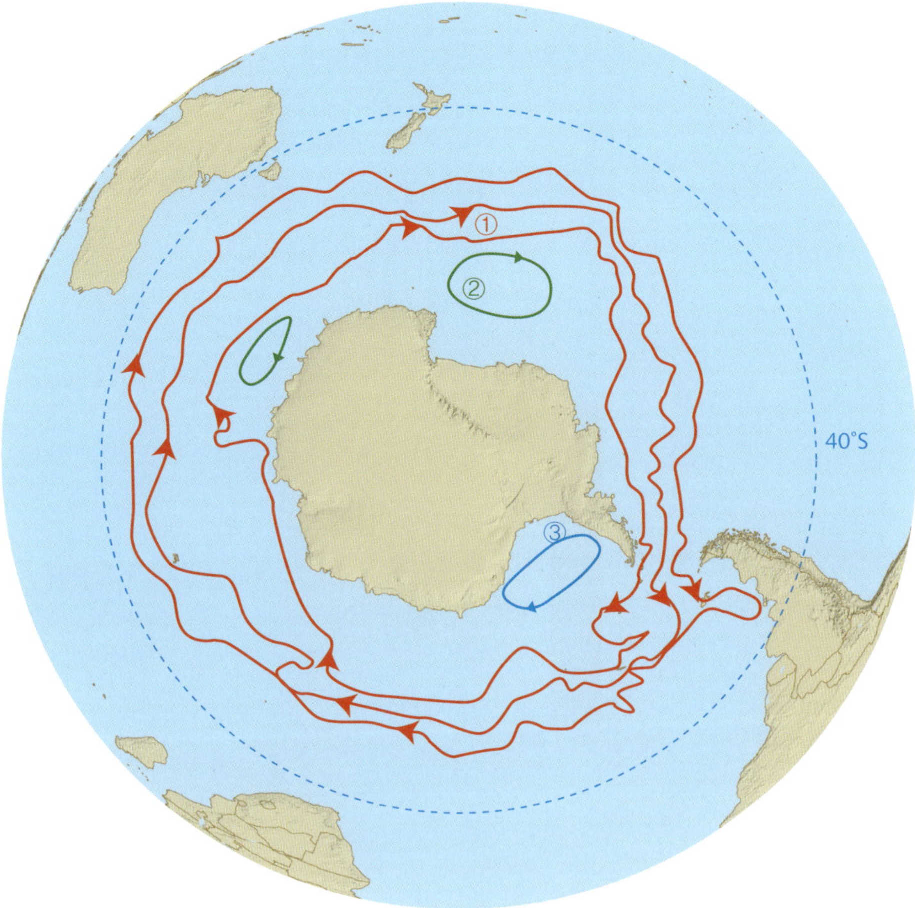

이재학

남극해 해류 모식도
① 남극순환류
② 로스 순환류(Ross gyre)
③ 웨델 순환류 (Weddell gyre)

33.6~34.9피에스유(psu 천분율(퍼밀)과 같은 염분 단위)정도다.

북극해 주요 수괴는 수온과 염분의 크기 및 분포 수심에 따라 북극표층수, 대서양수, 북극중층수, 북극심층수, 북극저층수 등으로 구분되고 남극해는 아남극 모드(Mode)수, 남극표층수, 남극중층수, 순환심층수, 남극저층수로 구분된다.

양극해 모두 표층수는 계절에 따른 해수 물성 분포의 변화가 크며, 그 중에서도 남극해의 경우, 여름철에 녹은 얼음의 영향으로 극전선 남쪽 약 200미터 수심대에 영하 1.9°C에 이르는 수온최소층이 분포하는데 이를 '동계수(冬季水, Winter Water)'라 부르기도 한다.

극지해역에서는 찬 대기, 건조한 바람, 그리고 결빙의 영향으로 밀도가 높아진 바닷물이 깊은 바다로 가라앉게 되어 용존산소가 많은 저층수가 생성된다. 예컨대, 남극저층수는 전 해양에서 가장 무거운 해수로서 대부분 웨델 해, 로스 해와 뒤몽 뒤르빌(Dumont d'Urville) 해에서 생성된다. 이들 바다는 전체 대양에서 저층수가 되는 해수를 공급하는 해수공급원이다. 반면, 북극저층수는 그린란드 해 심층수와 대륙붕해수에서 형성되며 내부 분지에 고립된 형태로 분포한다.

남극해의 순환심층수는 남극해 깊은 층 대부분에 분포하는데, 그린란드 해 연안에서 생성된 대서양심층수와 남극저층수가 혼합된 특성이 있다. 남극중층수는 남극전선해역에서 생성되어 전 대양으로 퍼져나간다.

북극해 해류 모식도
① 노르웨이 해류
② 동그린란드 해류
③ 래브라도르 해류
④ 보포트 순환류
(Beaufort gyre)

바다위의 집시, 해빙

바다의 얼음인 해빙은 해수보다 밀도가 낮아 해수면 위에 떠 있으며 빙붕(氷棚), 빙산, 유빙의 형태로 전 지구 해양의 약 12%를 덮고 있으며 계절에 따라 그 분포는 크게 변화한다. 바다 위에서 가을과 겨울철에 생성된 얼음은 여름이 와도 모두 녹지는 않는다. 때문에 해빙에도 나이가 있어, 1년생 해빙의 두께는 약 2미터까지 이른다. 반면 거의 움직이지 않는 북극의 해빙은 더 두꺼운 것으로 알려져 있다. 대부분 해빙으로 덮여있는 북극해에서는 계절에 따라 해빙의 분포 면적이 변하여 4월에 최대가 되고 9월에 최소가 된다.

해빙의 두께와 분포는 바람, 수온, 해류의 영향을 받는데, 최근에는 뚜렷이 감소하는 경향을 보인다. 실제 2012년 9월에는 1979년부터 시작된 인공위성 관측 이후 해빙의 분포가 최소치였다. 해빙의 두께도 최근 지속적으로 감소해서, 최근 30년간 북극해의 평균 해빙 두께는 3.64미터에서 1.89미터로 약 1.75미터 감소한 것으로 보고된 바 있다.

해빙의 실질적인 감소는 정부간기후변화협의체(IPCC) 보고서의 예측보다는 훨씬 빠른 속도로 진행되고 있다. 그러므로 일부 기후학자는 수년 안에 북극해의 해빙이 완전히 사라진 여름을 볼 수 있을 것이라고 전망한다. 이러한 변화는 지구 온난화 때문인 것으로 보고 있으며, 바다로 직접 들어가는 태양열 복사량의 증가 및 대기 중 습도 증가와 함께 중위도에서 생긴 극한기상의 증가요인으로도 제기되었다. 반면 해빙이 감소함에 따라 북극항로를 이용할 수 있고 자원개발이 진행되는 등 경제적 활동을 증가시키리라 예상된다.

남극해의 해빙분포의 변화 경향은 북극해에 비해 뚜렷하지 않고 증가 경향까지 보이는 경우가 있다. 그러나 남극대륙의 빙하는 서남극의 경우, 북극해 그린란드의 빙하처럼 급감하는 추세로, 장기적으로는 해빙의 분포도 감소할 것이라 판단할 수 있다. 해빙분포의 감소는 해수면 변화에 영향을 주지 않지만, 빙하의 감소는 해수면을 상승시킨다.

바다 밑의 마지막 보물, 해양자원

극지해역의 자연자원은 석유, 메탄가스 하이드레이트와 천연가스 같은 지하에너지 자원과 크릴과 어류 같은 수산자원으로 구분할 수 있다.

북극해의 경우 전 지구에서 확인되지 않은 석유의 약 13퍼센트와 확인되지 않은 가스의 약 30퍼센트가 해저에 매장되어 있는 것으로 추정된다. 이들은 메탄가스 하이드레이트와 함께 지구 온난화가 진행됨에 따라 개발 가능성이 점차 높아지고 있다. 수산자원의 경우에도 기후변화에 따라 어업활동 가능 영역이 증가될 것이 예상되지만 국제적인 협약 때문에 제약이 있다.

남극해의 경우에는 석유와 가스같은 에너지 자원과 망간단괴와 빙하 담수까지 사용할 수 있어 자원이 아주 풍부하다. 그러나 이보다 더 풍부한 것은 해양생물로서 크릴, 이빨고기 및 오징어 등 수산자원의 이용이 에너지 자원 이용에 앞서 있다. 따라서 국제사회에서는 '남극해양생물자원보존협약'이나 '국제포경협약' 같은 제약을 강화해 이들을 보호하고 있다.

● 극지의 생물

극지는 태양의 고도가 낮아 태양빛이 적게 땅에 도달한다. 지상의 모든 생물들이 햇빛 덕분에 산다는 것을 생각하면, 이는 극지의 생물들에게는 큰 충격이자 고통이다. 또 북극은 바다인 반면, 남극은 평균높이가 2,500미터로 대륙 가운데 가장 높다. 게다가 지표면 대부분이 거의 얼음으로 덮여 적게 도달하는 햇빛마저 상당한 양이 반사된다. 결국 남극은 7대륙 가운데 기온이 가장 낮아 영하 89.2°C를 기록했다. 뿐만 아니라, 대륙 내부는 눈도 거의 오지 않아 사막이나 다름없다. 강수량이 많은 해안이라도 400~500밀리미터 정도로 우리나라의 1/3이 안 되고 바람도 아주 세다.

자연환경이 이렇게 가혹해도 생명체는 살아간다. 예를 들면, 나무가 전혀 없는 남극에도 900종 정도의 지의류와 이끼가 있다(반면 북극에는 꽃피는 식물만도 180종이 넘는다). 돌멩이의 표면이나 풍화된 동물의 뼈에서도 식물과 동물이 살아간다. 다만 식물은 생장속도가 너무 늦어 크는 것이 눈에 띌 정도는 못 되고, 벌레들은 너무 작아 거의 보이지 않을 뿐이다. 햇빛이 드는 바위의 표면 아래에는 눈 녹은 물과 바위가 녹은 성분이 있어 미생물과 조류가 공생한다. 눈 녹은 물이 고이는 호수에서도 식물과 곤충 같은 동물이 살아간다. 특히 호수에는 남극도둑갈매기 같은 새들이 모여든다.

동물플랑크톤인 크릴

남극해의 차가운 물속에서도 동물플랑크톤인 크릴과 물고기, 해표류와 고래 같은 생명체들이 살아간다. 50여종의 새도 있는데, 남극비둘기를 빼고 모두 물갈퀴가 있어 그들의 생태를 짐작할 수 있다. 새 가운데는 도둑갈매기나 자이언트 페트렐

김완호

펭귄들의 귀환
먹이를 먹고 새끼에게 돌아오는 어미 젠투펭귄 무리

(Giant petrel) 같은 맹금류가 있어, 다른 새의 알을 훔쳐 먹거나 새끼나 약한 새를 잡아먹으며 죽은 동물들을 뜯어먹는다. 반면 바닷가로 밀려온 해초에 섞인 동물을 찾아먹거나 수면에서 크릴을 건져먹는 새도 있다.

길이가 5센티미터 남짓한 크릴은 흔히 '크릴새우', '남극새우'로 불리지만, 모양과 생태가 새우와는 엄연히 다른 동물플랑크톤이다. 크릴은 남극해에 워낙 많아, 물고기, 오징어, 펭귄, 물새, 해표, 수염고래를 비롯하여 남극해에 있는 거의 모든 동물의 먹이

극지연구소

스쿠아
펭귄의 알을 물고 가는 스쿠아

조환성

젠투펭귄 가족
사진은 방금 알에서 깨어 나와 정신을 차리지 못한 새끼 젠투펭귄

①

정순근

②

북극의 꽃 ①
북극의 여름을 장식하는 작은 들꽃

바다코끼리 ②
어릴 때 북극곰의 위협 외에는 천적이 없는 바다코끼리

가 된다. 심지어 인간도 매년 적지 않은 양의 크릴을 잡는다. 이 외에도 깊은 바다에서 아주 천천히 자란다는 파타고니아 이빨고기를 적지 않게 잡는다(우리나라에서 '메로'라고 부르는 이 물고기는 맛이 아주 좋아, 국제어시장에서는 참치 못지않은 아주 비싼 가격으로 팔린다).

남극해에도 당연히 '약육강식'의 법칙이 통용되어, 표범해표는 펭귄을 상당히 많이 잡아먹고 남극물개도 가끔 약한 펭귄을 잡아먹는다. 펭귄을 잡은 표범해표는 펭귄을 바닷물에 후려쳐 껍질을 벗겨서 먹는다. 주로 크릴을 먹는 크랩이터해표의 80퍼센트는 표범해표의 송곳니 자국이 몸에 있다니, 모두 위기의 순간을 잘 넘긴 해표들이다. 뿐만 아니라, 표범해표는 코끼리해표의 뒷지느러미를 잘라먹거나 남극물개의 새끼, 그리고 다른 해표도 잡아먹는데, 범고래 외에는 천적이 없을 것이다. 흑색과 백색 무늬의 몸이 특징인 범고래는 워낙 똑똑하여, 물결을 일으켜 해빙 위에 올라간 해표를 떨어뜨린 뒤 잡아먹는다.

극지에서 살아가는 모든 생물들은 저들 나름대로 차가운 얼음환경에 적응하였다. 몸이 얼어서는 살 수 없으므로 동물들은 몸이 어는 것을 막는 단백질을 만들어 살아간다. 핏속이나 세포에 있는 결빙방지단백질이 그것이다. 이 외에도 온대지방의 생물에게는 없는 극지생물만의 특이한 물질들은 경우에 따라 우리에게 아주 필요한 경우도 있다.

지구 온난화의 영향

최근 지구가 더워지면서 북극해는 물론 남극의 얼음도 많이 녹고 있다. 얼음이 녹으면 그 얼음 위에서 살아가는 동물들의 터전이 사라져 동물들이 위험해진다. 지구 온난화로 서식지가 사라진 대표 동물이 우리가 잘 아는 북극곰이다. 북극곰은 얼음이 없어지면서 주 먹이인 해표가 적어져 살이 빠지고, 쉴 곳도 없어져 물에 빠져죽는다. 우리 상식으로는 이해하기 힘들지만 실제로 북극곰이 익사하고 있다고, 북극곰 전문가들은 설명한다.

강성호

북극곰
넓은 바다,
하나 남은 빙산에
올라앉은 북극곰

이형근

유럽참새
지구가 더워지면서
세종기지 부근으로
날아온 유럽참새

지구 온난화는 남극도 마찬가지인데, 남극에서도 세종기지가 있는 남극반도 일대에서 그러한 현상이 더욱 뚜렷하다. 대표 현상으로 여름에는 북쪽에서 사는 새가 날아오기도 한다. 또 오존층이 얇아져 봄철에는 해로운 자외선이 지면으로 많이 들어와, 자외선에 약한 생물들이 살기 힘들어지며 개체수도 적어진다고 한다. 먹이망에 따라 한 생물종의 개체수가 줄어들면 당연히 그 생물들을 먹고 사는 동물들도 살아가기 힘들어지며 개체수도 줄어들 것이다. 먹이망 위쪽의 생물들도 사정은 마찬가지이다.

극지의 생물들은 수천만 년 넘게 극지의 공기, 바람, 바다, 하늘, 땅에 적응하여 잘 살아왔다. 그러나 길게는 1만 년, 짧게는 250년 동안 인간이 만든 현상으로 인해 극지의 모든 생물들에게 반갑지 않은 결과를 일으킬 것 같아 마음이 편치 않다. 사람도 지구에서 살다가 가는 생물이므로 지구에 해를 입히면 안 된다. 인간은 혼자 사는 것이 아니라는 것을 명심해야 한다.

북극의 지형과 북극해

북극해 주변의 얼어붙은 땅은 아주 오래 된 바위로 덮여있다.아주 넓은 대륙붕에는 화석연료를 비롯한 엄청난 양의 메탄수화물이 묻혀있다. 그러나 북극해의 해저는 큰 지형과 지질구조 정도만 알려져 있을 뿐이다.

남승일 극지연구소

● 북극과 북극해

북극에 대한 정의는 학자나 관점에 따라 다를 것이다. 그러나 보통, 연중 기온이 가장 높은 7월의 평균기온이 10°C보다 낮은 지역을 북극으로 정의하는 경우가 많다. 이 정의대로 하면 북극은 지도 상에서 나무가 살아갈 수 있는 북쪽의 마지막 한계선인 수목 북방한계선과 일치하며 위도로는 대략 북위 70도의 북쪽지방이지만, 베링 해에서는 그 경계가 상당히 남쪽까지 내려온다. 북극권은 북극해와 그 바다를 둘러싸는 유라시아와 북아메리카 대륙과 그린란드의 66.5도 북쪽의 고위도에 있다.

북극해 둘레의 땅은 북아메리카와 그린란드 그리고 유라시아의 고기순상지(古期楯狀地)와 지표의 암석층이 넓은 테이블처럼 평탄하고 안정된 지역이다. 암석은 주로 선캄브리아기의 편마암과 결정편암, 화강암으로 되어 있고 그 위에 고생대 층이 쌓여 있다. 그러나 북극해를 둘러싸고 있는 대부분의 지형은 플라이스토세(Pleistocene 世, 약 200만 년 전 이후부터 11,700년 전까지)에 일어난 빙하기~간빙기의 주기를 가진 기후 변화의 영향을 받아서 형성되었다.

북극은 저지대의 연안 평원이나 낮은 구릉 또는 빙하나 만년설로 덮인 고원 지대로 이루어졌다. 빙하기와 간빙기에 대륙빙원이 확장하고 후퇴하면서 지형이 침식되고 빙하가 육지에서 운반한 퇴적물이 바다에 쌓여 얕은 대륙붕이 넓게 형성되었다.

또한 전 지구에 분포하는 영구동토의 약 25퍼센트가 북극권인 시베리아, 알래스카 그리고 캐나다 고위도 지역에 주로 분포하고 있다. 이 동토에는 엄청난 양의 석유, 천연가스 그리고 메탄가스나 메탄수화물이 매장되어 있다.

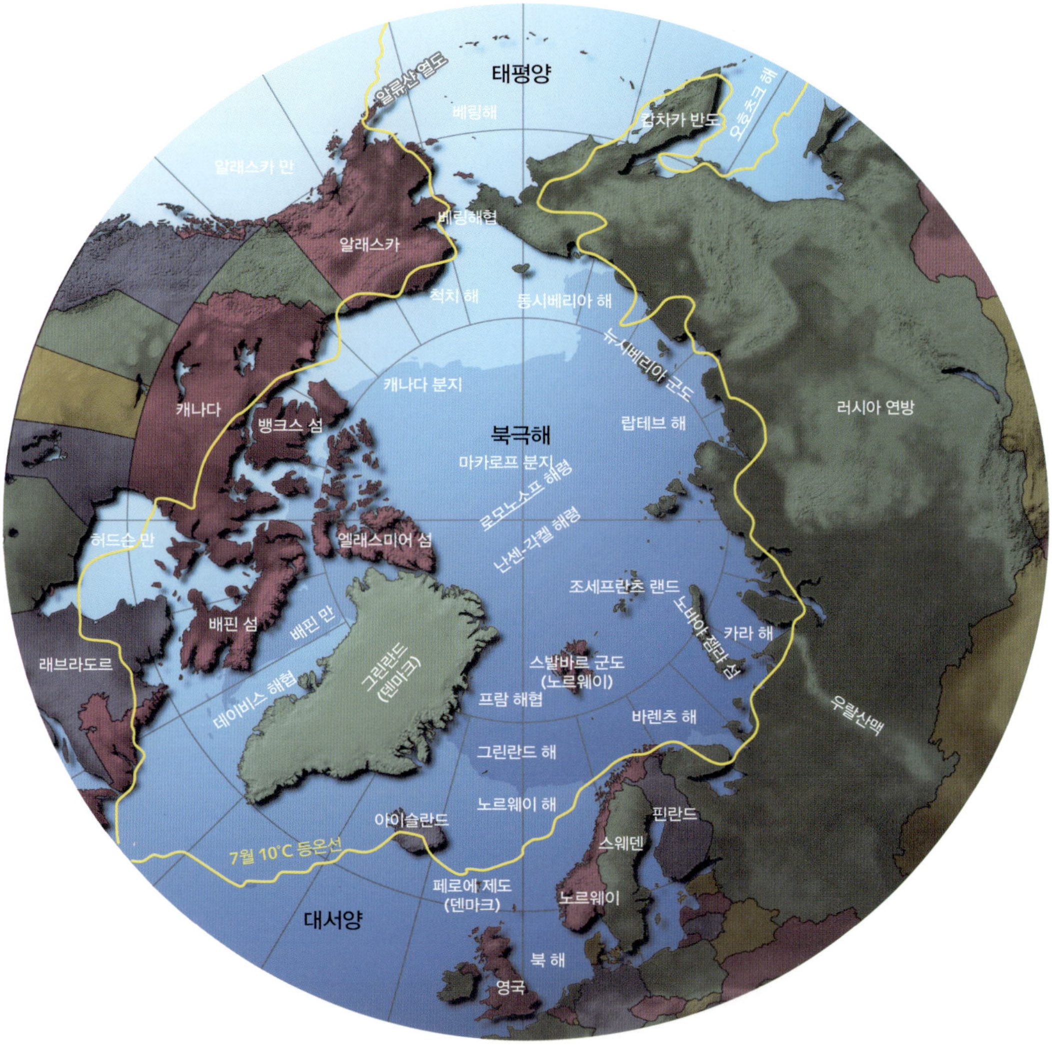

극지연구소

북극 지형과 수심이 표시된 지도

북극은 북극해와 북극점을 둘러싸고 있는 북반구의 고위도에 있는 지역이다. 북극권을 둘러싸고 있는 노란 실선은 연중 가장 더운 7월의 10℃ 등온선을 나타낸다.

북극해의 지질

북극해는 심해분지와 해저산맥이라 할 여러 개의 해령, 수심이 얕고 매우 넓은 대륙붕으로 되어있으며, 주변부는 고원지대이다. 북극해는 지질이 아주 복잡한 여러 개의 지형과 매우 특징이 있는 지질구조로 되어있다. 북극해에는 뚜렷한 3개의 지구조 형태가 있는데, 첫째, 후기 중생대와 신생대에 생성된 비교적 젊은 해양분지, 둘째, 후기 고생대 이후 침강한 심해퇴적분지와 넓은 대륙붕과 대륙의 저지대, 셋째, 후기 선 캄브리아기와 고생대 대지 그리고 대지를 분리시키는 습곡지대 위에 놓인 대륙기반암으로 나뉜다.

생성연대와 지구조 진화에 따라 북극해는 유럽과 아시아 쪽에 있어 북대서양의 영향을 받는 유라시아분지와 북아메리카와 그린란드 사이에 있는 아메라시아 분지로 나뉜다. 일반적으로 아메라시아 분지의 기원과 진화는, 유라시아 분지의 진화 역사와는 달리, 많은 추정에 의존하고 있으며 아직까지 많은 부분이 설명되지 않는다. 현재까지 지질·지구물리 자료가 충분하지 않기 때문에 아메라시아 분지에 관한 특징과 생성 연대 그리고 이 분지에 포함된 마카로프 분지와 캐나다 분지뿐 아니라 해령(알파-멘델레프 해령, Alpha-Mendeleev Ridge)에 관한 정확한 정보를 얻을 수 없다. 북극해에서 가장 오래된 캐나다 심해분지는 중생대 동안에 발생한 해저확장에 따라 형성된 것으로 알려져 있다. 캐나다 심해분지가 열리는 동안, 또는 그 이후에 알파-멘델레프

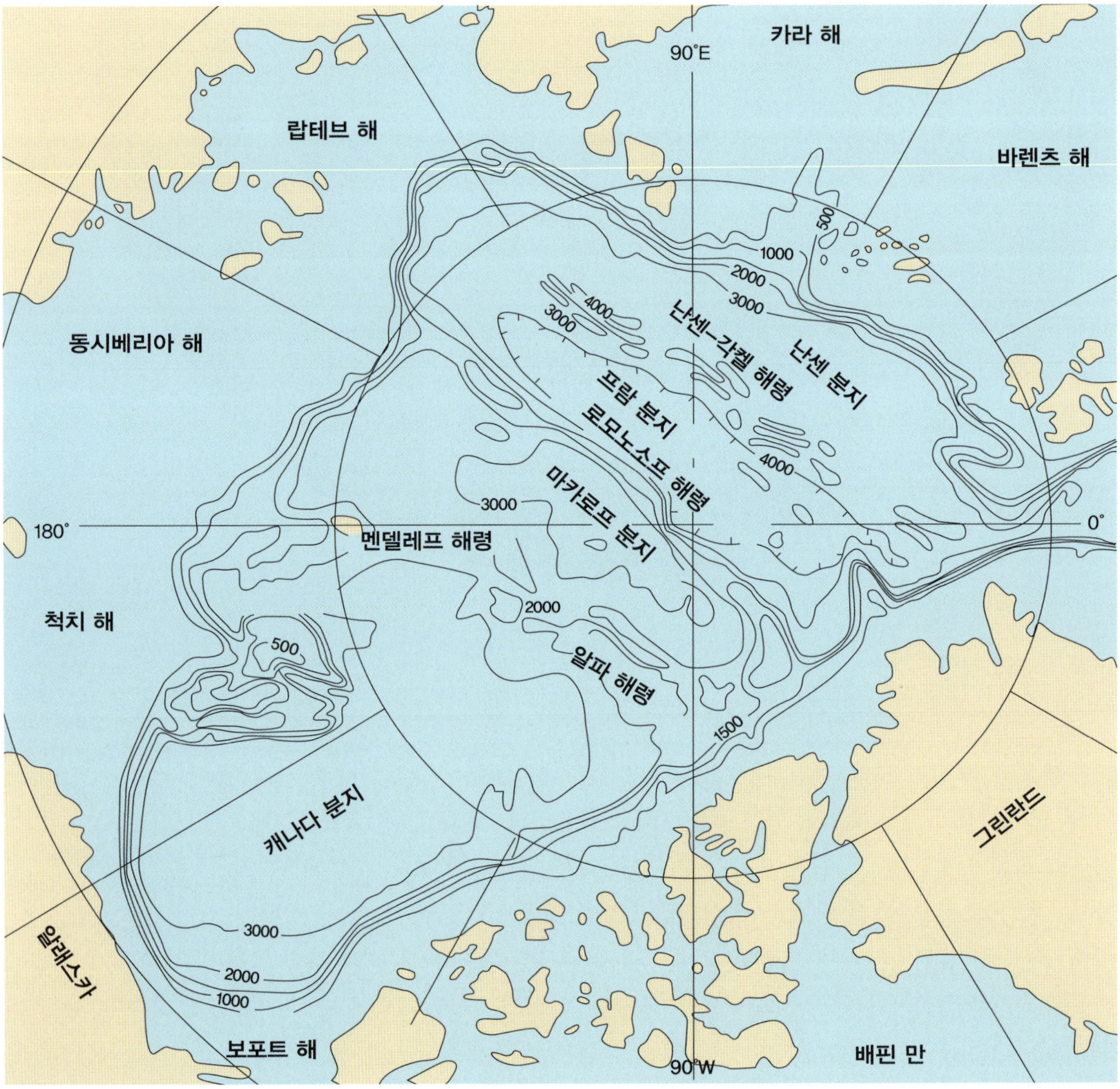

북극해 지형도 (Weber, 1990)

북극해는 심해분지, 해저산맥인 해령, 매우 넓고 수심이 얕은 대륙붕과 대륙주변에 있는 해저고원으로 이루어져 있다.

극지연구소

해령과 마카로프 분지(Makarov Basin)가 형성되었다.

해저확장에 따라 구조가 복잡하게 된 해령의 다양한 지형에는 두께 0.5~2킬로미터의 퇴적물이 쌓여있다. 알파-멘델레프 해령의 기원이 대륙에서 시작된 대륙기원인지 아니면 해저에서 시작된 해양기원인지 아직 의문으로 남아 있다. 최근에 획득한 다중채널 탄성파탐사 자료에 따르면 상부 층은 제3기에, 하부 층은 중생대에 형성된 것으로 보인다. 하부 층의 탄성파 속도는 초속 4.3~6.7킬로미터로 측정되어 해양지각으로 해석된다. 최근 알파(Alpha) 해령의 서쪽에서 획득한 암석의 아르곤 연대측정 자료에 따르면 8,200만±100만 년으로 나타나 중생대후기에 형성된 것으로 생각된다.

추측과 연구

유라시아 분지의 기원과 진화의 역사는 현재까지 잘 밝혀지지 않았다. 북대서양 중앙해령이 북극해로 뻗어나간 이후, 해저가 확장되면서 유라시아 대륙붕에서 떨어져 나온 대륙지각의 조각인 로모노소프 해령(Lomonosov Ridge, 총 길이가 1,800킬로미터가 넘는다)이 분리된 것으로 추정된다. 그 지역의 항공자력(航空磁力) 자료에 따르면 각켈(Gakkel) 해령의 남쪽과 북쪽 분지에 해저확장의 이상대(異常帶, 정상과는 다른 현상이 나타나는 지역)가 있다. 해저확장과 관련된 지자기 이상 값과 고지자기 연대를 대비하면, 유라시아 분지가 열린 시기와 프람 해협이 열린 시기가 관련이 있는 것으로 생각된다. 이러한 대비를 통해 유라시아 분지가 확장되기 시작한 시기는 후기 팔레오세(Paleocene)로 추정되고 있다. 이후 분지는 평균 1년에 1~2센티미터로 매우 서서히 확장하기 시작하였다. 현재도 유라시아 분지 중앙에 있는 각켈 해령은 여전히 해저확장 활동이 일어나고 있다. 북극에서 유라시아 분지는 얼음을 포함한 담수가 남쪽으로 유출되는데 중요한 수로이므로, 유라시아 분지가 열린 것은 전 세계 해양에 커다란 영향을 미친 중요한 지구조적인 사건(geotectonic event)이었다. 그러나 정확하게 언제부터 유라시아 분지가 북극해와 북대서양 해양순환에 영향을 미쳤는지 아직까지 불확실하다.

각켈 해령의 연구결과를 보면 암석과 지형과 구조가 다른 해령과 다르다는 것을 알 수 있다. 멀티채널을 이용한 탄성파탐사 자료에 따르면 난센 분지(Nansen Basin)와 아문센 분지(Amundsen Basin)에는 후기 플라이오세 이후 퇴적층이 매우 두껍게 쌓여 있는 것으로 밝혀졌다. 바렌츠 해 대륙붕에 인접한 난센 분지에는 두께 약 4.5킬로미터의 퇴적층이 쌓여있으며 각켈 해령으로 갈수록 그 층이 얇아진다. 그러나 아문센 분지에는 두께 약 1.7~2킬로미터의 퇴적층이 쌓여있다. 이렇게 난센 분지에 매우 두꺼운 퇴적층이 쌓인 것은 빙원의 확장과 후퇴가 반복되면서 유라시아 대륙붕에서 대규모의 퇴적물이 운반되어 쌓였기 때문이다.

극지와 인간

Polar Regions and Mankind

북극에서는 오래 전부터 사람이 살아왔으나 남극은 19세기 초에 발견되어 해안과 내륙과 극점이 탐험되었다. 지금은 많은 상주기지들과 하계기지가 들어서 있으며 다양한 연구를 하고 있다.

극지탐험

북극은 옛날부터 사람이 살았던 곳이었으므로 발견했다는 말은 쓰지 않는다. 반면 남극은 1819년 우연히 발견되었다. 용기 있는 사람들은 북극항로를 개척하고 극점을 정복하느라 희생이 컸다.

장순근 · 이유경 극지연구소

● 남극의 발견

남극을 발견했다는 기록은 16세기 말부터 있었지만, 확실히 발견한 것은 19세기 들어서였다. 단철(鍛鐵)과 마구류와 잡화를 싣고 부에노스 아이레스(Buenos Aires)에서 칠레 발파라이소(Valparaiso)로 가려고 케이프 혼 남쪽을 돌아가던 영국 상선 윌리엄스(선장 윌리엄 스미스 William Smith) 호가 바람에 남쪽으로 밀려가, 1819년 2월 남셰틀랜드(South Shetland) 군도 리빙스톤(Livingston) 섬을 목격하면서, 남극은 발견되었다. 당시는 남극이 없다고 믿었던 때였으므로 사람들이 그의 보고를 믿지 않았기 때문에 그는 같은 해 6월, 자신이 본 것을 증명하려고 다시 찾아갔지만 얼음에 밀려 목적을 이루지 못하고 돌아갔다가 10월에 다시 찾아와 자신의 목격을 확인했다. 12월 19일, 그는 영국해군장교 에드워드 브랜스필드(Edward Bransfield)와 함께 다시 한번 리빙스톤 섬 케이프 쉬레프(Cape Shirreff)에 상륙함으로써 그의 발견사실을 확인했다. 이후 남셰틀랜드군도는 물개잡이들의 천국이 되었지만, 물개를 너무 많이 잡는 바람에 물개가 사라져 물개잡이도 사라졌다.

물개잡이들이 남극물개를 잡는 동안 몇몇 나라는 커다란 탐험대를 조직해 남극을 탐험했다. 먼저 제정 러시아는 1819년부터 타데우스 벨링스하우젠(Thaddeus Bellingshausen, 1778~1852) 대장 휘하 2척의 배로 남극을 탐험했다. 벨링스하우젠은 1820년 1월 27일 남위 69도, 서경 2도에서 남극대륙을 보았지만, 땅이라는 것을 알지 못하고 항해를 계속했다. 자신은 몰랐지만, 그는 남극대륙을 발견한 것이나 마찬가지였다. 미국의 찰스 윌크스(Charles Wilkes)와 프랑스의 뒤몽 뒤르빌(Dumont d'Urville 1790~1842)도 각각 1840년 1월 남극을 탐험했다.

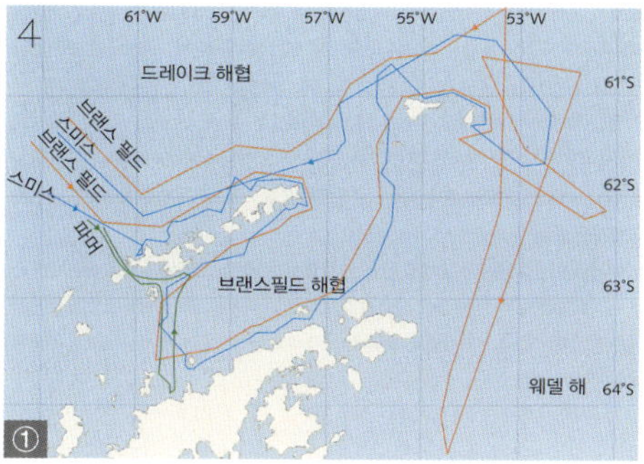

1819~1920년 남극을 발견한 항적 ①
파란색 : 스미스(Smith)
주황색 : 브랜스필드 (Bransfield)
초록색 : 파머(Palmer)

아문센보다 한 달 늦게 1912년 1월 17일 남극점에 온 스콧 탐험대 ②
그들은 돌아오다가 모두 죽음을 당했다. 왼쪽에서 오른쪽으로 바워스, 에반스, 스콧, 오츠, 윌슨.
바워스가 사진기의 줄을 당겨 사진을 찍었다.

영국의 제임스 클라크 로스 경(Sir James Clark Ross, 1800~1862)은 1841년 1월 에레부스(H.M.S Erebus) 호와 테러(H.M.S Terror) 호로 남자극점을 찾으려고 남극 대륙에 가까이 와, 로스(Ross) 섬과 로스 빙붕과 활화산 에레부스를 발견했다.

남극의 물개들이 늘어나자 물개잡이들이 1871년에 다시 남셰틀랜드군도를 찾아왔다. 그러나 몇 년 지나자 물개들은 또 없어졌다. 그러자 고래잡이가 남극에 나타나기 시작했다. 1873년 11월, 가장 먼저 독일 고래잡이 배 그륀란드(Groenland) 호가 나타나 남극반도 서쪽을 조사했다. 1892년에는 노르웨이와 스코틀랜드의 고래잡이들이 나타나 규화목화석이 발견되었고, 남극반도 서쪽의 빙붕과 북쪽 끝의 섬들이 알려졌다. 한편 영국 해군 챌린저(H.M.S. Challenger) 호가 해양조사를 하면서 세계를 일주하다가 1874년 2월에 남극권에 들어왔다.

영웅의 시대

1895년 1월 24일에는 처음으로 앤타크틱호의 선장인 헨릭 불(Henryk Bull)이 남극대륙에 상륙했다. 같은 해 7월 런던에서 열린 제7차 국제지리학총회에서는 '남극'을 주요한 연구지역으로 결정하였다. 다음해 3월에는 해군장교 아드리엔 데 겔라쉬(Adrien de Gerlache)가 지휘한 벨기에 남극탐험대의 벨지카(Belgica) 호가 남빙양에 갇혀 처음으로 바다에서 겨울을 보냈다. 이어서 노르웨이의 카르스텐 보르취그레빙크(Carsten Borchgrevink)가 1899년 2월에는 빅토리아 랜드(Victoria Land) 해안에서 겨울을 보냈다. 이는 인간이 남극대륙에서 보낸 첫 겨울이었다.

스웨덴 오토 노르덴스크욜드(Otto Nordenskjöld)남극탐험대는 20세기 초에 남극반도의 끝에서 2년을 월동했다. 영국 해군 장교인 로버트 팰컨 스콧(Robert Falcon Scott, 1868~1912)은 1902년 11월 에드워드 윌슨(Edward Wilson)과 어네스트 섀클턴(Ernest Shackleton, 1874~1922)과 함께 남극점 정복에 나섰다가 돌아왔다.

노르웨이의 아문센(Amundsen, 1872~1928)과 영국의 스콧이 남극점에 먼저 도달하기 위해 경쟁했던 이야기는 매우 유명하다. 개의 장점을 알고 이를 이용하여 준비를

남극의 폭풍설 ①
남극에서 단독생존의 신화를 만든 오스트레일리아 남극탐험대의 더글라스 모슨 경은 바람이 아주 센 곳에서 1912년과 1913년 겨울을 보냈다. 사진은 폭풍설 속에서 얼음을 캐는 월동대원들.

어네스트 섀클턴 ②
남극에서 집단생존의 신화를 이룬 어네스트 섀클턴 경의 탐험대 6명이 1916년 4월 24일 남조지아 섬으로 가려고 제임스 캐어드(James Caird) 호로 엘레펀트 섬을 떠나는 광경.

철저히 했던 아문센은 1911년 12월 14일, 과학연구에 관심을 기울였던 스콧보다 먼저 남극점에 도달하였다. 반면, 스콧이 이끄는 팀은 다음해 1월 17일 남극점에 도착하였으나 돌아오는 길에 영양실조와 동상과 괴혈병으로 모두 조난당했다.

오스트레일리아 지질학자 더글라스 모슨 경은 1912년 여름 동료 2사람과 조지 5세랜드를 탐험하다가 혼자 살아남는, 단독생존의 신화를 이루었다. 반면 남극대륙을 종단하려던 섀클턴 탐험대는 탐험선이 얼음에 갇혀 1915년 11월 침몰했다. 얼음 위에서 떠돌던 배는 다음해 4월 중순 엘레펀트(Elephant) 섬에 상륙했다. 그러자 대장인 섀클턴 경은 사람들을 남겨두고 작은 배로 사우스 조지아(South Georgia) 섬까지 가 구조를 요청하였으며, 마침내 1916년 8월 전원 구조하여 집단생존의 전설을 만들었다. 이어서 그는 다시 남극대륙 해안탐험에 나섰다가 1922년 1월 5일 배에서 심장마비로 죽어 남조지아 섬에 묻혔다. 이로써 '영웅의 시대'도 끝을 맺었다.

기계의 시대

20세기가 되어 남극해는 고래잡이터가 되었다. 북반구 바다에 고래가 귀해지자 고래잡이들은 사냥터를 옮겼으며 고래는 더욱 빠르게 줄어들기 시작했다. 부유한 고래잡이 업자가 1927년에 남극을 탐험하여 제정러시아 남극탐험대가 발견했던 피터 1세(Peter I) 섬에 상륙하기도 했다. 남극은 이후에도 몇 차례나 더 탐험되었는데, 주로 동경 20~45도 사이의 지역이 탐험되어 3,700킬로미터가 넘는 해안이 발견되었다.

1920년대 후반 들어, 남극탐험에 비행기가 동원되었다. 1928년과 1929년 오스트레일리아의 휴버트 윌킨스 경(Sir Hubert Wilkins)이 남극반도 일대를 비행기로 조사했다. 1929년 11월에는 미국해군 리처드 버드 대령이 비행기로 남극점을 찾았다. 1935년에는 미국의 링컨 엘스워드(Lincoln Ellsworth)가 남극반도의 끝을 이륙한 비행기가 몇 번 착륙하면서 남극대륙을 종단하여 로스(Ross) 빙붕의 가장자리까지 비행하였다.

미해군은 1946~1947년에 하이점프(Highjump) 작전을 전개했다. 이 작전에는 쇄빙선을 포함한 13척의 배와 23대의 비행기와 4,700명이 넘는 사람들이 동원되어 사상 가장 규모가 큰 남극탐험이었다. 이 작전을 통해 엄청난 지역의 내륙과 해안선을 조사하면서 7만 장의 항공사진을 찍었다. 그러나 항공사진의 기준점이 없어 사진이 거의 쓸모가 없었다. 그러므로 기준점을 찾으려고 1947~1948년에는 윈드밀(Windmill) 작전을 수행하여 윌크스해안을 정밀하게 조사해 지도를 만들 수 있었다. 그러나 너무 늦어 마리 버드 랜드와 로스 해는 조사하지 못했다.

과학의 시대

1957년 7월부터 1958년 12월까지 67개국이 '국제 지구물리의 해(IGY)'의 사업에 참가했다. 그 가운데 12개국이 남극대륙과 해안과 섬에 60개가 넘는 기지를 세웠다. 이 때 처음으로 남극의 대기, 얼음, 지자기, 고층대기에 대한 자료가 체계적으로 수집되었다. 남극에서 과학을 제대로 연구하는 시대가 열린 것이다. 이 때 남극점과 지자기 남극점에도 기지가 세워졌으며 영국, 뉴질란드, 남아프리카공화국, 오스트레일리아 같은 영연방국가들이 협력해서 남극대륙을 처음으로 종단했다.

'국제지구물리의 해' 사업을 바탕으로 남극조약이 마련되었다. 나아가 남극에 기지를 건설했던 12개국은 나중에 원초 남극조약협의당사국이 되었다. 남극조약에 가입했다고 모두 같은 자격이 주어지는 것은 아니며, 남극조약협의당사국이 되어야 남극에 대한 문제에서 결정을 할 수 있는 권리가 주어진다.

2013년 현재 20개국이 남극에 40개 가까운 상주기지를 가지고 있다. 상주기지란 사람이 연중 상주하는 기지를 말한다. 나아가 우리나라를 비롯하여 몇 나라는 남극에 새로운 기지를 지으려고 한다.

1979년 9월부터 1982년 8월에 걸쳐 영국의 라눌프 핀즈 경(Sir Ranulph Fiennes), 찰스 버튼(Charles Burton), 올리버 쉐파드(Oliver Shepard)는 본초자오선을 따라 지구를 종단했다. 또 이탈리아 등산가 라인홀트 메스너(Reinhold Messner)와 독일 아르베드 훅스(Arved Fuchs)는 플라스틱 썰매에 짐을 싣고 1989년 11월 13일 로네(Ronne) 빙붕을 떠나 2,800킬로미터를 걷거나 스키를 타고 남극대륙을 종단해 1990년 2월 12일 스콧(Scott)베이스에 도착했다.

1989년 7월부터 다음해 3월까지 프랑스, 미국, 영국, 일본, 러시아, 중국 6개국 6명은 '1990년 국제남극종단탐험대'를 만들어 남극대륙을 종단하는 가장 긴 경로인 남극반도의 끝에서 남극점을 지나 미르니(Mirny)기지까지 장장 6,400킬로미터를 7개월 만에 개썰매로 종단했다.

남극에서는 거의 200년 동안 큰 탐험만도 300회 정도였고 아직까지도 매년 크고 작은 탐험이 계속되고 있다.

제오프 소머스

1989년 7월부터 1990년 3월에 걸쳐 남극대륙을 종단한 1990년 국제남극종단탐험대

사진은 1989년 12월 11일 남극점에 도달한 장면

● 북극점 탐험의 진실

북극은 오래 전부터 상상력의 보물창고였다. 아시아에서 북극이 어떤 의미였는지는 문헌을 통해 확인하기 어렵지만, 기원전 그리스인들에게 이미 북극은 '여름에 해가 지지 않고 겨울에 해가 뜨지 않는 곳', '북방인'이 살고 있는 곳으로 알려져 있었다. 북극은 원래 거주민이 있는 곳이다. 이미 기원전부터 북극에는 원주민이 살고 있었던 것으로 알려져 있다.

창으로 사냥감을 노리는 북극 원주민

유럽인들이 북극에 발을 들여놓은 것은 지금부터 겨우 1,000여 년 전의 일이다. 그린란드 빙하와 북반구 나무의 나이테를 분석한 결과 800년 후반에서 1100년까지 북반구는 매우 따뜻했던 것으로 보인다. 이때 그린란드에 최초로 유럽인이 정착하였다. 이 최초의 정착민은 살인사건으로 고국인 노르웨이에서 추방된 바이킹(Viking)인 붉은 에릭(Erik the Red)이었다. 그가 도착한 미지의 땅은 빙하 사이로 초원이 펼쳐져 있었고 물개와 바다코끼리, 그리고 물고기가 풍부했다.

에릭은 이 땅을 그린란드라고 이름 붙이고 아이슬란드에서 이주민을 모집했다. 985~986년 경 에릭과 그의 가족, 그리고 아이슬란드에서 신세계를 찾아 떠난 450명의 사람들은 숱한 고생 끝에 그린란드에 도착했다. 그들은 작은 농장을 만들고 새로운 삶을 시작하였다.

그린란드의 바이킹은 1100년대 후반까지 융성하여 거주민이 약 3,000명이 넘을 정도였으나 기후변화로 인하여 점차 줄어들었다. 날씨가 추워지고 유빙이 두터워지면서 가축이 긴 겨울을 나기가 점점 어려워졌고 유럽에서 물자를 싣고 오는 배들이 줄어들었기 때문이다. 그린란드 기후가 변하자 북극 원주민인 툴레 이누이트(Thule inuit)가 따뜻한 곳을 찾아 남쪽으로 이동하였고 바이킹과 만나 자주 다투게 되었다. 결국 북극에 정착한 최초의 유럽인인 바이킹은 1500년대에 그린란드를 떠나고 말았다.

북극항로를 찾아라!

16세기 유럽, 대항해의 바람이 북극에도 불었다. 북극탐험이 대중의 관심을 받게 되었던 것이다. 북극탐험을 통해 유럽인들은 인간의 한계를 넘어섰다는 자신감을 가질 수 있었고 지적 호기심을 채울 수 있었다. 이 과정에서 원주민과 충돌도 했다. 한편 유럽에서 북극을 지나 동양까지 가는 항로를 개척하려는 사람도 있었다. 북극항로 개척은 지구상의 마지막 무역로를 개척하는 탐험이었다.

어떤 탐험가들은 명예나 경제적인 부를 축적하고자 하였다. 그들은 탐험기를 책으로 펴냈고, 물개와 고래를 잡았다. 금광을 찾으며 석유와 천연가스와 같은 자원을 확보하려고 하였다. 복잡하고 다양한 인간의 욕구에 힘입어 북극은 점차 그 모습을 세상에 드러내었다.

사냥에 나선 북극 원주민

유럽과 아시아를 잇는 북극항로는 16세기 유럽에서 누구도 가 본 적이 없는 해상 통로였지만, 당시 영국의 탐험가들에게는 부와 명예를 가져다 줄 새로운 항로였다. 스페인과 포르투갈 탐험가들이 아프리카의 끝을 돌아 아시아를 향했다면, 영국은 북극해를 가로질러 아시아로 가는데 초점을 맞추고 있었다. 아시아로 향하는 가장 빠른 북극항로를 찾기 위한 탐험가들의 노력으로 인류는 북극에 대한 더 자세한 정보를 축적할 수 있었다.

①

②

북서항로 탐험에 나선 테러 호와 에레부스 호 ①
북극탐험에 나선 유럽인 ②

북서항로를 찾던 영국 탐험가 존 데이비스(John Davis)는 1585~1587년 세 차례의 항해를 통해 그린란드 서쪽에서 배핀 섬을 발견했고 배핀 섬 일부와 그린란드 서쪽 해안의 수백 킬로미터, 그리고 캐나다 북부의 래브라도르 해안 대부분을 상세한 지도로 작성하였다. 북동항로를 찾던 네덜란드 탐험가 빌렘 바렌츠(Willem Barents)는 1596년 스피츠베르겐 섬을 발견하였고, 이어서 영국 탐험가 헨리 허드슨(Henry Hudson 1560?~1611)은 1607년 그린란드 동해안 해안선 지도를 상세하게 그렸다.

러시아는 이미 16세기부터 시베리아와 북극 해상항로를 이용하여 시베리아와 교역을 해오면서 북동항로 개척에 적극적이었다. 러시아는 1728년 덴마크 탐험가 비투스 베링(Vitus Bering, 1681~1741)을 앞세워 아시아와 아메리카 대륙 사이에 해협이 있음을 확인한 후 1733~1745년 사이에 1,000명이 넘는 탐험가들을 보내 베링 해협을 샅샅이 탐험했다. 영국의 윌리엄 패리(William Parry)는 1819년 랭커스터 해협(Lancaster Sound)에서 출발하여 데본(Devon) 섬에서 멜빌(Melville) 섬까지 패리 해협을 개척하였다. 영국은 1845년 존 프랭클린 경(Sir John Franklin, 1786~1847)을 지휘관으로 북서항로탐험대를 파견하였으나, 탐험대 128명이 탐험선 에레부스 호, 테러 호와 함께 실종되었다. 이들을 찾기 위하여 10년간 36척의 배를 포함한 수색대와 탐험대가 나섰다. 그 가운데 프랭클린 탐험대를 찾기 위해 1850~1854년 길을 나섰던 맥클루어(Robert McClure)는 배와 썰매로 북서항로의 일부를 지나며 상세한 지도를 만들었다. 한편 탐험대들이 발견한 유해를 살펴보면 프랭클린 탐험대원들은 마지막 순간에는 죽은 동료들의 살을 먹었을 정도로 비참했다는 것이 밝혀졌다. 훗날 프랭크린 탐험대 초기에 죽은 대원들의 일부는 납중독으로 죽은 것으로 밝혀졌다. 당시만 해도 캔을 만드는 기술이 부족해서 캔에는 상당량의 납이 포함되어 있었다.

반면 30여 년이 지난 후 북동항로가 처음으로 열렸다. 곧 스웨덴의 노르덴스크욜드(Adolf Nordenskjöld)는 베가(Vega) 호를 이끌고 스웨덴 예테보리(Gothenburg)를 출발하여 시베리아에서 9개월을 보내고 1879년 일본 요코하마에 도착함으로써 마침내 북동항로를 인류사상 처음으로 통과하는 영광을 얻었다.

북서항로 항해는 북동항로 항해보다 더 긴 시간을 요구해, 마침내 노르웨이 탐험가 아문센은 1903년부터 1906년에 걸친 어려운 항해 끝에 북서항로를 통해 대서양에서 태평양까지 이르는데 성공하여, 북서항로를 처음으로 항해했다. 선장 아들로 태어난 아문센은 어머니의 뜻대로 의학을 공부하다가 탐험으로 인생의 방향을 바꾸었다. 그는 북극 원주민들과 몇 년을 함께 살면서 그들이 불을 만들고, 먹고 살아가는 생활을 배운 결과 아문센은 큰 어려움없이 북서항로를 개척했다.

북극항로가 실현되기까지 수많은 도전과 실패가 있었고 수많은 생명과 배가 희생되었다. 비록 당시에는 이들 북극항로를 유럽과 북아메리카 또는 아시아를 잇는 교역로로 사용하기가 어렵다는 것이 확인되었지만, 오늘날 기후변화로 인하여 북극해의 얼음이 줄어들면서 다시금 활용 가능성이 떠오르고 있다.

북극점을 향하여

북극이 대륙인가 대양인가를 두고 많은 논쟁이 있었다. 그 답을 찾기 위해서는 북극점을 확인할 필요가 있었다. 왜냐하면 북극점이 육지라면 북극은 대륙이고 북극점이 바다라면 북극을 대양으로 볼 수 있기 때문이었다. 그러면서 북위 77도 시베리아 앞바다에서 산산조각이 난 자넷(Jeannette) 호 잔해가 북극을 가로질러 그린란드 남서 해안에서 발견되었다는 소식을 들은 노르웨이 탐험가 프리드쇼프 난센(Fridtjof Nansen)은 놀라운 가설을 세운다. 얼음의 압력에 견딜 수 있는 배를 만들어 얼음에 갇혀도 자넷 호의 잔해처럼 북극 얼음을 따라 항해하면 북극점을 지나 북극을 가로질러 갈 수 있을 것이라는 생각이었다. 그는 얼음에 부서지지 않도록 특별히 제작한 프람 호를 타고 1893~1896년까지 장장 3년간의 탐험을 통해 마침내 북위 86도까지 도달하였다.

1978년 역사상 최초로 혼자서 북극점에 도달한 일본 탐험가 나오미 우에무라(Naomi Uemura)
그는 1984년 2월 북아메리카의 최고봉인 디날리 봉을 등정하고 내려오다가 실종되었다.

캐나다 북극과 그린란드에서 쌓은 경험과 에스키모에게 배운 생존방식으로 무장한 미국의 로버트 피어리(Robert Peary)는 1909년 4월 북극점에 도달했다고 확신하였다. 한편 한때 피어리와 함께 그린란드 탐사를 함께 했던 미국 의사 프레더릭 쿡(Frederick Cook)은 자신이 피어리보다 한 해 앞선 1908년 4월 21일 북극점에 도착했으나 북극 데본 섬에서 겨울을 지내야 했기 때문에 1909년이 되어서야 기지로 돌아왔다고 주장했다. 훗날 쿡의 주장은 거짓으로 밝혀졌으며 피어리가 북극점에 도달한 것으로 인정되었지만, 아직도 논란은 남아있다. 비행선 노르즈(Norge)에서 북극점을 본 사람은 아문센 탐험대로 1926년 5월 12일이었다.

1958년, 미국의 핵잠수함 노틸러스(USS Nautilus SSN 571) 호가 북극해를 99시간 만에 종단했고, 1968~1969년 영국 월리 허버트(Wally Herbert)와 세 명의 동료는 알래스카 포인트 배로우(Point Barrow)에서 스피츠베르겐 섬까지 북극을 종단하면서 북극의 대기, 물, 얼음에 대한 다양한 관찰과 연구를 하였다. 1977년 러시아 핵 쇄빙선 아르크티카(Arktika) 호가 선박으로는 최초로 북극점에 도달하였다. 1978년 일본 탐험가 우에무라(Naomi Uemura)가 개썰매를 타고 단독으로 북극점을 밟았고, 1986년 프랑스 장-루이 에띠엔느(Jean-Louis Etienne)는 단독으로, 여섯 명으로 구성된 미국 윌 스테거(Will Steger) 탐험대는 물품지원을 받지 않고 북극점에 도달하는 기록을 세웠다. 극지탐험에서는 필요한 물품을 자신이 가져가는지 아니면 다른 사람이 가져다 주는지도 탐험을 평가하는 기준이 된다.

우리나라는 1991년 오로라탐험대의 최종렬과 신정섭 대원이 대한민국 최초로 북극점에 도달하였고, 1995년 허영호 대장이 이끄는 한국북극해횡단탐험대가 북극점을 지나 도보로 북극해를 종단하였다. 2005년 박영석 대장의 북극점 원정대가 북극점 도달에 성공했고, 2012년 홍성택 대장과 한국탐험대가 세계 최초로 베링 해협 횡단에 공식적으로 성공했다.

북극 과학 탐사

19세기부터 과학자들의 북극 탐사도 활발해졌다. 1882~1883년 '국제극지의해(International Polar Year)'에 세계 11개국이 참여하여 북극을 탐사하였고, 빌헬머 스테판슨(Vilhjalmur Stefansson)은 1908~1918년까지 북극 지도를 제작하였다. 1932~1933년 제2차 '국제극지의해' 탐사에서 북극 관측이 이루어졌다. 총 44개국이 참여한 제2차 '국제극지의해' 탐사에서는 지구의 전기적 특성을 규명하고자 지자기, 오로라, 기상 현상 등을 집중적으로 관측하였고 총 40개의 상설 관측기지가 북극에 설립되었다.

알프레드베게너 독일 해양극지연구소

2007~2008년 '국제극지의해' 표상

제3차 '국제극지의해'는 1957~1958년에 '국제 지구물리의 해(International Geophysical Year)'라는 이름으로 수행되었다. 당시 과학자들은 대륙으로 이루어진 남극에 집중하여 남극 빙하 그리고 대기와 해양의 역학에 대한 빙하의 중요성 등을 집중적으로 연구하였다. 2007~2008년에 이루어진 제4차 '국제극지의해' 탐사에서는 우리나라를 비롯한 전 세계의 63개국이 참여하여, 약 220개 연구 프로젝트를 수행하였다. 2009년 네이처(Nature)지는 '국제극지의해가 주는 교훈' 네 가지를 강조했다. 즉, 기후학자나 해양생태학자 등으로부터 극지 데이터의 필요성이 증가하고 있으므로 '국제극지의해'에서 얻은 지식을 최대한 활용해야 하며, 극지 정보는 특히 정책 입안자에게 유용하다는 것이다. 또한 현재 경제 위기 속에서도 극지 연구는 계속되어야 하며, 극지방에 대한 새로운 국제 규범이 필요하고 특히 북극과 관련하여 북극 인근 국가인 미국, 러시아, 유럽, 캐나다, 덴마크, 노르웨이 등이 지정학적으로 협력할 필요가 있다는 것이다.

수세기 동안 수많은 사람들의 도전과 희생을 통해 이제 북극은 그 모습을 우리에게 서서히 드러내고 있다. 인류의 도전정신과 미지세계에 대한 호기심이 살아 있는 한 북극탐험은 계속될 것이며, 북극을 이해하기 위한 과학 탐사도 그 걸음을 멈추지 않을 것이다.

극지 바다의 이름

극지 바다의 이름은 그 바다를 발견한 사람이나 항해한 사람, 탐험한 사람의 이름을 붙여 그들을 기린다. 또는 그들이 탔던 배, 색깔, 땅의 이름으로 부르거나 국왕 등 왕족의 이름을 붙이기도 한다.

이재학 한국해양과학기술원

해양과 관련된 공식적인 명칭은 국제수로기구(International Hydrographic Organization, IHO)가 정하고 있는데, 극지 해역은 아시아와 북아메리카 대륙에 둘러싸인 바다가 북극해(The Arctic Ocean)로, 2000년부터는 남위 60도 이남의 바다를 남극해(The Southern Ocean)로 명명하여 지구의 5대양에 포함하였다. 두 대양은 각기 독자적 이름을 가진 크고 작은 해역들로 구분되어 있다.

극지 해역의 바다는 탐험가, 항해자 그리고 선박의 이름 등을 사용하여 부르고 있는데, 바다의 명칭만으로도 양극해 탐험의 역사를 살펴 볼 수 있으며, 항해시대와 양극 탐험시대를 주름잡았던 국가들이 어디였는지를 알 수 있다.

북극해

북극해는 태평양과 연결된 베링 해협부터 동쪽으로 척치 해, 보포트(Beaufort) 해, 북서항로를 지나 그린란드 북서쪽의 링컨(Lincoln) 해와 북동쪽의 완델(Wandel) 해로 연결된다. 이어서 러시아와 접한 바렌츠(Barents) 해, 백해(白海, White Sea), 카라(Kara) 해, 랍테브(Laptev) 해와 동시베리아(East Siberian) 해로 구분되어 있다. 완델 해 남쪽은 프람 해협을 경계로 그린란드 해와 노르웨이 해로 구분되어 북대서양과 연결된다. 그린란드와 캐나다 사이의 데이비스 해협을 경계로 북쪽은 배핀(Baffin) 만으로, 남쪽은 래브라도르(Labrador) 해로 명명되었으며 래브라도르 해는 허드슨(Hudson) 만과 북대서양과 연결된다.

이들 바다의 이름은 대체로 항해가나 탐험가를 기리기 위하여 이름이 붙여졌으며 탐험선과 지역명칭을 사용한 경우도 많다. 우선 사람의 이름에서 유래한 경우를 열거해보기로 하자.

베링 해와 베링 해협은 러시아가 캄차카(Kamchatka) 반도를 탐사할 때 선장으로 활동한 덴마크 출신 항해자 비투스 베링을 기리기 위하여 명명되었다. 보포트 해의 보포트는 풍력의 세기를 표현하는 보포트 스케일(Beaufort scale)로 더 알려진, 영국해군에서 근무한 아일랜드 수로학자이자 장교인 프란시스 보포트 경(Sir Francis Beaufort, 1774~1857)을 기린 것이다. 링컨 해의 링컨은 1881~1884년에 걸친 아돌푸스 그릴리(Adolphus W. Greely) 탐험대를 지원한 미국 육군장관 로버트 토드 링컨(Robert Todd Lincoln, 1843~1926)의 이름을 딴 것이다. 바렌츠 해와 랍테브 해는 각각 북동항로를 찾는데 헌신하였던 네덜란드의 항해가 윌렘 바렌츠(Willem Barents, 1550~1597)와 러시아 탐험가 드미트리 랍테브(Dmitri Laptev, 1701~1771), 카리튼 랍테브(Khariton Laptev, 1700~1763)에서 유래하였다. 허드슨 만은 1610년 이곳을 처음 탐험한 영국의 식민지 개척자인 헨리 허드슨에서 유래한 것이며, 래브라도르 해는 포르투갈 탐험가 자옹 페르난데스 래브라도르(Jaon Fernandez Labrador, 1453~1501)의 이름을 따서 지었다.

북극해의 바다와 해협

이재학

배핀 만은 1616년 이 곳을 상세하게 기술하였던 영국의 항해탐험가 윌리엄 배핀(William Baffin, 1584~1622)의 이름을 기념한 것이며, 데이비스 해협은 이 해역에서 북서항로를 찾던 영국의 탐험가 존 데이비스(John Davis, 1550~1605)의 이름에서 가져왔다. 그는 포클랜드 군도를 발견했다.

인명과는 관계없는 바다 명칭도 있다. 프람 해협은 1893년부터 1912년까지의 기간에 노르웨이의 탐험가였던 표도르프 난센, 오토 스베드럽(Otto Sverdrup), 오스카 위스팅(Oscar Wisting)과 로알 아문센이 이용하였던 선박 프람 호를 기리기 위하여 붙여졌다. 백해는 흑해, 홍해와 황해와 함께 색깔의 이름을 갖는 4개 해양 중의 하나다.

그린란드 해, 노르웨이 해, 완델 해, 카라 해는 탐험가나 탐험선과는 관계없이 지리나 국가 명을 사용한 것이며 척치 해는 인근 연안과 처코트카(Chukotka) 반도에서 생활하던 원주민에서 유래하였다. 동시베리아 해는 연구가 이루어지지 않은 바다로 1935년에 소비에트 정부가 명명했다. '시베리아'는 몽고 내의 시베리아 타타르 족 언어로 '잠자는 땅'이라는 뜻이다.

남극해

남극해는 로스 해와 웨델 해처럼 남극해를 대표하는 바다가 있고 로스 해부터 동쪽으로 아문센(Amundsen) 해, 벨링스하우젠(Bellingshausen) 해가 계속되며 남극반도와 남아메리카 사이의 드레이크 해협을 지나 스코시아(Scotia) 해가 웨델 해와 연결된다.

남극해의 바다와 해협

웨델 해 동쪽은 서쪽보다 항해의 기회가 상당히 적었던 만큼 바다의 이름이 늦게 정해졌는데, 동쪽 방향으로 경도상으로 뚜렷하게 구분된 킹 하콘7세(King Haakon Ⅶ) 해, 라자레프(Lazarev) 해, 리저-라르센(Riiser-Larsen) 해, 코스모나우트(Cosmonauts) 해, 코퍼레이션(Cooperation) 해, 데이비스 해, 모슨(Mawson) 해, 뒤르빌 해, 소모프(Somov) 해가 있으며 이는 로스 해와 연결된다.

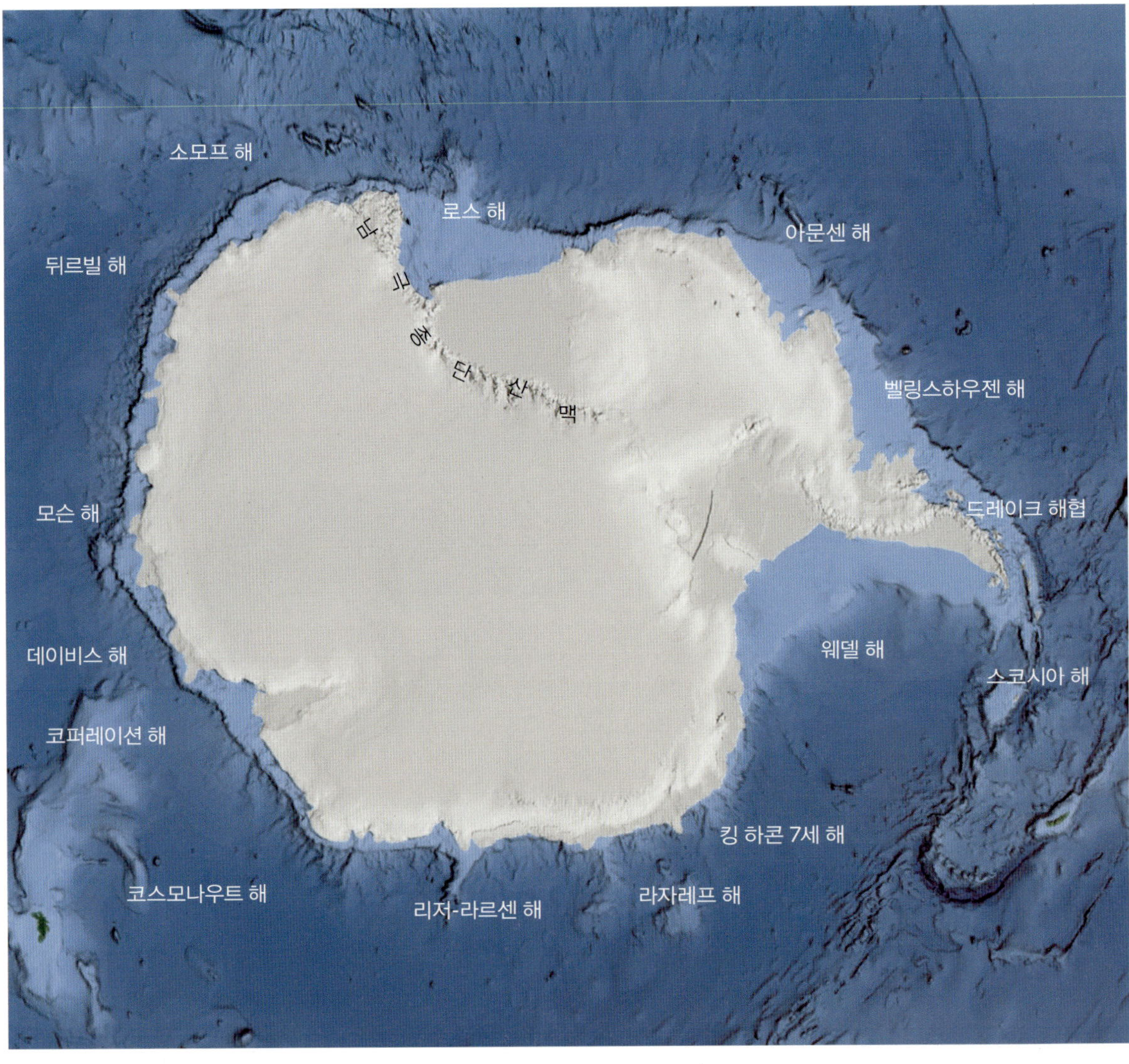

이재하

남극해 명칭도 북극해와 마찬가지로 항해가, 탐험가, 탐험선 등의 이름을 붙인 지역해가 대부분이고 이름 속에 남극해 탐험의 역사가 스며들어 있다. 대표적 지역해인 로스 해와 웨델 해는 각각 영국 에레부스 호와 테러 호를 이용한 탐험에서 1841년 해역을 발견한 영국의 제임스 로스의 이름과 1823년 남위 74도까지 접근했던 영국 항해가 제임스 웨델(James Weddell, 1787~1834)의 이름을 붙인 것이다.

또한 아문센 해는 더글라스 모슨 경, 로버트 팰컨 스콧, 어네스트 섀클턴 경과 함께 남극 탐험시대의 4대 선구자의 한 사람인 극지탐험가 로알 아문센을 기리기 위하여 붙인 이름이다. 남극반도 서쪽의 벨링스하우젠 해는 1821년 보스톡(Vostok 동쪽) 호와 미르니(Mirny 평화로운) 호를 이끌고 이 해역 탐험을 지휘한 러시아의 제독 타데우스 벨링스하우젠의 이름이 붙여진 것이다.

대서양과 태평양을 연결하는 드레이크 해협은 1578년 마젤란 해협에서 이 해역에 우연히 다다른 영국의 해군 항해자이며 스페인에서는 해적으로 더 알려진 프란시스 드레이크 경(Sir Francis Drake, 1540~1596)의 이름에서 유래되었다.

스페인의 항해자 프란시스코 데 호세스(Francisco de Hoces, ~1526)는 드레이크보다 반세기 앞서서 이 해협의 존재를 인지하여 이후 '호세스 바다(Mar de Hoces)'로 부르기도 한다. 스코시아 해의 이름은 스코틀랜드의 윌리엄 브루스(William Bruce, 1867~1921)의 남극탐험(1902~1904)에 이용되었던 탐험선 스코시아(Scotia) 호에서 유래되었다.

로스 해 동쪽의 바다들은 이름이 늦게 부여되어 지도에 표시가 안 된 경우가 대부분이다. 킹 하콘 7세 해(서경 12.18도에서 본초자오선)는 1905년 노르웨이가 스웨덴에서 분리 독립된 후의 첫 번째 왕(1905~1957)인 하콘 7세를, 라자레프 해(자오선에서 동경 14도)는 러시아 제독이며 미르니 호 함장인 미하일 라자레프(Mikhail Lazarev, 1788~1851)를 기념한 이름이며, 리저-라르센(동경 14~30도) 해는 노르웨이 항공 개척자이며 극지탐험가인 힐마르 리저-라르센(Hjalmar Riiser-Larsen, 1890~1965)을 기리기 위해 명명된 이름이다.

모슨 해와 데이비스 해(동경 82~96도)는 각각 1911년에서 1914년에 걸쳐 오스트레일리아의 남극탐험대 대장이었던 탐험가 더글라스 모슨 경과 그 탐험에서 사용된 오로라 호의 선장이며 탐험대 부대장이었던 J. K. 데이비스의 이름을 딴 것이다. 뒤르빌 해는 프랑스 탐험가이자 장교인 쥘 뒤몽 뒤르빌의 이름에서, 그리고 소모프 해(동경 150~170도)는 러시아 해양학자이며 극지탐험가로서 러시아 1차 남극탐험(1955~1957)을 지휘한 미하일 소모프(Mikhail Somov, 1908~1973)의 이름을 기념한 것이다. 코스모나우트(동경 30~50도) 해와 코퍼레이션(동경 50~82도) 해는 사람이름보다는 우주비행사와 협력이라는 상징적인 의미를 부여한 경우이다.

극지의 국제정치

극지는 자연환경이 거칠고 사람이 접근하기 어려우며 상륙하는 것도 힘들다. 사람이 살기 어려운 조건임에도 불구하고 극지를 둘러싼 국가 간의 정치는 치열하며 몇 나라는 영유권을 주장하기에 이르렀다.

진동민 · 장순근 극지연구소

● 남극의 국제정치

20세기 들어서면서 발견과 지리적 인접성을 바탕으로 남극대륙에 대한 영유권 주장이 이어졌다. 인접 국가들의 논리는 극지방에 인접한 국가의 동서 양 끝을 극점과 연결하여 생기는 삼각형 속의 모든 육지는, 다른 나라가 이미 확립된 권리에 대한 기원을 갖고 있지 않는 한, 인접국가의 영토가 되어야 한다는 선형(線形)이론이었다. 1908년 남극반도에 대한 영국의 영유권 주장을 시작으로, 1923년에는 뉴질랜드, 1924년에는 프랑스, 1929년에는 노르웨이, 1933년에는 오스트레일리아, 1940년에는 칠레, 1942년에는 아르헨티나가 주장을 이어나갔다.

그러자 러시아는 자국의 탐험가인 벨링스하우젠이 1820년 1월 남극을 최초로 발견했다고 주장하면서 이와 같은 남극대륙에 대한 인접국가들의 영유권 주장을 부인하였고 미국, 일본, 벨기에, 폴란드, 브라질도 반대했다. 이와 같이 남극대륙에 대한 영유권 주장은 지리적 인접국과 그렇지 않은 국가의 이해가 대립되어 나타난다. 또한, 영국과 남미권 국가인 칠레, 아르헨티나의 남극반도에 대한 영유권 주장이 중복되어 이들 사이에도 갈등이 상존한다. 하지만 영유권을 주장하는 나라들은 그 뜻을 굽히지 않는다.

국제지구물리의 해

미국은 1939년 남극반도와 마리 버드랜드에 대한 영유권 주장을 검토한 적이 있었고, 1947년에는 영유권 주장을 염두에 두고 버드(Byrd) 제독을 중심으로 하이 점프 작전(High Jump Operation)이란 이름으로 남극에 대한 대규모 과학조사를 하였다.

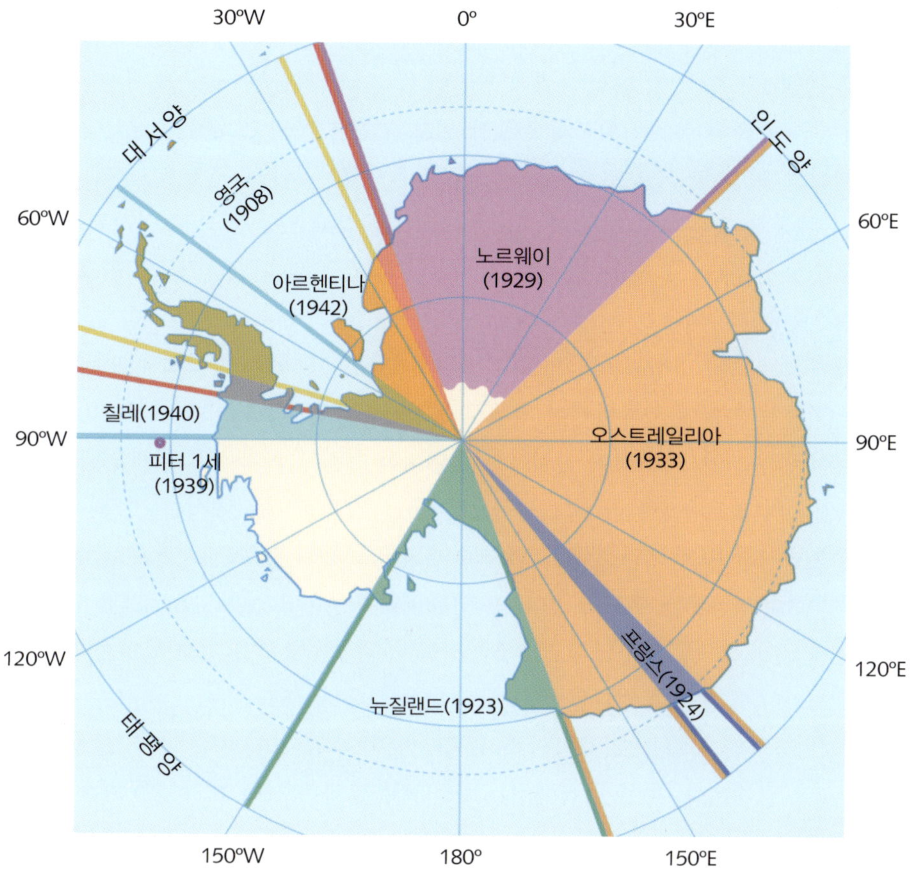

남극 영유권 주장국과 그 지역 현황

남극에 대한 영유권을 주장하고 있는 국가와 그 지역.
( )는 주장 연도.
남극반도 지역은 영국, 아르헨티나, 칠레가 중복해 주장하고 있다.

미국은 또한 1948년 이미 영유권을 주장한 7개국과 남극대륙을 신탁통치하는 방안을 UN에 제안하는 것을 검토하였으나, 통치를 받을 거주민이 없고 UN통치 하에 놓이면 당시 냉전중인 소련의 간섭이 가능하다는 이유로 실제로 제안하지는 않았다. 1956년 인도는 남극에 대한 갈등에 우려를 표명하고 남극문제를 UN총회 의제로 채택할 것을 추진하였다.

1957~1958년 국제지구물리의 해는 이와 같은 갈등이 존재하는 지역에서 상호협력의 가능성을 보여준 계기가 되었다. 이 기간 중에 남극 대륙과 섬에 60개가 넘는 과학기지가 설치되었고 다양한 과학적 사실이 규명되었다. 이를 계기로 국제학술연맹 산하에 남극연구과학위원회(Scientific Committee on Antarctic Research, SCAR)가 구성되어 1958년 2월 헤이그(Hague)에서 첫 회의를 가졌다. 미국은 1958년 5월 국제지구물리의 해 기간 중에 남극에 과학기지를 설치하고 활동한 12개국에 남극대륙을 과학연구 목적으로만 이용하자는 규약을 제안하는 내용의 유인물을 배포하였다.

남극조약 가입

이후 12개국은 여러 번 회의를 거쳐 1959년 12월 1일 워싱턴 DC에 모여 남극조약을 체결하였으며, 조약은 1961년 6월 23일에 발효되었다. 이들 12개국은 남극에 영유권을 주장하고 있던 영국, 노르웨이, 프랑스, 오스트레일리아, 뉴질랜드, 칠레, 아르헨티나의 7개국과 영유권 주장을 할 수 있는 근거를 갖고 있는 것으로 여겨지는 미국, 러시아 2개국, 그리고 벨기에, 남아프리카공화국, 일본인데 이들을 원초서명국(原初署名國)이라 부른다.

14개의 조문으로 구성된 남극조약은 남위 60도 이남의 빙붕을 포함한 모든 지역의 평화적 이용과 과학연구의 완전한 자유를 보장하고, 남극대륙에 대한 기존의 영유권 주장을 동결하고 있다. 하지만 남극조약의 어떠한 규정도 과거에 주장한 남극에 대한 조약가입국의 영토주권이나 청구권을 포기하는 것으로 해석해서는 안 되며, 또한 조약의 유효기간 중 행해진 활동은 남극에 대한 영토주권 혹은 청구권 주장의 기초를 이루지 못한다(제4조)는 내용이 있다. 즉 영유권을 주장하고 있는 7개 국가가 영유권을 포기한 것이 아니라는 것과, 남극조약에 가입한 이후 활동한 것을 기초로 새롭게 영유권을 주장하거나 확대할 수 없다는 뜻을 담고 있는 것이다.

남극은 평화적 목적을 위해서만 이용되어야 하며, 군사기지의 설치, 군사연습과 무기실험은 금지된다. 또한 남극에서는 모든 핵폭발과 방사능 폐기물의 처분이 금지된다. 하지만 과학조사의 자유는 보장되며 이를 위해서는 군의 요원이나 장비를 사용할 수 있다. 남극조약은 동서냉전 시대에 인류가 체결한 비군사화와 핵확산금지조약이란 점에서 그 의의가 크다.

2013년 현재, 남극조약에는 12개 원초서명국을 포함하여 50개 국가가 가입한 상태다. 우리나라는 1986년 11월 28일 33번째로 남극조약에 가입했다.

남극조약협의당사국

남극조약은 조약에 가입했다고 모두 똑같은 자격이 주어지지 않는 특이한 조약에 속한다. 남극조약에는 남극조약협의당사국(南極條約協議當事國, Antarctic Treaty Consultative Party, ATCP)이 있는데, 남극조약당사국 중에서 12개 원초서명국과 후에 가입한 국가 중 과학기지를 설치했거나 과학탐사대를 파견하는 등 남극에서 실질적인 과학연구활동을 하여 남극에 대한 관심을 표시하고 있는 국가를 말한다.

이들 남극조약협의당사국은 남극조약의 원칙과 목적을 달성하기 위한 조치를 입안하고 심의할 목적으로 정기적으로 회의를 개최하는데, 이를 남극조약협의당사국회의(ATCM)라 한다. 이 회의는 매 2년마다 개최되었으나, 1994년 제18차 회의 때부터 매년 개최되고 있다. 남극조약협의당사국은 그 회의에서 의결권이 있으며 의사결정은

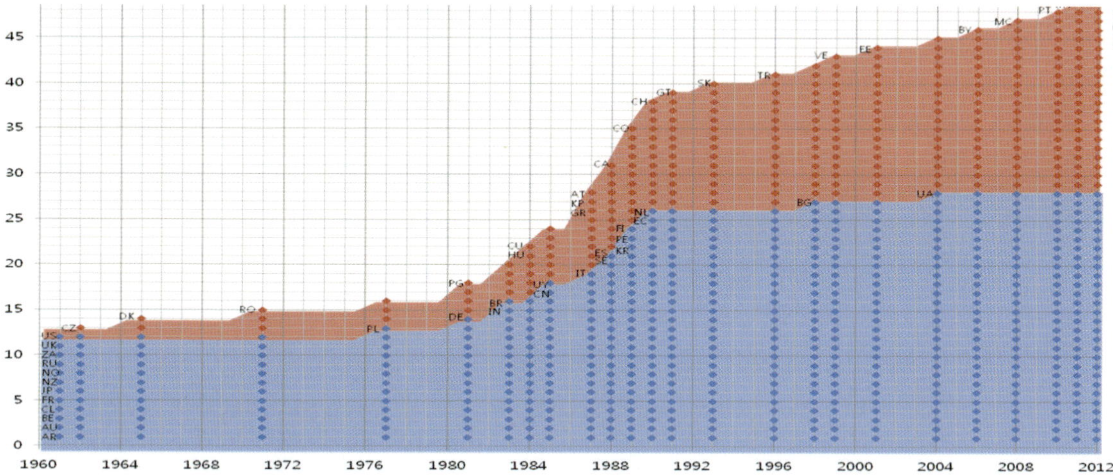

진동민

구분		국가명	국가수
협의당사국	원초서명국	아르헨티나, 오스트레일리아, 벨기에, 칠레, 프랑스, 일본, 뉴질랜드, 노르웨이, 러시아, 남아공, 영국, 미국	12
	추후가입국	폴란드, 독일, 브라질, 인도, 우루과이, 중국, 이태리, 불가리아, 스페인, 스웨덴, 한국, 핀란드, 페루, 네덜란드, 에콰도르, 우크라이나	16
비협의당사국		체코, 덴마크, 루마니아, 파푸아뉴기니, 쿠바, 오스트리아, 그리스, 북한, 캐나다, 콜롬비아, 스위스, 헝가리, 슬로바키아, 과테말라, 터키, 베네수엘라, 에스토니아, 벨라루스, 모나코, 포르투갈, 말레이시아, 파키스탄	22

남극조약가입국 50개국, 협의당사국 28개국(파란 부분)과 비협의당사국 22개국(빨간 부분)

연도별 남극조약가입국 현황

하단의 파란색 부분은 남극조약협의당사국, 상단의 붉은색 부분은 비협의당사국. 1980~1990년대에 조약가입국이 크게 증가하였다.

만장일치제도를 채택하고 있다. 회의 개최는 국가명의 영어 알파벳 순서를 원칙으로 하고 있다.

남극조약협의당사국은 자국민 중에서 사찰을 행할 감시원을 지명할 권리가 있다. 이런 감시원은 남극의 모든 지역에 출입하는데 완전히 자유로우며, 남극의 모든 지역에 설치된 기지, 선박과 항공기를 포함한 시설들은 감시원의 사찰에 언제나 개방되어야 한다. 또한 남극조약협의당사국은 남극의 모든 지역에서 공중감시를 할 수 있다. 남극사찰활동은 독자적인 운송수단이 있어야 가능하며, 사찰계획과 그 결과를 남극조약협의당사국에 보고하여야 하는데 미국, 영국, 뉴질랜드, 오스트레일리아처럼 남극활동에 적극적인 국가들을 중심으로 대부분의 사찰활동이 이루어지고 있다.

남극에서 연구, 사찰, 기지보수 같은 일을 포함하여 모든 활동에서 법을 어기는 경우, 그 사람의 국적 국가의 법에 따라 처벌된다. 예컨대, 외국사람이 우리기지에서 범법행위를 하는 경우 그 외국인을 우리나라가 처벌하지 못하고 그 나라의 법에 따라 처벌한다.

2013년 현재 남극조약협의당사국은 12개 원초서명국과 1989년 10월 18일 자격을 얻은 우리나라를 포함하여 28개국이다.

남극의 생물자원 보호와 환경 보호

남극해양생물자원보존협약은 남극해의 해양생물자원을 보존하기 위한 적절한 체제를 만들려고 1980년 5월 20일, 오스트레일리아 캔버라(Canberra)에서 채택되었다. 이 협약은 남극대륙과 그 주변해역에서 서식하고 있는 모든 생물자원, 즉 어류, 갑각류, 미역과 같은 조류(藻類) 등의 합리적 이용을 포함한 적절한 보존에 목적을 두고 있다. 적용대상은 남극조약보다 광범위하여 남위 60도 이남 지역뿐 아니라 남극수렴선까지 확대하고 있다. 우리나라는 1985년에 남극해양생물자원보존협약에 가입했다.

남극광물자원활동규제협약에 대한 논의도 1982년부터 1988년까지 12차례의 특별회의를 통해 진행되었으며 마침내 1988년 6월 2일 뉴질랜드 웰링턴(Wellington)에서 그 협약이 채택되었다. 이 협의 기간 중에 남극조약에 가입한 국가들이 크게 증가하였으며, 말레이시아는 과거 인도가 했던 것처럼 남극문제를 UN 의제로 채택하려 노력하였다. 이러던 중에 1985년 남극오존홀 발견, 1989년 1월 아르헨티나 보급선 바이아 파라이소(Bahia Paraiso) 호 침몰사고, 같은 해 3월 북극에서 있었던 유조선 엑손 발데스(Exxon Valdez) 호 유류유출사건 등에 영향을 받아 1989년 8월 오스트레일리아와 프랑스가 남극광물자원활동규제협약의 폐기를 주장하였다. 나아가 유럽의회는 '실력 없는 나라는 남극으로 가지 말라'고 공공연하게 주장했을 정도였다.

결국 1990~1991년 네 차례의 특별회의를 통해 남극조약협의당사국들은 남극환경보호를 골자로 하는 '남극환경보호의정서(일명 마드리드의정서)'를 스페인 마드리드(Madrid)에서 채택하였다. 남극환경보호의정서는 남극환경 및 이에 종속되고 연관된 생태계의 포괄적 보호를 약속하고, 남극을 평화와 과학을 위한 자연보존구역으로 지정하기 위한 것으로, 과학적 연구를 제외하고는 광물자원과 관련한 어떠한 활동도 금지하도록 하였다. 의정서에 대한 유보는 허용되지 않으며 의정서 발효일로부터 50년이 경과한 후, 남극조약협의당사국은 의정서 운영을 재검토하기 위한 회의 개최를 요청할 수 있다. 의정서가 채택된 것이 1991년으로 1998년 1월에 발효되었으니 2048년까지는 남극광물자원개발에 관한 사항이 유보되었다고 할 수 있다. 의정서에는 남극조약협당사국 28개국과 비협의당사국 중에서 7개국, 총 35개국이 가입했다. 우리나라는 1995년 12월 1일 제177회 국회의 비준동의를 거쳐 1996년 1월 2일 비준서를 기탁하였고, 1998년 1월 14일에 발효되었다.

2009년 미국 볼티모어(Baltimore)에서 개최된 제32차 남극조약협의당사국회의에서는 당사국들이 남극조약 50주년을 기념하면서 선언문을 채택하였다. 선언문에서는 남극환경과 그 생태계에 관한 포괄적 보호와 광물자원과 관련된 활동을 금지하는 내용을 재확인하면서 남극환경 보호를 강조하였다. 또한, 2011년 부에노스아이레스에서 개최된 제34차 회의에서는 환경보호의정서에 가입하지 않은 비협의당사국들에게 조속히

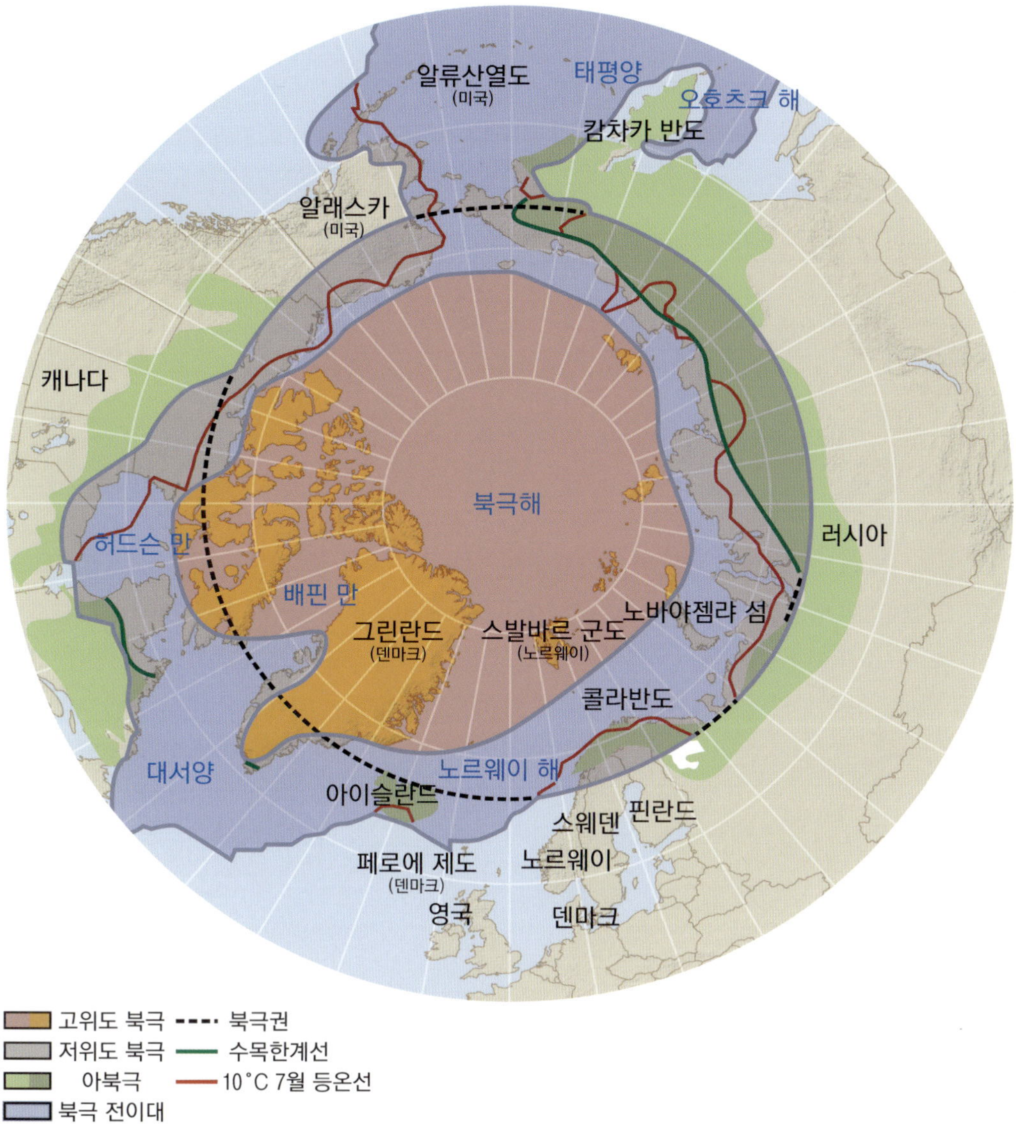

1998년 AMAP 북극오염평가보고서, 2001년 CAFF 보고서 - 참조

북극권에 대한 다양한 정의

환경보호의정서에 가입할 것을 촉구하는 결의문을 채택하였다.

남빙양생태계에서 중요한 해표류를 보호하기 위하여 1972년 2월 11일 런던에서 남극물개보존협약이 체결되었다. 이 조약은 1978년 3월 11일 발효되었으며, 남극조약 원초서명국 12개국과 브라질, 캐나다, 독일, 폴란드, 이태리를 포함한 17개국이 가입하고 있으며, 우리나라는 가입하지 않았다. 남극조약 지역에서 서식하는 6종의 해표류를 보호하기 위하여 과학적 연구와 박물관전시와 교육목적의 표본제작 등 특별허가를 받은 경우에만 포획이 가능하도록 규정했다. 기탁국인 영국은 매년 남극조약협의 당사국회의에서 특별허가를 받은 포획현황을 보고한다.

북극의 국제정치

북극은 연중 가장 더운 달인 7월의 평균기온이 10°C인 등온선의 이북지역을 말하며 대략 북위 70도의 북쪽이 이에 해당된다. 북극해는 유라시아와 북미대륙으로 둘러싸인 바다로 1,400만 제곱킬로미터에 평균수심 1,200미터로 전 세계 해양의 3.9퍼센트를 차지한다. 북극권에는 약 40개 민족의 원주민과 이주자를 포함하여 약 4백만 명이 거주하고 있다.

북극은 옛날부터 그 곳에서 살아온 사람 말고는 가까이 가기 힘든 곳이다. 춥고 가까이 갈 이유도 없었기 때문이다. 게다가 2차 세계대전 이후 미국과 소련의 냉전이 시작되면서 북극은 많은 사람들에게 잊혀진 곳이 되었다.

무르만스크 선언

그러나 북극이 언제나 닫힌 곳은 아니었다. 곧 1987년 구소련 고르바초프(Gorbachyov) 서기장이 무르만스크(Murmansk)에서 북극권의 개방과 북극 평화지역의 설립을 제안하였다. 무르만스크 선언은 북극의 비핵지대화, 군함활동의 제한, 자원이용의 평화적 협력, 과학조사와 환경보호의 공동노력, 북극항로의 개발 등을 포함하고 있다.

무르만스크 선언 이후 북극해를 둘러싼 북극권 8개국은 1989년부터 북극해 해양환경보호를 위한 공동협력방안 논의에 착수하였다. 1991년 핀란드 로바니에미(Rovaniemi)에서 '북극권 환경보호선언'을 채택하고 북극권 산성화, 방사능, 소음, 중금속, 기름, 지속성유기오염물질 등 오염의 근원과 그것이 환경과 북극원주민에게 미치는 영향 등을 위한 과학연구에 협력하고 관련 자료를 공유하기로 하였다. 이후 정기적인 회의 개최를 통하여 1996년 캐나다 오타와(Ottawa)에서 북극이사회 설립을 위한 선언문을 채택하였다.

무르만스크 선언을 계기로 8개 북극권 국가들은 과학조사를 수행하고, 그 지역의 자연을 보호하는 것이 인류의 이익에 필요하다는 것을 인식하고 1988년 3월 스웨덴 스톡홀름(Stockholm)에서 캐나다, 덴마크, 핀란드, 아이슬랜드, 러시아, 스웨덴, 미국의 과학자 29명이 모여 국제북극과학위원회(International Arctic Science Committee, IASC)의 설립을 결의하였다. 위원회는 몇 차례의 전문가 회의를 거쳐 1990년 8월 설립되었다. 북극과학위원회는 북극권에서 기초분야와 응용분야의 국제 공동연구 수행을 통해 북극과 관련한 이슈에 대한 과학적 자문을 제공하는 것을 그 임무로 한다. 우리나라는 다산과학기지를 설치한 2002년 북극과학위원회에 가입하였으며 현재 이 위원회에는 21개 국가가 가입하여 활동하고 있다.

21세기 들어

2000년대 들어 국제사회가 북극에 관심을 보이는 데에는 여러 이유가 있다. 첫째, 최근 지구가 더워지면서 그 영향이 북극에 집중되어 나타났기 때문이다. 2004년 북극이사회는 '북극기후영향평가'를 통해 북극의 기후변화가 예상했던 것보다 빠르게 진행되고 있다는 것을 발표하였다. 미국빙설자료센터는 1979년 위성관측을 한 이래 2007년의 북극해빙이 최소로 기록되었으며, 2012년에는 1979년에 비하여 49퍼센트, 2007년에 비하여 18퍼센트나 감소하였다고 발표했다. 반면 북극의 바다얼음이 감소됨에 따라 새로운 항로로 북극항로에 대한 기대감은 높아가고 있다.

둘째, 북극에 엄청난 지하자원이 있기 때문이다. 실제 미국지질조사소는 2008년 미개발천연가스의 30퍼센트, 원유 13퍼센트가 북극해 수심 500미터 미만에 부존하고 있다고 발표했다.

실제로 북극에 대한 국제사회의 관심은 2000년대 들어 갑자기 높아지기 시작했다. 예컨대, 러시아는 2001년 12월 북극점을 포함한 로모노소프 해령까지 유라시아 대륙붕이 연장되어 자국의 대륙붕이라고 주장하는 서류를 UN대륙붕한계위원회에 제출하였다. 나아가 2007년 8월에는 잠수정을 타고 내려가 북극점 해저 4,200미터에 티타늄으로 제작한 국기를 꽂았다. 이는 외신을 타고 전 세계로 전해져 북극에 대한 관심을 촉발하였다. 2009년 UN 대륙붕한계위원회는 러시아가 제출한 대륙붕주장에 대한 추가자료 제출을 요구했다.

노르웨이와 러시아는 2010년 9월 북극해 해양경계획정을 확정하여 40년이 넘는 분쟁을 마감하고 부존자원 개발에 박차를 가하고 있다. 캐나다, 덴마크, 미국도 200해리 이원의 대륙붕 주장을 위하여 과학조사를 활발히 진행하고 있다. 나아가 2007~2010년 미국과 캐나다는 세 차례의 북극공동조사를 수행한 바 있다. 하지만 보포트 해에서는 해양경계획정을 두고 양국이 입장을 달리하고 있다. 또한 양국은 북서항로에 대한 의견을 달리한다.

북극이사회

기후변화라는 전 지구적 문제해결과 자원개발과 항로이용에 대한 기대감으로 북극권 국가뿐 아니라 유럽과 아시아의 국가들도 북극 활동을 활발하게 전개하고 있다. 특히 북극권 국가들은 자국의 북극정책을 수립하고, 북극이사회를 중심으로 북극에 대한 정책을 펴나가고 있다.

북극이사회는 1996년 캐나다 오타와에서 채택된 선언문에 따라 같은 해에 설립되어 북극권 환경보호와 원주민의 보호, 지속가능발전을 위한 정부간 포럼으로 회원국, 상임참가자, 옵저버(Observer), 임시옵저버(Ad hoc Observer) 등으로 구성되어 있다. 회원국은 북극해 연안국인 미국, 캐나다, 러시아, 노르웨이, 덴마크(그린란드) 5개국과 북극권에 영토가 인접한 스웨덴, 핀란드, 아이슬랜드 3개국으로 총 8개국이다. 상임참가자는 북극권에 거주하는 원주민의 대표기구들로 이누이트환극지회의(Inuit Circumpolar Conference), 북극원주민러시아협회(Russian Association of Indigenous Peoples of the North), 사미이사회(Saami Association), 알류트국제협의(Aleut International Association), 북극아타바스칸이사회(Arctic Athabaskan Council), 그위친국제이사회의(Gwich'in Council International) 6개 기관이다.

옵저버는 국가옵저버와 국제기구 등의 단체 옵저버가 있다. 영국, 프랑스, 독일, 네덜란드, 폴란드, 스페인 등 유럽 국가들이 초기부터 국가옵저버로 활동해 왔다. 북극 바다얼음의 급격한 감소에 따라 전 세계적으로 북극에 대한 관심이 높아지면서 우리나라를 포함한 중국, 일본 등이 2008년부터 임시옵저버로 활동하다가 2013년 5월에 상기 3개국을 포함한 인도, 이태리, 싱가폴이 국가옵저버 자격을 획득하여 활동하고 있다. 유엔개발계획(UNDP), 유엔환경계획(UNEP), 국제북극과학위원회를 포함한 20개 국제기구가 단체옵저버로 가입하고 있다.

북극이사회는 매 2년마다 장관 회의를 개최하여 주요 사항을 결정하며, 그 사이에는 고위관료회의를 개최하여 주요 진행사항을 점검하고 장관급 회의를 준비한다. 분야별 실무적인 업무를 처리하기 위하여 북극오염조치계획, 북극감시평가계획, 북극동식물보전, 비상사태예방준비대응, 북극해양환경보호, 지속가능개발계획 등 6개 실무단을 산하에 두고 있다. 북극이사회는 정부간 포럼으로 그 결정사항에 법적 구속력은 없다. 하지만 2011년 5월 12일 그린란드 누크(Nuuk)에서 '북극항공탐색과 해양탐색과 구조협력약정'을 체결하고 2013년 노르웨이 트롬소(Tromso)에 상설사무국을 설치하면서 점차 그 영향력이 강화될 것으로 전망된다.

스발바르 조약

우리나라를 포함하여 13개국의 연구기지가 있는 스발바르 군도는 16세기 네덜란드 탐험가 바렌츠가 '험준한 산악(sharp mountains)'이라는 뜻의 스피츠베르겐이라 부르기도 했다. 그러나 해표잡이와 고래잡이만이 간간이 오면서 '주인이 없는 땅(*terra nullius*)'으로 여겨졌다. 그 후 20세기 초가 되자 석탄 개발을 위해 미국과 유럽 각지에서 사람들이 몰려들었다.

스발바르 군도를 국제사회에 알린 스발바르 조약은 1차 대전 후인 1920년 2월 9일 미국, 노르웨이, 스웨덴, 일본 등 14개국을 원초서명국으로 하여 체결되었으며, 1925년 8월 14일 발효되었다. 주요 내용은 스발바르 군도에 대한 노르웨이의 완전하고 절대적인 주권을 인정하고, 모든 조약당사국의 선박과 국민은 스발바르 군도와 그 영해에서 어업과 사냥에 관한 권리를 동등하게 향유하는 등 지역 법령을 준수할 것을 조건으로 절대적인 평등에 입각하여 방해를 받지 않고 모든 해양, 산업, 광업과 상업활동을 수행할 수 있도록 규정하고 있다. 그러므로 우리나라 사람도 스발바르 군도에서 생업을 영위할 수 있다. 예컨대 스발바르 군도의 가장 큰 도시인 롱여빈에서 우리 음식을 먹을 수 있을 것이다.

서현교

2011년 서울에서 개최된 북극과학최고회의의 폐회식 기념촬영

대부분의 국가들이 1920~1930년대에 조약에 가입하였으며, 북극에 관심이 높아지면서 1994년 아이슬란드, 2006년 체코, 2012년 9월 우리나라가 가입하여 43개국이 가입하고 있다.

우리나라의 입장

우리나라는 2002년 4월 29일 스발바르 군도에 다산과학기지를 설치했다. 다산과학기지가 있는 스발바르 군도 스피츠베르겐 섬 늬-올레순은 1920년대 노르웨이 탐험가인 아문센의 북극탐험 전진기지로 활용되었다. 북극탐험 중 실종된 이태리 탐험가 움베르토 노빌레(Umberto Nobile)를 찾기 위해 아문센이 돌아오지 못하는 북극여행을 시작한 곳이다. 노르웨이가 1960년대 북극 연구활동을 위한 연구시설을 설치하였으며 1990년대 독일, 영국, 프랑스, 일본 등이 연구기지를 설치하고 연구활동을 시작하여 현재 11개국이 북극 연구활동의 거점으로 활용한다.

2011년 3월 27일~4월 1일에는 19차 북극과학최고회의(Arctic Science Summit Week, ASSW)가 서울 코엑스에서 열렸다. 총 23개국 330명이 넘는 전문가들이 참석하여 북극과학최고회의 중 가장 많은 사람들이 참석했다. 이 회의에 참여하는 북극 관련 국제기구는 국제북극과학위원회, 늬-올레순 과학자운영회의(Ny-Alesund Science Managers Committee, NySMAC), 북극연구운영자회의(Forum of Arctic Research Operators, FARO), 유럽극지위원회(European Polar Board, EPB), 태평양북극그룹(Pacific Arctic Group, PAG), 극지과학신진연구자학회(Association of Polar Early Career Scientists, APECS)들이다. 우리나라는 2009년 쇄빙연구선 아라온 호를 건조한 이후 매년 북극해 연구를 수행하고 있다. 또한, 2012년부터 한국해양과학기술원 부설 극지연구소는 독일 포츠담에 본부를 두고 있는 국제북극과학위원회의 사무국 업무를 분담하고 있다.

● 남극의 영유권

남극 영유권은 위에서 말한 대로 남극조약에 따라 인정도 부정도 되지 않은 채 미해결로 남아있지만, 남극영토를 주장하는 나라들은 그들 나름대로 여러 가지 방법으로 영유권을 주장하고 있다.

첫째, 가장 많이 쓰는 방법이 바로 그들 나라의 남극영토를 주장하는 도안이 그려진 우표를 발행하는 것이다. 우표를 붙인 우편물이 온 세계를 돌아다닌다는 것을 생각하면, 우표는 자기네 남극 영유권을 알리는 가장 좋은 방법 가운데 하나라는 것을 알 수 있다. 남극 영유권을 전혀 모르는 사람이라도 우표를 보면 그 나라가 주장하는 영유권지역을 금방 알 수 있기 때문이다. 덧붙이면 1916년 8월, 엘리펀트 섬에 조난당해

영유권을 주장하는 나라들의 우표와 극지봉투

극지연구소

칠레 빠르도(Pardo) 선장이 1916년 8월 섀클턴 경의 영국남극종단탐험대를 구조한 75주년을 기념하는 우표 ①

파르도 선장을 앞에 크게 그리고 섀클턴 경을 뒤에 작게 그렸다.

남극 영유권을 주장한 칠레가 1990년에 발행한 칠레남극영토선언 50주년 기념우표 ②

칠레가 1994년에 발행한 칠레남극연구소 설립 30주년 기념우표 ③

우표③의 도안은 킹조지 섬에 있는 칠레 기지들

구조를 기다리던 어네스트 섀클턴 경의 탐험대를 칠레 옐초(Yelcho) 호의 빠르도 선장이 구조하였는데, 칠레는 이를 자랑스럽게 여기고 그 사실을 우표로 발행하였다. 우표뿐 아니라, 영유권을 주장하는 나라들은 티셔츠, 컵, 접시 같은 기념품 등 자질구레한 물건에 영유권 주장이 담긴 영토를 표시한다.

기지와 영유권 주장

둘째, 자신들이 주장하는 영토에 자국 기지를 세운다. 말로만 주장하는 게 아니라 기지를 세워 확실하게 차지하고 주장하겠다는 뜻일 것이다. 그러므로 남극에는 그 땅의 영유권을 주장하는 나라들의 기지가 적지 않다. 영유권을 주장하는 일곱 개 나라 모두 공통적으로 기지를 세우고 있다. 그들 국가들은 자신들의 영토에 기지를 세울 뿐 아니라, 다른 땅에는 기지를 세우지 않으며, 심지어 그런 곳을 지나가려고도 하지 않는다.

셋째, 대통령처럼 주요한 인물들이 자신들이 주장하는 영유권 내 남극기지를 방문한다. 실제로 칠레의 가브리엘 곤살레스 비데라(Gabriel Gonzalez Videla) 대통령은 1948년 2월 가족과 함께 남 셰틀랜드 군도 그리니치(Greenwich) 섬에 건설한 칠레 해군 프라트(Prat)기지를 찾아, 국가원수로는 처음으로 남극을 방문한 대통령이 되었다. 그는 다음날 칠레 육군 오이긴스(O'Higgins)기지 준공식에 참가했다. 추기경도 남극을 찾아가며 남극에서 국무회의 같은 회의를 연다. 이런 일은 칠레와 아르헨티나 같은 나라에서 자주 있다.

남극의 민간인

넷째, 남극영토를 주장하는 나라 가운데에는 자기네 남극영토에서 결혼하거나 민간인을 거주시키는 경우도 있다. 결혼은 인생에서 아주 중요한 일이므로 자기네 남극영토의 의미를 부여하고 싶기 때문일 것이다. 예컨대, 1952년 3월 30일 준공된 아르헨티나의 에스페란사(Esperanza)기지에서는 1955년, 그리고 1978년 2월에 결혼식이 있었으며, 1951년 4월 6일 준공된 알미란테 브라운(Almirante Brown)기지에서도 1975년 2월 26일 결혼식이 있었다.

국민을 살게 하는 일은 아르헨티나가 처음 에스페란사기지에서 "사람이 남극이라는 환경에서 살 수 있는지를 시험한다"는 명분으로 1977년 여름에 시작했다. 나아가 1978년 1월 7일 그 기지에서 남자아이 에밀리오 마르코스 팔마(Emilio Marcos Palma)가 태어났다. 출생기록이 있는 1983년 5월까지 남극에서 8명이 태어났다(이후에도 태어났으리라 믿지만 기록이 없다). 덧붙이면 남극에서 가장 먼저 태어난 아이는 1948년 1월 11일 러시아 고래공장선 슬라바(Slava) 호에서 태어난 남자아이로, 웨이트리스인 어머니의 이름은 밝혀지지 않았으며 아이의 이름은 '남극(Antarctic)'이다.

칠레도 1984년 여름, 킹조지 섬 프레이 공군기지 부근에 민간인이 살 수 있는 단독주택들을 여러 채 지어 장교가족들을 살게 하여 아이들이 태어났고 결혼식도 올렸다.

다섯째, 국민, 그 중에서도 학생들에게 그들이 주장하는 영유권 지역에 대한 철저한 교육을 하고 있다. 학교 정규교육뿐만 아니라 칠레남극연구소, 칠레공군, 칠레 해군이 주최하는 여러 전시회를 통해 남극영토를 학생들의 머릿속에 각인시킨다. 나아가 칠레에서는 '남극은 칠레의 것'이라고 가르친다. 자기네 나라 국민만 그렇게 교육시키는 게 아니라, 칠레에서 공부한 우리나라 교민 학생도 '남극은 칠레의 것'이라 생각할 정도로 철저하게 교육을 받는다.

아르헨티나도 마찬가지일 것이다. 그럴 만하다고 생각되는 것이 칠레와 아르헨티나는 매사에서 경쟁을 하는데, 남극영토도 예외가 아니기 때문이다. 나아가 이 두 나라가 주장하는 남극영토의 상당 부분은 영국이 주장하는 남극영토와 겹치기 때문에 조금도 양보할 수 없는 것이다. 양보란 손실이고 한 번 놓치면 되찾기 힘들다고 보아야 하기 때문일 것이다.

여섯째, 칠레남극연구소(Instituto Antartico Chileno, INACH)의 설립 철학은 남극을 연구해 칠레남극영토를 수호하고 영유권을 주장하는 바탕을 준비하는 데 맞추어져 있다. 그러므로 자연과학보다는 국제정치-사회과학 쪽의 연구가 우세하다.

칠레남극연구소는 연구소 설립철학을 연구소 내부에 크게 써놓아, 연구소에 들어오는 사람은 누구나 보도록 했다. 아르헨티나남극연구소(Instituto Antartico Argentino, IAA)도 비슷하리라 생각된다.

일곱째, 자신들이 영유권을 주장하는 영토를 지나 남극점을 찾아간다. 이는 아르헨티나 육군이 1965년 처음 시작했다. 1965년 10월 26일 호르헤 레알(Jorge E. Leal) 대령을 대장으로 1차 아르헨티나 육상남극점 탐험대가 웨델 해 필크너(Filchner) 빙붕에 지은 헤네랄 벨그라노(General Belgrano)기지를 떠나 12월 10일 남극점에 도착하였고, 기지를 출발한 지 66일만인 12월 31일 헤네랄 벨그라노기지로 돌아왔다.

칠레도 경쟁에서 지지 않으려고 같은 방법으로 남극점을 찾아갔다. 칠레 공군은 1999년 1월 블랙 호크(Black Hawk) 헬리콥터로, 육군은 2005년 초 설상차로 칠레가 영유권을 주장하는 남극영토를 지나 남극점에 도달하였다. 2005년 탐험 당시 칠레의 라고스(Lagos) 대통령이 푼타 아레나스(Punta Arenas)까지 와서 탐험대의 설상차와 똑같은 설상차를 타고 대원들을 전화로 격려했다.

그러나 우리나라를 포함한, 남극조약에 가입한 대부분의 나라들은 남극 영유권을 주장하지 않는다. 남극 땅에 대한 욕심 없이 남극의 자연현상을 연구해, 과학수준을 높이고 국민 삶의 질을 높이고 세계의 평화와 인류에 이바지하는 것이 남극 연구의 커다란 목표이기 때문이다.

장순근

영국이 2002년 2월 6일 엘리자베스 여왕 등극 50주년을 맞이하여 발행한 기념우표와 초일봉투

봉투 오른쪽 아래에 영국 남극영토를 표시했다.

극지의 환경보호

최근 여러 가지 이유로 인간의 극지 활동이 많아지면서 극지의 환경도 서서히 나빠지고 있다. 그래서 극지에 진출한 나라들은 극지의 환경을 보호하려고 여러 가지 방안을 강구한다. 일정한 지역을 특별보호구역으로 지정하여 출입을 금지하고, 문명세계의 동식물을 가져 오지 못하게 한다.

안인영 극지연구소

1990년대 초반 구 소련의 몰락과 함께 냉전체제가 종식되자 국제사회는 그 동안 간과되었던 환경문제에 눈을 돌리게 되었다. 1940년대에서 1950년대에 걸쳐 최고조에 달했던 냉전의 산물인 남극조약은 근본적으로 남극에서 군사적 충돌을 방지하기 위한 목적으로 만들어졌기 때문에 이후 냉전이 종식되고 남극의 환경문제가 본격적인 이슈로 등장하면서 보완이 필요하게 되었다.

이에 남극조약발효 30주년을 맞이한 1991년 마드리드에서 '환경보호에 관한 남극조약의정서(일명 '마드리드의정서')'가 추가로 제정되어 1998년에 발효되기에 이르렀다. 우리나라는 이에 대한 후속 조치로 2004년 '남극활동 및 환경보호에 관한 법률', 2006년 시행령, 2010년 시행규칙을 제정함으로써 남극의 환경보호를 위한 구체적 실행이 의무가 되었다.

'마드리드의정서'는 남극의 환경과 생물을 보호하기 위해 남극에서는 순수한 과학적 활동 외에는 어떠한 개발 행위도 금지하고 있으며, 특히 발효 후 50년간 광물자원개발을 금지하고 있다. 이후에도 한 나라라도 반대하면 광물자원개발 금지 조항은 해제될 수 없다. 한편, 남극수산자원은 '남극생물자원보존협약'에 의해 매년 쿼터를 정해 조업을 허가하는 등 철저하게 관리되고 있다. 그러나 최근에는 남빙양 대부분의 조업해역을 해양보호구역으로 설정하여 상업적 목적으로 남극해양생물을 채취하는 것을 원천적으로 제한하고자 하는 국제사회의 움직임이 일어나고 있다. 지구상에 유일하게 남은, 원시적으로 잘 보존된 남극을 더 이상 경제 활동의 대상으로 이용해서는 안 된다는 것이다.

현재 매년 개최되는 남극조약협의당사국회의의 핵심기구는 '환경보호위원회(Committee for Environmental Protection, CEP)'이다. 환경보호위원회는 1998년 '마드리드의정서'가 발효된 해에 발족되었다. 환경보호위원회의 기능은 환경영향평가, 남극동식물보존, 해양오염방지, 폐기물관리 등에 관한 구체적 실행 지침을 만들고 남극활동에 대한 여러 안건을 심의하는 기구다. 우리나라가 장보고기지를 건설할 때, 관련 환경영향평가서도 환경보호위원회에서 심의하였다. 장보고기지를 짓기로 한 후, 2011년 6월 부에노스아이레스에서 열렸던 제34차 남극조약협의당사국회의에서 최종 건설 동의를 획득하였고, 2012년 12월 건설에 들어갔으며 2014년 3월 준공을 앞두고 있다. 2013년 7월 현재 남극조약가입국이 총 50개국(협의당사국 28개국)인데 반해, 환경보호위원회의 회원국은 35개국이다. 남극조약협의당사국 자격이 까다로운 것과 달리 환경보호위원회는 환경보호의정서만 비준을 하면 회원국으로 가입할 수 있다. 나아가 이 위원회는 남극활동을 하는 국가이면서 남극조약에 가입되지 않은 나라들에게 적극적인 가입을 권고하고 있다.

안인영

남극조약 환경보호위원회
2005년 6월, 스웨덴 스톡홀름

우리나라의 펭귄 보호 지역

한국해양과학기술원 부설 극지연구소에서는 1996년부터 의정서 발효에 대비하여 세종기지 운영과 관련한 기지 주변 환경모니터링을 계속해 왔다. 그러면서 세종기지 인근 펭귄군서지인 나레브스키 포인트(Narębski Point)를 남극특별보호구역(ASPA)으로 지정을 신청하여, 2009년 4월 17일 제32차 남극조약협의당사국회의에서 71번째 남극특별보호구역(ASPA 171)으로 최종 승인된 이후, 계속 관리해오고 있다. 일명 '펭귄마을'로 불리는 나레브스키 포인트는 세종기지에서 남동쪽으로 약 2킬로미터 떨어진, 면적이 약 1제곱킬로미터인 해안가의 펭귄서식지이다.

안인영

세종기지 인근의 남극특별구역(ASPA 171, 나레브스키 포인트 '펭귄마을')
2009년 최종 지정된 이후 우리나라는 지정신청국으로서 지속적으로 이 지역을 관리해 오고 있다.

이 보호구역은 우리나라가 남극은 물론 해외에 지정한 최초의 특별보호구역이다. 이 지역을 남극특별보호구역으로 지정한 주된 이유는 이 지역에 분포하는 다양한 생물들과 경관이 뛰어난 자연환경을 보호하는 것이 일차 목적이다. 나아가 과학연구 이외의 인간 활동, 특히 이 지역에 최근 증가하고 있는 관광활동에 따르는 환경 영향을 최소화하기 위해서다.

1978~1979년 크릴 어획을 목적으로 남극 연구를 시작한 우리나라는 세종기지 건설(1988년), 북극 다산기지 설치(2002년), 한국해양과학기술원 부설 극지연구소 설립(2004년), 쇄빙연구선 건조(2009년), 극지연구소 건물건설(2013년), 남극 장보고기지(2014년 완공예정) 같은 인프라를 확충하고 과학연구활동을 쉬지 않고 전개하고 있다. 그러나 남극 환경보호를 위한 적극적 조치는 미흡했다고 판단하였다. 이에 남극조약협의당사국 지위에 걸맞은 환경모범국가로서 국제사회에서 위상을 제고하기 위하여 해당 구역을 남극특별보호구역으로 지정·관리하게 되었다.

남극특별보호구역(ASPA 171)을 오가는 통행이 많은 길목에 설치된 안내 표지판 ①

남극특별보호구역(ASPA 171) 내에 있는 대피소에 부착된 안내 표지판 ②

극지연구소

북극의 환경문제와 자원개발

청정지역인 남극과는 달리, 북극은 이미 수 세기 전부터 자원개발이 시작되었다. 그 결과 환경파괴와 생태계 오염도 많이 진행되어서 환경오염이 가장 시급하게 해결해야 하는 이슈였다. 그러나 냉전체제 하에서는 북극의 환경문제를 범국가적으로 해결할 수 있는 체제를 마련하는 것이 불가능하였다.

1987년 고르바초프가 북극권을 개방하겠다는 내용의 '무르만스크 선언'을 발표하면서, 국제사회가 북극의 환경문제를 함께 논의할 수 있는 길이 열리게 되었다. 이어 1989년부터 북극권을 둘러싼 8개국(미국, 러시아, 캐나다, 노르웨이, 덴마크, 아이슬란드, 스웨덴, 핀란드)을 중심으로 북극권 환경보호를 위한 본격적인 정부 간 협의가 시작되었다. 1991년 북극환경보호전략(Arctic Environmental Protection Strategy, AEPS)을 수립하고, 북극의 환경문제 및 원주민 보호 등의 이슈를 다루기 시작하였으며, 8개국이 참여하는 북극환경모니터링 프로그램(Arctic Monitoring and Assessment Programme, AMAP)을 시작하게 되었다. 1996년 북극이사회가 창설된 이후에는 '북극에서 오염을 추방하자' 는 캐치프레이즈를 내걸고 북극위원회의 감독 하에 북극환경 모니터링 프로그램을 수행해오고 있다. 이 프로그램은 현재 북극의 환경현황을 파악하고, 북극국가들이 환경오염을 완화 또는 예방할 수 있는 과학적 자문을 제공하는 것을 목적으로 하고 있다. 최근에는 해양산성화 등 기후변화 이슈도 다루고 있다(참고 www.amap.no).

북극에서는 환경 보호의 중요성이 강조되는 반면에, 북극해에 부존하는 자원에 대한 언급이 빈번해지고 있다. 전 세계적으로 에너지와 자원 고갈이 부각되고 있기 때문이다. 특히 지구 온난화로 북극해 얼음이 빠르게 녹아 내리면서, 북극권 국가들의 자원 선점 경쟁이 날로 치열해지고 있다. '남극조약환경보호의정서'에 따라 자원개발이 원천적으로 봉쇄되고 있는 남극과는 달리, 북극에서는 자원 개발과 환경 보호라는 상충되는 두 가지 요소가 첨예하게 대립하고 있는 상태이다.

극지환경보호에 대한 현황과 국제적 추세

최근 남극과 북극에서 일어났던 역사적인 이벤트는 '국제극지의해(International Polar Years, IPY, 2007~2008)'이다. 국제과학연맹(ICSU)과 세계기상기구(WMO)가 공동으로 제정한 '국제극지의해'는 50년마다 전 세계 과학자들이 연대하여 남북극을 연구하는 캠페인으로, 이번이 4번째 캠페인이다.

2007~2008년도 '국제극지의해' 프로그램은 기후변화가 심각한 국제적 이슈로 대두된 상황에서 맞이했다는 점에서 그 내용에 있어 과거 세 차례의 '국제극지의해' 프로그램(1882~1883년, 1932~1933년, 1957~1958년)과 크게 차이가 날 수 밖에 없었다. '국제극지의해' 프로그램은 극지에서 지구환경변화를 연구하고 그 원인을 규명하며, 공동협력을 통하여 인류의 재앙을 방지하는 것을 목적으로 하였다. 이와 같이 '국제극지의해'의 거의 모든 분야의 연구활동은 지구환경과 생태계 보존이라는 궁극적 목표를 갖고 추진되었다.

나아가 이 프로그램은 향후 극지 연구의 방향과 초석을 다지는 중요한 계기가 되었다. 남극의 경우 남극조약에서, 북극은 북극권 8개국 주도의 국제북극과학위원회의 결정에 따라 극지에서 돈을 벌려는 개발에 대한 규제를 강화해 가는 한편, 환경보호에 대한 의지는 더욱 강경해질 전망이다. 또한 최근의 극지 연구에 있어서도 환경보호를 우선시 하고 있다. 이러한 차원에서 연구의 중복을 방지하고 효율성을 극대화하기 위해 극지 연구는 점차 국제화, 대형화 되는 추세로 가고 있다. 특히 2007~2008년 '국제극지의해' 이후 대부분의 남북극 연구는 국제 공동연구로 기획되고 있다. 따라서 우리나라는 이러한 국제 공동연구 프로그램에 적극 참여하고 환경보호를 위한 국제사회의 노력에 적극 동참하여야 할 것이다.

연구기관들과 기지와 쇄빙선

20세기 중엽부터 극지에 관심이 있는 나라들이 활발한 연구를 위해 연구기관과 기지를 세웠다. 우리나라를 비롯한 몇 나라는 얼어붙은 극지 바다를 항해할 수 있는 쇄빙선을 운용한다.

진동민 · 장순근 극지연구소

● 연구기지

남극조약협의당사국이 되려면 남극에 과학기지를 설치하거나 과학탐사대를 파견하는 등 실질적인 과학연구활동을 수행해야 한다. 현재 28개국에 이르는 남극조약협의당사국들은 남극에 1년 내내 사람이 상주하는 상주과학기지나 남극 여름철에만 사람이 상주하는 하계기지를 운영하고 있다.

남극 연구국가 운영자프로그램에 따르면 현재 남극에는 39개의 상주기지와 41개의 하계기지가 운영되고 있다. 이외에도 해빙(海氷) 혹은 빙원 위에 건설한 활주로와 연구활동 수행을 위한 캠프 등이 다양하게 운영되고 있다.

남극에서 영유권을 주장하는 국가들은 영유권을 주장하는 지역을 중심으로 과학기지를 설치하여 운영하고 있다. 이러한 나라들 중에 아르헨티나와 칠레가 대표적이며 영국도 마찬가지이다.

영유권을 주장하지 않은 국가들은 자국의 남극에 대한 정책을 반영하여 기지를 설치하였다. 미국은 남극점에 아문센-스콧기지와 로스 해에 남극에서 규모가 가장 큰 맥머도(McMurdo)기지를 운영하고 있다. 이 기지에는 여름에는 1천 명이 넘는 사람이 거주하며 겨울에도 300명 정도가 있다. 여름에는 거의 매일 비행기가 들어오고 나간다. 러시아는 남극을 둘러싸고 상주기지와 하계기지를 각각 다섯 개씩 운영하고 있다. 특히, 지자기남극점에 보스톡기지를 운영하고 있다. 중국은 세종기지에서 약 10킬로미터 떨어진 곳에 장성(長城, Great Wall)기지를 운영하고 있다. 남극대륙에서는 중산(中山)기지를 운영하고 있으며, 남극에서 가장 높은 곳인 돔 아거스(Argus)에도 쿤룬(崑崙)이란 하계기지를 설치해 운영하고 있다.

NASA

국가별 남극기지 위치도

각국이 운영하고 있는 남극의 주요 기지. 세종기지가 있는 킹조지 섬의 기지들은 좌측 하단에 표시

영국남극연구소(BAS)

영국 로데라기지 모습

남극반도에 영국이 운영하는 기지로 영국 남극활동의 관문 구실을 하고 있다. 사진 좌측에 상하로 길게 보이는 것은 활주로다.

국가별 남극과학기지 운영현황

국가명	상주과학기지	하계과학기지
남아공	SANAE IV	
노르웨이	트롤(Troll)	
뉴질랜드	스콧(Scott)	
독일	노이마이어(Neumayer) III	달만(Dallman), GARS, 곤드와나(Gondwana), 코넨(Kohnen)
러시아	보스톡(Vostok), 벨링스하우젠(Bellingshausen), 미르니(Mirny), 노보라자레브스카야(Novolazarevskaya), 프로그레스(Progress),	드루즈나야(Druzhnaya)4, 레닌그라드스카야(Lenindgradskaya), 몰로데즈나야(Molodezhnaya) 러스카야(Russkaya), 소유즈(Soyuz)
미국	맥머도(McMurdo), 아문센-스콧(Amundsen-Scott), 팔머(Palmer)	
벨기에		프린세스 엘리자베스(Princess Elizabeth)
불가리아		오리디스키(Ohridiski)
브라질	페라스(Ferraz)(2012년 2월 화재로 전소)	
스웨덴		바사(Wasa)
스페인		카스티야(Castilla), 후안 카를로스(Juan Carlos) I세
아르헨티나	벨라그라노(Belgrano) II, 에스페란사(Esperanza), 칼리니(Calini)*, 마람비오(Marambio), 오르카다스(Orcadas), 산마르틴(San Martin)	브라운(Brown), 카마라(Camara), 디셉션(Decepcion), 멜초르(Melchior), 마티엔소(Matienzo), 페트럴(Petrel), 프리마베라(Primavera)
에쿠아도르		말도나도(Maldonado)
영국	할리(Halley), 로데라(Rothera)	시그니(Signy)
우루과이	아르티가스(Artigas)	엘리치리베헤티(Elichibehety)
우크라이나	베르나드스키(Vernadsky)	
이태리	콩코르디아(Concordia)(프랑스와 공동운영)	마리오 주켈리(Mario Zucchelli)
인도	마이트리(Maitri), 바라티(Bharati)	
일본	쇼와(Syowa)	아스카(Asuka), 돔 후지(Dome Fuji), 미즈호(Mizuho)
중국	장성(Great Wall), 중산(Zhongshan)	곤륜(Kunlun)
체코		멘델(Mendel)
칠레	프레이(Frei), 에스쿠데로(Escudero), 프라트(Prat), 오이긴스(O'Higgins), 푸에르토 필데스(Puerto Fildes)	파로디(Parodi), 리파몬티(Ripamonti), 빌라로엘(Villarroel), 기예모 만(Guillermo Mann), 리소파트론(Risopatron), 비데라(Videla), 옐초(Yelcho)
페루		마추픽추(Macchu Picchu)
폴란드	아르토스키(Arctowski)	
프랑스	뒤몽 뒤르빌(Dumont D'urville) 콩코르디아(Concordia)(이태리와 공동운영)	
핀란드		아보아(Aboa)
한국	세종(King Sejong), 장보고(Jang Bogo) (2014년 2월 준공예정)	
오스트레일리아	케이시(Casey), 데이비스(Davis), 모슨(Mawson)	로-라코비타-네고이타(Law-Racovita-Negoita) (루마니아 공동운영)

* 칼리니(Carlini)기지의 과거 이름은 주바니(Jubany)기지이다. 2011년 바뀌었다.

미국과학재단 극지연구청(NSF-OPP)

미국 아문센-스콧기지

남극점에 미국이 운영하는 아문센-스콧기지. 우측 하단의 큰 건물이 최근에 새롭게 건축한 건물이고, 좌측 하단 돔형의 건물은 전에 사용하던 기지이다.

미국과학재단 극지연구청(NSF-OPP)

맥머도기지 전경

남극에서 가장 규모가 큰 미국의 맥머도기지. 하계기간에는 1,000명이 넘는 인원이 체류하며, 겨울에는 약 300명이 체류한다.

국제남북극연구소(AARI)

러시아 보스톡기지

지자기남극점에 러시아가 운영하는 기지로 영하 89.2도라는 남극에서 가장 낮은 기온이 기록된 것과 기지 밑에 보스톡 호수라는 빙저 호가 있는 것으로 유명하다.

● 연구기관

각국은 자국의 남극 연구활동을 수행하고 지원하기 위해 전문기관을 두고 있다. 영국, 독일, 일본, 중국, 칠레 등은 독립된 전문연구기관을 설치하고 있다. 미국과 스웨덴 같은 경우에는 연구재단 내에 극지인프라 운영을 위한 전문부서를 설치하여 운영하고 있다.

미국은 국립과학재단 내의 조직으로 극지연구청(Office of Polar Program, OPP)을 설치하고 남극 연구 인프라를 유지·관리하는데, 극지연구청은 중점연구방향을 설정하고 매년 연구과제를 선정하며 미국남극프로그램(USAP)를 구성하여 남극활동을 지원한다. 이 프로그램에 참여하여 실질적으로 연구활동을 하는 곳은 대학과 항공우주국(NASA), 대기해양국(NOAA)과 같은 연방기관이다. 미국의 남극 연구활동은 초반기부터 1990년대까지는 해군 등 군에서 많은 지원을 하였으나, 1972년 국립연구재단으로 이관되었으며, 해군이 1999년 미국남극프로그램에서 완전히 철수하였다.

영국남극조사소(BAS)는 영국의 남극탐사활동을 실질적으로 구성하고 추진하는 기관이다. 영국은 2차 대전 중인 1943년 포클랜드제도 부속령에 대한 영유권 확보와 남극해 통신망 확보를 위해 '타바린(Tabarin)작전'을 수행하였으며, 그 수행 결과 디셉션 섬과 남극반도 지역에 두 개의 기지를 세웠다. 1945년 2차 대전이 끝나면서 남극 운영은 식민청 소관으로 변경되었고 포클랜드제도부속령조사소(Falkland Islands Dependencies Survey)로 개칭되었다. 남극조약이 발효됨에 따라 이에 대응하기 위하여 영국은 포클랜드제도와 남위 60도 이남지역을 구분하여 영국 남극령으로 구분하고, 포클랜드제도부속령조사소를 영국남극조사소로 변경하였으며 그 본부를 포클랜드에서 런던으로 이전하였다. 1965년 영국은 자연환경연구위원회(Natural Environment Research Council)를 설립하였으며, 2년 뒤인 1967년 영국남극조사소를 식민청에서 자연환경연구위원회로 이관하였다.

1961년 일본학술원(Science Council of Japan)은 남극 연구탐사에서 획득한 자료의 관리를 목적으로 극지연구기관의 설치 필요성을 정부에 건의하였다. 이를 기초로 일본 정부는 1962년 국립과학박물관 내에 극지부서를 설치하였다. 극지부서는 1970년에 극지연구센터로 발전하면서 일본남극연구탐험(JARE)을 주관하게 되었으며, 1973년 9월 29일, 도쿄 이타바시(板橋)에 일본극지연구소(NIPR)가 정식으로 설립되었다. 설립 당시 일본극지연구소는 지구과학, 빙하학, 생태학, 극지공학의 4개 연구부서와 생물권, 비 생물권으로 구분된 2개의 데이터 관리부서로 출범하였다. 2004년 4월 국립대학법인법이 발효되면서 일본극지연구소는 대학공동이용기관법인(Inter-University Research Institute, IURI)내 정보·시스템연구기구 산하로 재편되었다. 2006년 10월 극지역 데이터센터와 극지과학자지원센터를 설치하였고, 2009년에는 동경 타치카와 시미도리초(Tachikawa-shi Midori-cho)에 있는 신사옥으로 이전하였다.

중국의 남극 연구는 국가해양국(State Ocean Administration)내 중국극지연구국(Chinese Arctic & Antarctic Administration)에서 총괄하고 있다. 중국극지연구국은 남·북극의 연구활동을 총괄 기획·조정한다. 중국극지연구국은 상해에 있는 중국극지연구소를 중심으로 란조우(Lanzhou) 빙천동토연구소, 우한(Wuhan) 남극관측소, 국가해양국산하 3개 해양연구소, 기타 대학 등이 참여하는 중국국가남극연구탐험단(CHINARE)을 구성하여 운영한다. 상해에 있는 중국극지연구소는 극지사업 운영자로 남극과학기지와 쇄빙선 등 극지인프라의 운영을 담당하며, 다른 연구기관의 극지 연구 수행을 지원한다. 또한 빙하와 고층대기를 직접 연구한다. 중국극지연구소(Polar Research Institute in China)는 1989년 10월 상해에서 설립되었으며 남극의 장성기지, 중산기지, 북극의 황하기지와 쇄빙선 설룡 호를 운영하면서 극지 연구활동의 집행과 지원을 담당한다.

독일의 알프레드베게너극지해양연구소(Alfred Wegner Institute for Polar & Marine Research)는 헬름홀츠 연구회(Helmholtz Association of German Research Centers) 산하의 기관으로 남·북극의 과학기지와 쇄빙선 폴라쉬테른(Polarstern) 호의 운영, 하계연구단의 구성과 파견 등 극지 연구활동을 위한 중추적인 구실을 담당하고 있다.

전동민

독일 알프레드베게너 극지해양연구소 본관

선박모양을 하고 있는 AWI본관으로 주변에 여러동의 연구동과 지원시설이 있다.

진동민

진동민

오스트레일리아 남극연구국 정문 ①
오스트레일리아 호바트에 있으며 정문을 들어서면 남극과학관이 설치되어 있다.

뉴질랜드남극연구소 ②
크라이스트처치 국제공항 바로 앞에 있으며, 미국남극프로그램과 이태리 남극프로그램의 사무소가 입주해 있다.

본부는 브레머하벤(Bremerhaven)에 있으며, 1990년 통일이 되면서 동독에 속해 있던 연구단을 흡수하여 포츠담연구단을 설치하였다.

오스트레일리아남극연구국(Australian Antarctic Division, AAD)은 호바트(Hobart)에 있는 정부기관으로 지속성환경수질연구부 산하에 소속되어 있다. 동남극지역에 데이비스(Davis), 모슨(Mawson), 케이시(Casey)의 세 개 기지와 아남극 맥쿼리(Macquaries) 섬의 기지 운영을 담당하고 있다. 또한, 쇄빙선인 오로라 아우스트랄리스(Aurora Australis) 호의 운영을 관장하고 있다.

뉴질랜드남극연구소(Antarctica New Zealand, ANZ)는 외교부 산하의 왕립법인으로 크라이스트처치(Christchurch)에 있다. 스콧기지와 로스 해를 중심으로 한 뉴질랜드의 남극 연구활동을 지원하고 남극환경보호업무를 담당하고 있다. 로스 해에서 활동을 하고 있는 미국과 이태리도 현지사무소를 크라이스트처치에 설치하고 활발한 협력활동을 하고 있다. 우리나라는 장보고기지 건설을 계기로 뉴질랜드남극연구소와 협력이 강화될 것으로 예상된다.

국가별 남극과학기지 운영현황

국가	극지 연구 전문기관	기관형태	홈페이지
노르웨이	노르웨이극지연구소(NPI)	환경부산하독립연구기관	www.npi.no
독일	알프레드베게너극지해양연구소(AWI)	헬름홀츠연구회 소속 독립연구기관	www.awi.de
러시아	국제남북극연구소(AARI)	수문기상청 산하 독립연구기관	www.aari.nw.ru
중국	중국극지연구소(PRIC)	중국국가해양국 산하 독립연구기관	www.pric.gov.cn
미국	국립과학재단 극지연구청 (NSF-OPP)	정부부처 내 부서	www.nsf.gov
영국	영국남극조사소(BAS)	자연환경연구위원회 소속 독립연구기관	www.bas.ac.uk
일본	국립극지연구소(NIPR)	문부성산하독립연구기관	www.nipr.ac.jp
프랑스	폴 에밀 빅터 프랑스극지연구소(IPEV) French Polar Institute, Paul Emile Victor	공공연구그룹독립지원기관	www.ipev.fr
오스트레일리아	오스트레일리아남극연구국(AAD)	지속성환경수질인구부 산하 정부기관	www.antarctica.gov.au
뉴질랜드	뉴질랜드남극연구소(ANZ)	외교부 산하 왕립법인	www.antarcticanz.govt.nz
한국	극지연구소(KOPRI)	한국해양과학기술원 부설연구소	www.kopri.re.kr

● 쇄빙선

남극을 포함하여 인간이 자연환경이 가혹한 극지 가까이 간다는 것은 쉬운 일이 아니다. 영하 30°C를 오르내리고 칼 같이 살을 에는 찬바람도 문제이지만, 얼어붙는 바다를 항해할 방법이 없었기 때문이다. 19세기 말까지, 나무로 만든 배는 말할 것도 없고 강철로 만든 배라도 특별히 보강하지 않은 상태에서는 얼음바다에서 장난감이나 마찬가지였다. 선주(船主)가 '침몰할 수 없는 배'라고 광고했던 타이타닉(Titanic) 호를 침몰시킨 것도 결국은 얼음, 즉 빙산이었다.

조선기술자들은 얼음에 견디기 위하여 용골을 날카롭게 하고 배의 추진력을 키우며 배의 늑골을 강화하는 등 보강 방법을 연구하기 시작했다. 이른 바 내빙선(耐氷船)이 출현한 것이다. 내빙선은 해빙(海氷)을 깨지는 못해도, 얼음조각이 그렇게 많지 않은 바다에서는 얼음조각을 밀어내면서 항해할 수 있다는 점에서 대단한 배이다.

쇄빙선 개발

조선기술이 점점 발달하면서 조선기술자들은 얼음을 깨는 배를 짓기 시작하였다. 쇄빙선(碎氷船)의 원리를 간단히 말하면 엄청난 추진력에 특별한 구조를 가진 배라고 할 수 있다. 쇄빙선은 추진력이 과거 배의 몇 배에 달하며 용골이 아주 날카롭다. 상업적으로 이용되어 속도를 내야 하는 상선(商船)의 용골은 바닷물의 저항을 줄이기 위해 둥그스름하고 불룩하다. 그러나 쇄빙선의 용골은 아주 좁고 날카로워 단단한 바다의 얼음, 즉 해빙(海氷)을 깨기에 안성맞춤이다.

만약 얼음이 너무 두꺼워 추진력이 힘에 부친다면, 얼음 위에 올라타 얼음을 깰 수 있다. 이것을 가능하게 하는 것은 배의 앞과 뒤에 있는 거대한 물탱크 덕분이다. 힘이 부치면 물이 뒤쪽의 탱크로 옮겨가 배의 앞부분이 약간 들려 얼음 위에 올라탄다. 다음에는 앞으로 옮겨 온 물과 배 자체의 무게로 얼음을 눌러서 깬다. 이 무게를 견딜 얼음은 별로 없으나, 배의 크기에 따라 쇄빙선이 올라갈 수 있는 얼음의 두께가 달라진다. 쇄빙선은 이렇게 얼음을 쉬지 않고 깨면서 앞으로 나간다. 예컨대 우리 쇄빙연구선은 두께 1미터의 얼음을 깨면서 시속 5.5킬로미터로 항행한다. 남극과 북극의 해빙의 두께가 대개 1~2미터라는 것을 생각하면, 두께 1미터는 얇은 얼음이 아니다.

쇄빙선은 북극을 앞바다로 삼고 있는 러시아와 캐나다에서 발달하였다. 예컨대, 1975년에 취항한 러시아의 핵 추진 쇄빙선 아크티카 호는 1977년 8월 17일 북극점에 도달해, 인류최초로 해면을 항해해서 북극점에 도달했다(바다 속을 항해해 1958년 8월 3일 북극점에 처음 닿은 배는 미국 최초의 핵 추진 잠수함인 미 해군의 노틸러스 호이다). 아크티카 호의 업적은 단순한 최초 도착의 의미 만이 아니라 러시아의 능력을

미국과학재단 극지연구청(NSF-OPP)

미국 맥머도기지 부근에 온 쇄빙선들

앞줄 오른 쪽은 미 해군 연료운반선(Paul Buck)이며 왼쪽은 해안경비대 소속 쇄빙선(Polar Star), 뒷줄 가운데는 미국이 빌린 러시아 쇄빙선(Krasin), 그리고 왼쪽은 미국 쇄빙선(Nathaniel B. almer)이다.

정호성

오스트레일리아 쇄빙선 오로라 아우스트랄리스 호

보여준 것이다. 현재 취항 중인 핵 추진 쇄빙선 가운데 최신 함은 2007년에 취항한 러시아의 '승전 50주년(NS 50 Let Pobedy)' 호이다. 길이 159.6미터에 배수량 25,840톤으로 두께 2.8미터의 얼음을 깰 수 있다. 수영장도 있는 이 쇄빙선의 선원은 140명이며 비슷한 숫자의 과학자를 태울 수 있다. 북극이 앞바다인 러시아에는 핵 추진 쇄빙선만 80척 정도가 있다.

캐나다 쇄빙선 아문센 호

2012년 '국제극지의해' 특별행사 기간 중 일반공개를 위해 몬트리올 항에 정박중인 모습

진동민

쇄빙선의 한계

남극대륙은 쇄빙선 없이는 가까이 가기도 힘들지만, 운 좋게 가까이 가도 바다가 얼어있거나 유빙이 많아 해안에 상륙하기도 쉽지 않으므로(고무보트로 올라가는 경우는 아주 행운이다) 헬리콥터가 있어야 한다. 때문에 남극대륙에 가까이 오는 모든 배는 헬리콥터를 실을 수 있어야 하는데, 한 대가 아니라 두 대를 실을 수 있어야 한다.

극지활동은 과학자들의 연구만이 아니라 그 연구를 지원하는 부문까지 포함되어 있다. 쇄빙선의 경우만 보더라도 과학자들의 연구를 위해서 쓰이기도 하지만, 그에 못지 않은 큰 임무는 과학자와 물자, 그리고 헬리콥터를 운반하는 것이다. 이 세 가지를 한 번에 해내기 위하여 쇄빙선은 아주 커져야 했다. 그러나 큰 배를 만드는 일은 또 다른 문제다. 결국 어느 나라 쇄빙선도 그 세 가지 일을 한꺼번에 하지는 못한다. 다만 헬리콥터 없이는 상륙하지 못하므로 헬리콥터는 싣고 다닌다. 그러나 물자운반은 좀 다른 경우다. 영국 쇄빙선 제임스 클라크 로스(James Clark Ross) 호는 20피트 컨테이너 6개를 싣고, 미국 쇄빙선 나타니엘 파머(Nathaniel Palmer) 호는 같은 크기의 컨테이너 4개를 실을 수 있는데, 두 배 모두 화물을 운반하는 소형 선박인 바지선이 없다. 노르웨이의 폴라 듀크(Polar Duke) 호는 20피트 높이의 컨테이너를 4개에서 최대 6개까지 실을 수 있는데 역시 바지선은 없다. 이 배는 헬리콥터를 실을 수 있지만 컨테이너를 많이 실을 경우, 헬리콥터는 실을 수 없었다.

현재 남극활동에 쇄빙선을 쓰는 나라는 몇 나라 있으나, 연구 목적으로 제대로 사용하는 나라는 몇 나라 없다. 그만큼 쇄빙선 운영에 큰 비용이 들기 때문이다. 러시아와 아르헨티나와 칠레는 쇄빙선으로 물자와 사람은 운반해도 연구에는 쓰지 못한다. 그런 점에서 2009년 말 취항한 우리 쇄빙연구선 아라온 호는 아주 귀중하고 소중한 존재이다. 남극대륙기지 후보지 조사, 남극 세종기지 물자운반, 북극조사, 남극해령 조사, 러시아 어선 구조, 남극대륙기지 건설에 사람과 물자운반, 남빙양 조사는 물론 해저자원조사에 동원되어 제 몫을 다하니 말이다.

쇄빙선은 단순히 얼음을 깨는 배가 아니다. 언뜻 보기에 쇄빙선은 그 나라 극지 연구를 위한 작은 노력처럼 보일 수도 있다. 그러나 쇄빙선을 타 본 사람이라면 새하얀 빙해에 떠있는 빨간 작은 점인 쇄빙선은 그 나라의 국력이며 극지 연구에 대한 약속이며 인류에 대한 헌신이라는 것을 누구나 느낄 것이다. 아무리 극지가 인류와 과학연구에 중요한 곳이라고 해도 국가의 힘이 없으면 극지의 얼음바다에 나가지 못한다. 그런 점에서 쇄빙선은 국가의 힘이고 자랑이고 극지에 대한 관심이고 인류에 대한 이바지이다.

세종기지에 온 우리나라 쇄빙연구선

극지연구소

인간의 활동과 극지의 변화

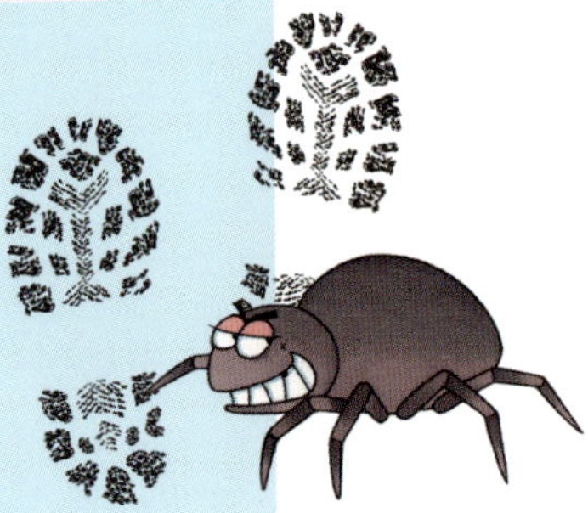

극지에 연구기지가 생기고 인간의 극지 출입이 많아지면서 극지는 오염되고 있다. 북극해는 한 때 핵 쓰레기장이 된 적도 있었다. 현재는 여러 오염 방지 조치가 있으며 북극 원주민들은 생활터전을 보호하려고 애쓰고 있다. 남극도 환경보호를 위하여 여러 조치가 취해지고 있다.

김지희 · 이유경 극지연구소

남극에 남겨진 인간의 발자국

남극대륙이 문명세계에 알려진 1819년 이후 남극물개와 코끼리해표 사냥이 끝나자 고래잡이가 시작되었다. 그 사이 간간이 서방 선진국을 선두로 20세기 초반까지 남극 탐험가들의 발길이 이어졌다. 노르웨이 탐험가 아문센이 1911년 12월 14일 남극점에 도착한 이후에도 남극은 여전히 새로운 도전을 찾는 탐험가들에게는 지구상에서 가장 매력 있는 곳의 하나가 되었다.

아르헨티나는 국립스코틀랜드남극탐험대가 사우스오크니(South Orkney) 군도에 1904년 2월에 지은 오몬드 하우스(Omond House)를 인수해서, 오르카다스(Orcadas) 기지로 바꾼 후 1905년부터 사람을 상주시켰다(그 결과 이 기지는 남극에서 사람이 가장 오래 상주한 기지가 되었다). 이후 40년 넘게 남극에 기지를 건설한 나라는 없다. 그 후, 칠레와 아르헨티나는 남극반도 일대에 경쟁하듯이 기지를 지었다. 먼저 칠레가 1947년 2월 프랏 해군기지를 지었고 아르헨티나는 3월 31일 멜초(Melchior) 군도에 멜초기지를 준공했다. 다음해 2월에는 칠레육군이 오이긴스기지를 지었고 비데라 대통령이 남극에 왔다. 같은 해 3월에는 아르헨티나가 디셉션(Deception) 섬에 디셉션기지를 지었다. 그러나 이들 국가의 기지 건설 목적은 남극영토 중 자국의 것이라고 주장하는 곳을 먼저 점령한 것이었지, 과학연구와는 거리가 멀었다.

제2차 세계대전이 끝나고 전후 수습이 어느 정도 이루어지자, 미국 해군은 1947년 1월 하이점프작전을 통해, 남극의 해안과 해안에 가까운 땅의 항공사진을 7만 장 가량 찍었다. 이 사진들의 정확한 지형을 몰라, 같은 해 12월에는 윈드밀 작전(Windmill Operation)으로 뚜렷한 지형들의 위치를 결정했다. 그 결과 상당한 지역의 지형도를 만들 수 있게 되었다. 1950년대 후반에는 미국을 비롯한 영국, 러시아, 프랑스와 일본의 남극에 대한 관심이 높아지면서 남극반도 지역뿐만 아니라 동남극지역에 기지를 건설하고 다양한 과학 활동을 시작하게 되었다. 나아가 러시아는 남극대륙을 포위하듯이 기지를 지었다.

국제지구물리의 해(IGY, 1957~1958)를 계기로 국가 간 협력을 통한 남극과학 연구 활동이 성공을 거두면서 남극에 대한 관심과 영유권 갈등이 고조되어 남극 내 국가간 활동 증가와 갈등 양상을 해결하기 위한 남극조약이 체결되었다. 남극조약은 남극에 대한 영유권 주장을 유예하고 남극을 평화로운 곳으로 만들어 과학연구를 하기 위하여 체결한 협약이다. 남극의 과학적 가치 연구를 기치로 현재까지 남극에는 74개의 연구기지가 건설되어 다양한 연구결과를 내놓고 있다.

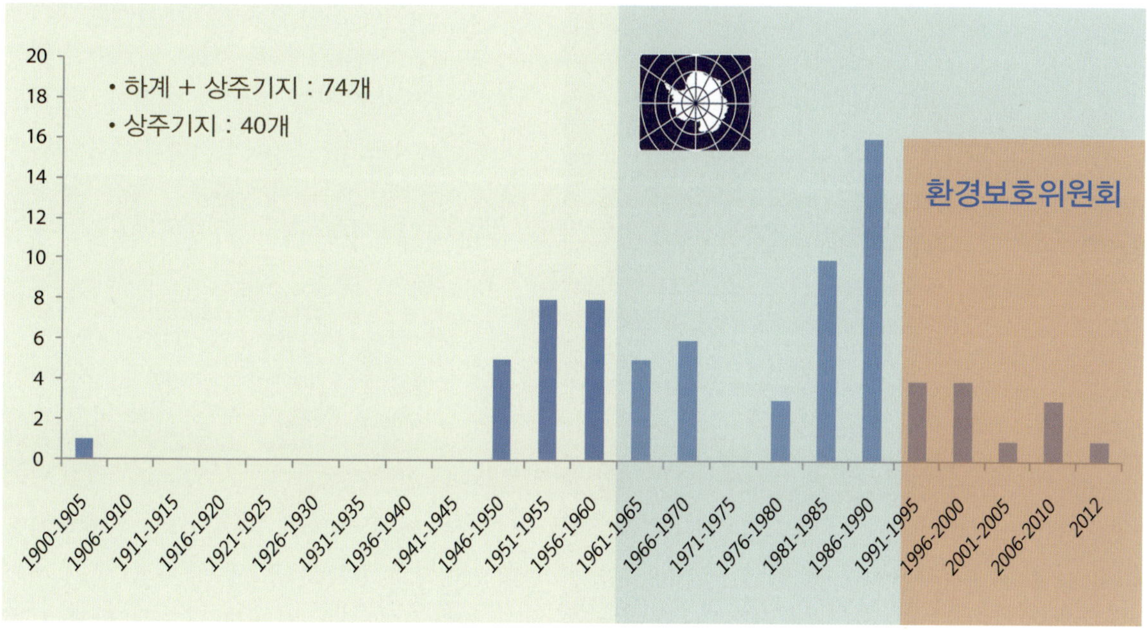

남극에 설치되어 운영 중인 연구기지 현황
남극조약 하의 환경보호의정서가 채택되기 이전까지 약 60개의 기지가 건설되었다.

과학자들은 지난 50여 년간 남극의 기후변화와 지구 기후에서 남빙양과 남극의 구실에 대한 중요한 연구결과들을 내놓았다. 나아가 유엔기후변화협약(UNFCCC)과 기후변화에 관한 정부간기후변화협의체에 지구 기후변화와 남극의 환경변화에 관한 과학적 설명과 정보들을 제공하고 있다. 이러한 과학적 이바지에도 과학 활동의 중심이 되는 기지의 운영과 과학 활동 지원을 위한 시설물 건설, 선박과 항공기 운항, 시설에서 배출되는 폐기물과 오염물질 등으로 인한 남극의 환경변화에 우려가 높아졌다.

이에 남극조약당사국들은 1991년 스페인 마드리드에서 '남극환경보호의정서'를 채택하였고 1998년 의정서가 발효되어 남극조약에 따라 환경보호위원회(CEP)가 설치되었다. 환경보호위원회는 남극조약협의당사국회의에서 남극지역에서 행해지는 환경영향평가, 동식물 보존, 폐기물 처리, 해양오염방지, 특별보호구역 지정과 관리, 신규기지 설치 등에 대한 포괄적 환경영향평가서(CEE)의 심의와 같은 환경 이슈에 대한 자문을 한다. 남극조약의 당사국들은 환경보호의정서 14조에 명시된 사찰과 같은 방법으로 각국이 설치한 남극의 모든 시설물, 장비, 선박, 항공기 등의 시설과 운영이 남극환경에 미치는 영향이 최소가 되도록 각국의 활동을 감시하고 견제하고 있다.

남극연구과학위원회

2007~2008년 남극하계기간에 남극 방문객(과학자, 지원인력, 관광객 등)을 통해 부주의하게 유입된 식물번식체들 ①

2012년 제35차 ATCM 기간 중 SCAR의 발표자료 중 발췌

킹조지 섬의 어드미럴티(Admiralty) 만에 있는 폴란드기지 인근에서 개체군을 확장하고 있는 포아풀속의 일종인 *Poa annua*에 대한 연구 ②

SCAR의 발표자료 중 발췌

식물과 동물의 유입

최근 인간의 활동이 기후변화와 관련한 남극 생태계 변화에 직접적인 영향을 미치고 있다는 증거들이 보고되면서, 과학자를 포함한 남극 방문객들과 함께 타 지역의 생물들이 남극에 유입되는 것을 방지하기 위하여 남극조약협의당사국회의에서는 2005년부터 '비 토착종 유입 방지'가 주요한 의제가 되기 시작했다. 예컨대, 남극연구과학위원회는 제4차 '국제극지의해(IPY, 2007~2009)' 동안 기후변화와 연관된 비 토착종의 남극 유입과 정착 가능성에 대한 연구를 제안하였다. 그에 따라 남반구 여름인 2007~2008년 여름 남극으로 가는 과학자, 지원인력, 관광객들을 대상으로 종자의 유입을 조사했다. 그 결과 놀랍게도 같은 기간에 남극을 방문한 과학자들(7,085명)의 의복이나 신발, 가방에 붙어 들어간 종자의 숫자(38,897개)는 관광객(33,054명)에 붙어서 들어간 종자의 숫자(31,732개)보다 많았다.

이 조사에 응한 과학자들의 53퍼센트는 아남극이나 고산지대, 북극과 같은 추운 지방에서도 활동하는 것으로 답변했다. 이는 남극에 유입된 종자들이 비슷한 환경에서 살아

남을 확률이 큰 것을 의미한다.

2012년 35차 남극조약협의당사국회의에서 영국이 제출한 '남극 육상에서 알려진 비 토착종의 정착현황에 관한 문서(IP29)'를 보면, 외떡잎식물 중 벼 과의 포아풀 속에 속하는 4종과 국화 과 쑥부쟁이 속에 속하는 1종이 남극에 유입되어 이미 정착했거나 과학자들이 제거했다.

그 가운데 포아풀 속의 식물 한 종(*Poa annua*)은 남 셰틀랜드 군도 킹조지 섬에 있는 폴란드 아르토스키(Arctowski)기지 주변에서 개체군을 확장하고 있다.

또한 육상 무척추 동물로는 톡토기목에 속하는 7종과 곤충류인 깔다구의 일종, 그리고 빈모류에 속하는 1종이 유입되었고 이중 4종이 개체군을 유지하고 있다. 깔다구의 경우, 사우스오크니 군도의 영국의 시그니(Signy)기지 부근에서 개체군이 확장되고 있다고 보고했다.

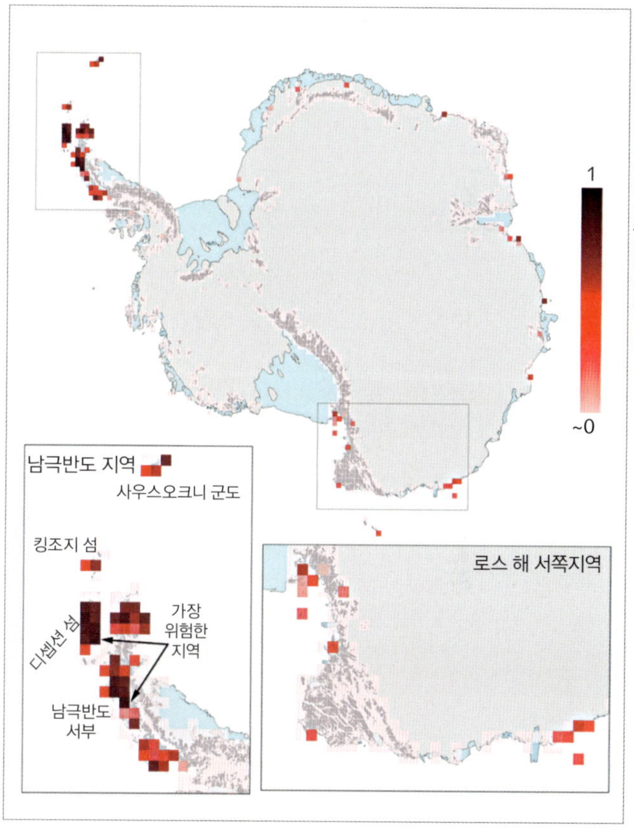

Chown et al, 2012 PNAS vol. 109, 4938-4943

남극지역에서 비 토착 유관속식물이 정착하게 되는 지역별 상대적인 위험도

이런 현상은 남극을 '천연의 실험실'이라고 일컬으며 남극을 연구하는 과학자들의 남극 고유의 생명현상을 연구하고자 하는 노력이 과학자들의 부주의로 인해 오히려 그들 자신의 연구 진행을 막을 수 있다는 경고로 받아들여야 할 것이다. 남극연구과학위원회의 연구에 따르면, 연구 기지가 많고 기후변화(기온 상승)의 현상이 가장 뚜렷한 남극반도 지역에 비 토착 유관속식물의 정착 가능성이 가장 높은 것으로 나타났다. 이에 남극조약협의당사국회의와 남극과학연구위원회, 국가남극프로그램운영자회의는 남극 방문객들과 지원인력과 물품보급 담당자를 위한 비 토착종 유입방지 체크리스트를 발간하는 등 과학 활동을 비롯한 모든 남극활동으로 인한 남극생태계의 영향을 줄이고자 각 회원국들의 노력을 촉구하고 있다.

남극을 연구하는 과학자들에게 지구상에 남아있는 마지막 황무지 중 하나인 남극을 연구하고 배우는 것은 큰 특권이다. 이 특권과 함께, 지구상의 마지막 미개척 대륙의 환경 담당자로서 행동할 책임이 있다는 것을 상기해야 할 것이다.

● 북극을 지켜온 사람들

북극은 원래 거주민이 있는 곳이다. 알래스카는 지금부터 약 10,000~12,000년 전, 시베리아에서는 약 18,000년, 유럽에 가까운 러시아 서북부 콜라(Kola) 반도에는 기원전 7300년경부터 초기 정착민이 있었다. 고고학자들은 그린란드 남부에 기원전 2500년경부터 사람이 거주한 증거를 찾았다. 사콱인(Saqqaq人)으로 알려진 이들은 기원전 800년 경 그린란드에서 자취를 감추었는데, 2010년에 그린란드 서부에서 냉동상태로 발견된 4,000년 전 사콱인의 유전체를 분석한 결과, 이들은 현재 그린란드 거주민의 조상은 아닌 것으로 밝혀졌다. 사콱인의 유전체는 오히려 현대 시베리아 동북부의 척치(Chukchi)와 코략(Koryak) 주민들과 가까웠다.

기원전 500년경부터 1500년경까지 북아메리카 북극지역에 널리 퍼져 있던 도싯 문화(Dorset culture)는 현재의 이누이트 조상들이 이주하기 전에 북극에서 마지막으로 번성한 문화로 알려져 있다. 이들은 주로 얼음에 구멍을 뚫고 물개와 같은 바다 포유류를 사냥하며 살았는데, 800년경 시작된 중세(中世)온난화로 인해 해빙(海氷)이 사라지면서 점차 쇠퇴 길로 접어든 것으로 보인다. 이들이 쇠퇴하면서 북극에는 현대 이누이트의 직접 조상인 툴레(Thule)인들이 세력을 넓혀갔다. 이들은 알래스카와 캐나다, 그린란드 전역에 자리를 잡았다.

현재 북극에 살고 있는 원주민은 매우 다양하나 그 중 가장 많은 사람들은 이누이트(Inuit)이다. 이누이트는 캐나다 원주민 말로 '사람'을 뜻하며 주로 캐나다, 알래스카, 그린란드에 거주한다. 캐나다 누나부트 준주(Nunavut)에 3만 명, 퀘벡주에 1만 명(Nunavik), 뉴펀들랜드(Newfoundland)와 래브라도르(Labrador)에 8천 명(Nunatsiavut), 알래스카 북부에 3천5백 명(Inupiat), 그리고 그린란드에 4만7천 명(Kalaallisut)이 살고 있다. 이 밖에도 북극 원주민으로 유픽(Yupik)족, 사미(Sámi)족, 코략(Koryaks)족, 척치(Chukchi)족, 에벤(Evens)족, 야쿠트(Yakuts)족, 에벤키(Evenks)족, 칸티(Khanty)족, 유카거(Yukaghir)족, 네네츠(Nenets)족, 응가나산(Nganasan)족, 셀쿠프(Selkup)족 등이 있다. 이들은 자신들을 에스키모(Eskimo)라고 부르는데, 그 뜻은 눈신을 깁는 사람(snowshoe netters)이다. 이중 네네츠족, 응가나산족, 셀쿠프족은 사모예드(Samoyeds)로 불리기도 한다. 유픽(Yup'ik)은 '사람'이라는 뜻이며, 알래스카 서부와 남서부에 있는 유픽(Yup'ik) 거주지에 약 2만2천 명, 알래스카 남부 해안가에 2천4백 명, 시베리아에 1천7백여 명이 살고 있다. 사미(Sámi)는 노르웨이에 3만8천 명, 스웨덴에 1만5천 명, 핀란드에 9천4백 명, 러시아에 2천 명이 거주하고 있다.

러시아 시베리아에서는 다양한 소수민족들이 순록떼를 따라 유목생활을 한다.

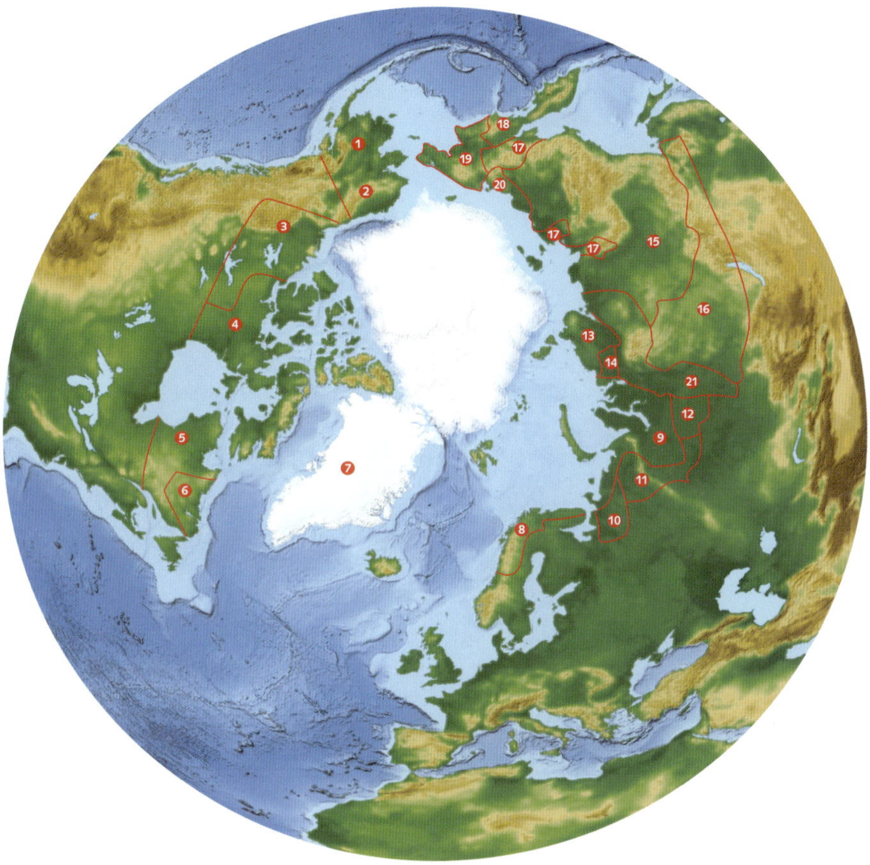

극지연구소

북극 원주민 거주지

① 유픽(Yupik)
② 이누피앗(Inupiat)
③ 이누비알루잇 (Inuvialuit)
④ 누나부트(Nunavut)
⑤ 누나빅(Nunavik)
⑥ 누나트시아부트 (Nunatsiavut)
⑦ 칼라알릿(Kalaallit)
⑧ 사미(Sámi)
⑨ 네네츠(Nenets)
⑩ 코미(Komi)
⑪ 칸티(Khanty)
⑫ 셀쿠프(Selkup)
⑬ 응가나산(Nganasan)
⑭ 돌간(Dolgan)
⑮ 야쿠트(Yakuts)
⑯ 에벤크(Evenks)
⑰ 에벤(Evens)
⑱ 코략(Koryaks)
⑲ 척치(Chukchi)
⑳ 유카거(Yukaghir)
㉑ 케츠(Kets)

순록은 이들에게 먹을거리, 입을 거리, 수송수단을 제공해 준다. 북극 거주민은 개 썰매를 이용하기도 하는데, 시베리아 허스키(Siberian Husky)와 알래스칸 맬러뮤트(Alaskan Malamute)와 같은 썰매 개는 이중으로 난 짧은 털이 몸을 따뜻하게 하여 영하의 추운 날에도 야외에서 잘 수 있을 정도로 추위에 강하며 굶주림도 잘 견딘다. 적절한 환경이라면 사람 한 명과 11마리의 개가 약 180킬로그램의 짐을 싣고 하루에 약 65~80킬로미터를 갈 수 있다. 이들은 혹독한 북극 환경에 적응하며 간직해온 민족 고유의 언어와 삶의 지혜, 전통 문화와 종교를 가지고 있다. 그러나 교통수단의 발달로 이주민이 들어오고 서구문화가 유입되면서 소수민족들은 서서히 자취를 감추고 있다. 실제로 사미인들 중에서 소수민족과 함께 언어가 사라진 경우도 있다(아칼라 사미 Akkala Sami, 케미 사미 Kemi Sami, 카이누 사미 Kainuu Sami). 1977년 이누이트 환극지 컨퍼런스(Inuit Circumpolar Conference)에서 북극 전역에 살고 있는 원주민을 지칭하는 명칭으로 이누이트를 정식 채택하였다. 따라서 위에서 구분한 북극 원주민을 통칭하여 이누이트라고 부를 수 있다.

북극을 이용하는 사람들

북극은 1700년대에 이미 모피 무역업으로 수많은 사냥꾼의 활동무대가 되었다. 털가죽물개 사냥이 시작된지 불과 40년 만에 털가죽 물개가 멸종 위기에 처했고, 사냥이 어려워지자 이번에는 코끼리해표를 잡아들이다가 이것마저 줄어들자 다음으로 고래 사냥이 시작되었다. 포경업은 17세기 이후 300년 동안 스피츠베르겐을 기반으로 번성하면서 1982년 국제포경위원회가 상업포경을 중지시킬 때까지 긴수염고래, 혹등고래, 흰긴수염고래, 향유고래가 잡혔다. 이 밖에도 북극주변 베링 해와 노르웨이 해, 그린란드 주변 해역에서는 명태, 대구, 넙치, 대게(킹크랩), 북방새우 어업이 활발했다. 우리에게 탐험가로 알려진 로버트 피어리도 실제로는 북극 모피와 일각고래의 상아, 해마이빨 장사를 하였다. 그가 팔았던 상품으로는 그린란드 케이프 요크의 운석에서 북극 원주민까지 그 대상이 광범위했다. 그는 그린란드 원주민들의 무덤을 파헤쳐 죽은 사람들의 뼈를 박물관에 판매했고 심지어 살아 있는 사람들까지 전시물로 넘겼다.

1897년 9월 31일 로버트 피어리는 그린란드에 살던 키수크(Qisuk), 그의 막내아들 미닉(Minik)을 포함한 6명의 원주민을 뉴욕으로 데려왔다. 이들은 미국자연사박물관의 전시물이 되었고 이들 중 네 명이 폐렴을 앓다가 죽어갔다. 1898년 2월 미닉의 아버지 키수크가 일곱 살 된 미닉을 남겨두고 갑자기 죽었다. 고아가 된 미닉은 그린란드 고향으로 돌아가지 못했고 박물관 직원의 양자로 들어가 미국인으로 길러졌다. 세월이 흐른 후, 미닉은 장례식까지 치른 아버지가 실은 땅속에 편히 묻히지 않고 박물관에 전시되어 있다는 것을 알게 된다. 가짜 장례식이 치러진 뒤 시신은 해부용으로 사용되고 유골은 전시되고 있던 것이다. 1907년 '뉴욕 월드(New York World)'지에는 미닉이 자기 아버지의 유골을 돌려달라고 요구한다는 기사가 실렸다. 그러나 수납번호 '99/3610'이라는 표시와 함께 박물관 상자 속에 들어 있던 네 명의 유골이 그린란드로 돌아오는 데는 더 많은 시간이 필요했다. 1993년, 이들이 뉴욕 땅을 밟은 지 거의 100년 만에 그린란드로 돌아온 이들은 카나크(Qaanaaq) 산중턱에 있는 공동묘지에 묻혔다.

이렇듯 이윤을 좇는 피어리의 후예들은 이제는 모피 대신 북극의 자원을 찾고 있다. 미국지질조사국(United States Geological Survey)에 따르면 북극해에는 몇 개의 분지가 있다. 여기에는 세계 원유와 천연가스의 약 22퍼센트가 매장되어 있는 것으로 추정된다. 알래스카에는 북미 최대 유전으로 매장량이 250억 배럴에 이르는 프루도(Prudhoe) 만 유전과 북미에서 두 번째로 넓은 유전으로 하루에 약 23만 배럴의 원유가 생산되는 쿠파룩(Kuparuk) 유전이 있다. 러시아도 북극에서 활발하게 원유와 천연가스를 개발하고 있다. 야말로-네네츠 자치구(Yamalo-Nenets Autonomous Okrug)에는 러시아 최대 유전인 루스코예(Russkoye) 유전과 2007년부터 천연가스를 생산하고 있는 베레고보예(Beregovoye) 유전이 있다. 크라스노야르스크 지방(Krasnoyarsk Krai)에는 2009년부터 원유를 생산하는 반코르(Vankor) 유전이 있는데, 이 유전은 러시아 국영 원유회사인 로스네프트(Rosneft)사가 운영하며 러시아 최대의 산업 프로젝트 중 하나이다. 한편 북극은 다양한 광물의 생산지이기도 하다. 알래스카의 레드 독(Red Dog) 아연 광산과 포트 녹스(Fort Knox) 금광, 캐나다 누나밧의 배핀랜드(Baffinland) 철 광산, 캐나다 북서준주(Northwest Territories)의 다이아빅(Diavik) 다이아몬드 광산, 스발바르 군도 바렌츠버그(Barentsburg)의 트러스트(Trust) 석탄 광산 등이 유명하다.

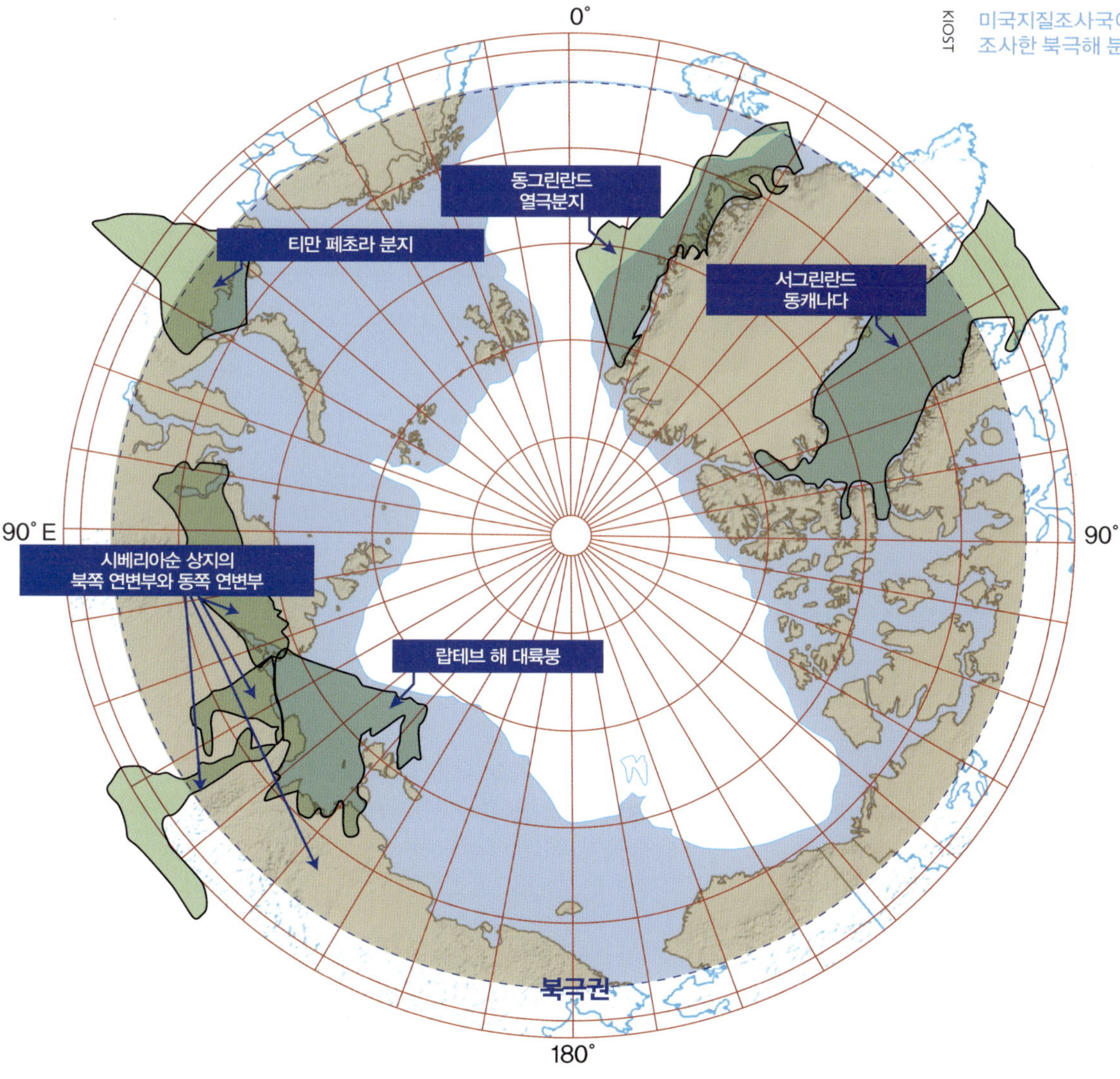

KIOST

미국지질조사국이 조사한 북극해 분지

그린란드도 자원개발의 기지개를 펴고 있다. 금, 은, 루비, 사파이어, 텅스텐, 아연, 구리, 납, 철, 니켈, 몰리브덴, 희토류(Rare Earth Elements, REE) 등의 자원을 채굴 중이거나 개발을 준비한다. 그린란드 정부는 그린란드 국영기업인 누나오일(Nunaoil)이 있지만 광물석유국(Bureau of Minerals and Petroleum)을 통해 원유와 천연가스 탐사 허가증을 외국기업에 제공하고 있다. 이미 덴마크를 비롯한 일본, 미국, 영국, 중국, 오스트레일리아 등의 기업이 다양한 그린란드 자원 탐사 또는 개발에 참여하고 있다.

기후변화와 북극

겨울에는 밤만 계속되는 흑야 등 혹독한 환경으로 인하여 북극 탐사는 여름에 진행되지만, 기후변화로 인하여 해빙과 빙하가 녹으면서 점차 북극은 21세기 자원개발의 각축장으로 변하고 있다.

북극의 자원 개발은 북극에 환경오염을 끌어들였다. 알래스카의 프루도 만의 석유 시설은 스모그와 산성비를 일으키는 산화질소를 워싱턴 지역의 두 배나 되는 엄청난 양으로 내뿜고 있다. 알래스카 북부의 프루도(Prudhoe) 만에서 퍼 올린 원유는 송유관을 통해 미국 최북단에 있는 얼지 않는 부동항인 발데스(Valdez)항으로 이동하는데, 송유관과 송유관을 관리하기 위한 도로 건설로 인하여 상당한 넓이의 툰드라 초원과 타이가 숲이 파괴되었다. 그 결과 알래스카에 살았던 대부분의 새는 그 개체수가 줄어들었고 새의 포식자인 여우, 곰의 개체수 역시 줄어들었다. 송유관은 알래스카 북부에 살던 순록의 이동 경로를 막아 놓았고, 번식지를 잃어버린 순록도 역시 그 숫자가 감소했다. 영구동토의 가장 윗층은 여름에 녹았다가 겨울에 얼기를 반복하면서 이곳저곳의 송유관을 뒤틀리게 만들며 문제를 일으켰다. 거의 하루 한번 꼴로 송유관 부근에서 기름, 디젤, 산 또는 다른 유해물질들이 유출된 것이다. 1994년~1999년 사이에만 1,600회의 유출사고가 발생했고, 2006년에는 송유관 파열로 인하여 1,000킬로리터의 원유가 프루도 만에 방출되기도 하였다.

원유 유출은 송유관만의 문제가 아니었다. 1989년 1월 유빙을 피하려다 암초에 부딪친 엑손 발데스(Exxon Valdez) 호는 약 3만8천 킬로리터의 원유를 프린스 윌리엄 사운드(Prince William Sound)에 쏟아냈고 이로 인해 만들어진 기름띠는 약 1,120킬로미터의 해안가를 뒤덮었다. 바다 새들은 검은 기름에 범벅이 되어 버둥거리다 죽어갔고 기름에 가죽이 흠뻑 젖은 해달은 울부짖으며 죽어갔다. 이 유출 사고로 3,500~5,000마리의 해달이 죽었고 약 30만~67만5천 마리의 바닷새가 죽었을 것으로 추정되었다. 이곳에 살던 바다오리는 무려 40퍼센트나 개체수가 줄어들었다. 물고기가 사라진 것은 말할 것도 없다. 엑손 발데스 호에서 쏟아져 나온 원유는 아직도 해양 바닥의 모래와 갯벌에 스며들어 있고 해안가 바위에 그 흔적을 남기고 있다. 생태계는 여전히 회복 중이고 흰줄박이오리나 바다비둘기처럼 회복될 기미를 보이지 않는 것들도 있다. 무엇보다 원주민과 지역 공동체가 겪은 상처와 갈등은 엑손의 대대적인 정화운동으로도 끝내 씻기지 않았다.

극지연구소

북극의 핵 실험실인 노바야 젬랴

북극은 지구 최북단의 핵 실험실이기도 하다. 1961년 10월 소련은 히로시마(Hiroshima) 원자폭단보다 6,000배나 더 강력한 수소폭탄을 노바야 젬랴(Novaya Zemlya)에 떨어뜨렸다. 1955년부터 1990년까지 224회의 핵실험이 이곳에서 있었고, 1990년 그린피스(Greenpeace)의 강력한 반대운동 덕분에 노바야 젬랴는 비로소 핵실험에서 벗어날 수 있었다. 그러나 그 동안의 핵 실험으로 발생한 방사선 낙진은 바람을 타고 북극 전역에 퍼졌다. 미국도 알류산(Aleutian)열도에 있는 암치카(Amchitka)섬에서 1965~1971년 사이에 세 차례의 지하 핵실험을 감행했다. 이곳은 주요 단층선이 지나가는 곳으로 이미 이 주변에서 일어난 지진으로 발생한 지진해일이 캘리포니아와 멀리 하와이, 일본까지 뒤덮은 적이 있었다. 해일 발생을 염려한 시민들이 'Don't Make a Wave'라고 쓰인 피켓을 들고 시위를 했고 1971년에는 핵실험을 막기

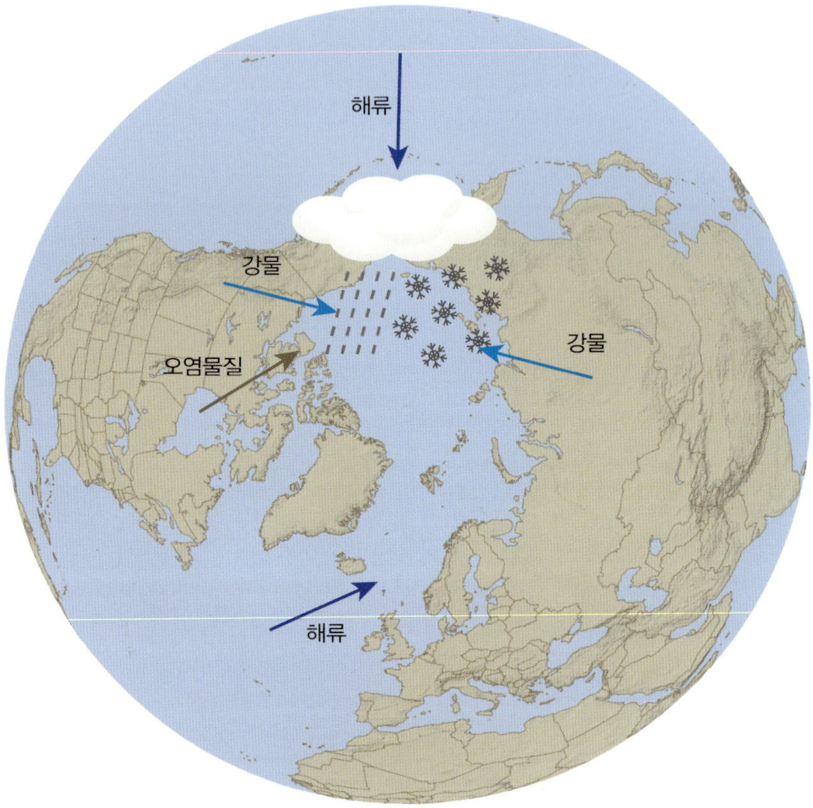

북극해로 유입되는 해류와 강수와 오염물질의 이동경로
Hugo Ahlenius, UNEP/GRID-Arendal

극지연구소

위한 행동에 나섰다. 이들은 가장 활발한 환경보호단체의 하나인 '그린피스'가 되었다. 이 밖에도 1968년 핵무기를 실은 미공군 B-52기가 그린란드 툴레 주변의 빙하와 충돌하며 핵무기가 폭발했고, 인공위성 코스모스 954가 캐나다 북서부에 떨어지면서 16만 제곱킬로미터에 방사성 파편을 뿌렸다. 2000년에는 러시아 핵잠수함이 바렌츠해 바닥에 가라앉았고, 30년 동안 소련은 북극 카라 해와 노바야 젬랴의 피오르드에 핵잠수함 원자로를 포함한 핵폐기물을 가라 앉혔다. 북극은 방사능 오염에 훨씬 민감하다. 방사능 물질이 해류를 타고 북극 해변으로 이동하며, 얼음 속에 갇힌 방사능 물질은 훨씬 더 천천히 사라진다. 특히 북극 원주민은 식수의 대부분을 얼음과 눈에서 얻고 순록의 고기를 먹기 때문에 체내 방사성 물질 잔존량이 온대 지역 사람들보다 높다. 순록은 방사성 물질에 오염된 얼음이나 방사성 낙진을 흡수한 순록이끼로 알려진 지의류(*Cladonia rangiferina*)를 먹기 때문이다.

북극은 방사성 물질뿐 아니라 남쪽에서 밀려온 오염물질에도 노출되어 있다. 잔류성 유기 오염물질(Persistent Organic Pollutants, POPs)과 중금속, 폴리염화비페닐(PCBs), 황산염 등이 바다와 강물과 바람을 타고 북극으로 흘러 들어 왔다. 이런 오염물질은 생태계 먹이 사슬을 타고 북극의 생물과 생태계 구석구석에 쌓여가고 있다.

이누이트 여성의 모유에서 유럽이나 미국 여성들보다 일곱 배나 높은 농도의 잔류성 유기 오염물질이 함유되어 있다는 연구결과는 북극이 얼마나 남쪽의 오염물질에 노출되어 있는지를 알려주는 단적인 예이다.

북극은 지구 온난화로부터 결코 안전하지 않다. 1978년 이후 매 10년마다 약 3만 7천 제곱킬로미터의 해빙이 줄어들고 있다. 해빙이 감소하면 그 위에서 휴식을 취하며 북극대구를 잡아먹고 살아가는 바닷새나 바다코끼리, 고리무늬물범이 영향을 받는다. 또한 해빙 가장자리에서 살아가는 플랑크톤이나 물고기를 잡아먹는 북극고래, 흰돌고래, 일각고래도 서식지를 바꿀 수밖에 없게 된다. 역시 해빙을 이용하여 먼 거리를 이동하며 물개 사냥을 하는 북극곰도 해빙과 함께 서식지를 잃게 된다. 심하면 그 결과가 동물에게 나타난다고 보아야 한다. 예컨대, 1999년 캐나다 허드슨 만에 살고 있는 북극곰의 몸무게가 줄고 새끼를 덜 낳는다는 사실이 알려지기도 했다. 이런 사실이 지구 온난화의 영향인지 확실치 않지만 불안한 지표임에는 확실하다.

북극의 미래

북극 원주민도 온난화의 영향을 피할 수는 없다. 알래스카 서쪽의 시스마레프(Shismaref)는 바다가 얼지 않으면서 천연 방어벽이던 빙하가 사라지자 해안이 침식되어 매년 1~1.5미터씩 바닷물이 육지 쪽으로 밀고 들어왔다. 그렇게 되자 주민들은 2002년 주민투표를 거쳐 400년간 조상대대로 살아온 땅을 버리고 더 안전한 지역으로 마을 전체가 이주하게 되었다. 러시아의 비코프스키(Bykovsky) 주민들도 비슷한 처지로 매년 5~6미터씩 마을로 다가오는 해안선을 불안한 눈으로 지켜보고 있다. 러시아에만 이러한 마을이 450개가 넘는다고 한다.

북극의 미래가 암울하기만 한 것은 아니다. 수많은 과학자들이 북극에서 일어나고 있는 기후변화 상황과 이로 인한 생태계의 변화를 모니터링하고 있다. 북극이사회에서 지원하는 지속가능한 북극관측네트워크(Sustainable Arctic Observing Network, SAON)에서는 원주민이 참여하는 모니터링 지역을 보여주는 모니터링 아틀라스 웹을 운영하고 있다(http://www.arcticcbm.org). 북극 원주민들도 자신들의 생활 터전을 보호하는데 관심이 높아졌다. 그러므로 그린란드 자치정부는 지속가능한 개발에 큰 관심을 갖고 있다. 발전은 원하지만 무분별한 환경파괴는 경계하겠다는 것이다.

환경보호자들은 북극의 핵실험과 고래잡이를 금지시켰다. 1977년부터 지속된 북극국립야생동물보호지구(Arctic National Wildlife Refuge)에서 유전개발을 반대하는 운동은 지금까지도 알래스카의 자연을 보호하고 있다. 우리들이 북극이 처한 상황에 눈을 감지 않는다면, 꾸준히 북극을 향한 관심의 끈을 놓지 않는다면, 북극은 위대한 자연의 힘을 계속해서 우리에게 보여줄 것이다.

우리나라의 극지 연구사와 연구기반

History and Infrastructure of Korean Polar Activities

우리나라는 1978년 크릴을 어획하기 시작한 후 남극조약에 가입했다.
1988년 2월 17일 남극 세종기지를 준공했으며, 이어 다산기지와 극지연구소를 설립했다.
쇄빙연구선이 취항했으며 남극대륙에 장보고기지를 준공할 예정이다.

극지 연구의 역사

1970년대 중반 남극해 크릴을 연구하기 시작한 우리나라는 1985년 11~12월에 남극대륙을 탐험했다. 1986년 11월 28일 남극조약에 가입했으며 1988년 2월 17일에는 남극 세종기지가 준공되었다. 2002년 4월에는 북극 다산기지가 설치되었으며 2004년 4월에는 극지연구소가 설립되었다. 2009년에는 쇄빙연구선이 건조되었으며 2014년에는 남극대륙에 장보고기지가 준공될 예정이다.

장순근 · 강성호 · 진동민 극지연구소

1978년에 시작된 남극 연구

우리나라의 남극 연구는 남극에 관심을 가진 대통령들의 결심이나 결단에 따른 결과라고 볼 수 있다. 그만큼 남극에 진출하는 것은 국가의 관심거리였고 국가에게 필요한 일들이었다.

먼저 우리나라가 1970년대 중반 남극에 관심을 갖게 된 출발점은 남극에 자원이 많을 것이라는 박정희 대통령의 생각 때문이었다. 당시 한창 경제성장을 추구했을 때, 박정희 대통령은 국가경제를 위하여 남극에 진출하는 것이 필요하다고 생각했을 것이다. 그러나 당시 남극에 가본 사람도 거의 없는 처지에서 남극에 진출하기가 쉽지 않았다. 그래도 원양어업에는 자신이 있었던 우리 정부는 원양어선을 남빙양으로 보내, 크릴을 잡도록 했으며 처음에는 출어 경비의 반을 정부가 부담했다.

그 계획에 따라 남북수산주식회사(사장 심병식)의 남북 호(선장 이우기)가 1978년 12월 7일 시범적으로 남극해 크릴을 어획하고 남극해를 조사하기 위하여 국립수산진흥원 허종수 수산연구관을 책임자로 한 조사단(수산연구관 임기봉, 서상복, 방극순, 수산연구사 조태현)을 태우고 남극을 향했다. 아무도 가 본 적이 없는 남극으로 가는 항해는 배가 아무리 크고 선원이 많아도 상당한 모험이었다. 우리나라 수산업과 남극 연구의 역사에 남을 그 항해에서 남북 호는 엔더비(Enderby) 랜드와 윌크스(Wilkes) 랜드 앞바다에서 507톤의 크릴을 어획했으며, 출항 91일인 1979년 3월 7일 귀항했다. 크릴도 어획했지만, 당시 조사단은 험한 바다에서 어장의 환경을 파악했고 크릴의 생물특성도 밝혀내었으며 크릴 가공도 실험했다.

초록색 표지에 조악한 칼라사진 한 페이지에 흑백사진이나 그림이 전부이고 한자가

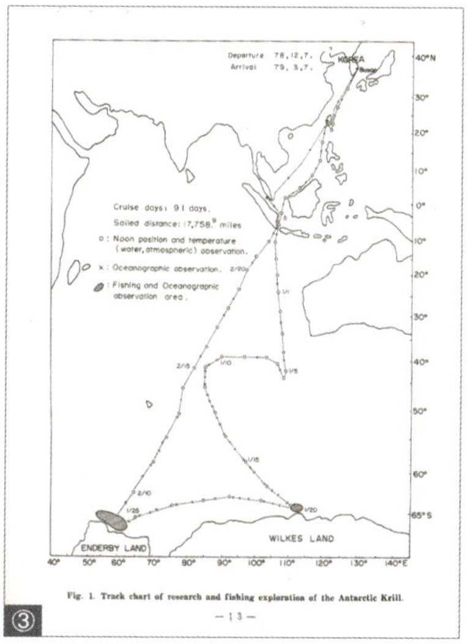

수산청

반이 넘고 지질(紙質)도 좋지 않은 보고서를 넘기노라면, 조사에 참가한 사람들의 노력과 고통이 새삼 느껴진다. 이후 그 다음 2년간 대호원양의 원양어선들이 남극으로 출항하였으나 불행하게도 이 회사들이 없어지면서 초기 남극해 조사의 흔적들이 사라져 안타깝다.

이를 계기로 크릴 어획은 거의 매년 계속되었다. 남극 생물자원의 중요성을 인식한 정부는 1985년 3월 29일 남극해양생물자원보존협약(CCAMLR)에도 가입했다.

1차크릴 어획 보고서 ①
1978~1979년 크릴 어획 시험 조사보고서의 표지

남극크릴시험어획 ②
1978~1979년 우리나라에서 처음으로 남극해에 나간 남북 호와 크릴 어획 장면

1차 크릴 어획 항적도 ③
1978~1979년 남극 크릴을 어획했던 남북 호의 항적도

최초의 탐험

정부의 지원을 받은 수산회사들이 남극해에서 시범적으로 크릴을 어획할 때, 남극 대륙탐험에 관심을 갖는 사람들이 있었다. 한국해양소년단(Sea Scout)연맹의 윤석순 총재도 그런 사람 가운데 한 사람이었다. 그는 청소년들에게 호연지기를 길러주기 위해서는 무언가 대단히 힘든 것을 할 필요가 있다고 생각했고 그 대상으로 남극대륙 탐험, 그것도 남극 최고봉인 빈슨 매시프(Vinson Massif) 등정을 생각했다. 아문센과 스콧의 남극점 도달경쟁과 스콧 일행의 죽음을 아는 청소년들은 남극대륙을 춥고 사람이 얼어 죽을 정도로 탐험하기 힘든 곳으로 기억되고 있지만, 우리나라 사람이 그 대륙의 최고봉에 올라간다면, 청소년들의 자부심은 대단해질 것이라 생각했기 때문이다.

윤총재의 계획을 따라 한국해양소년단 연맹은 1985년 11~12월에 걸쳐 남극 최고봉을 등정하고 킹조지 섬을 탐험하는 한국남극관측탐험을 주관했다. 먼저 허욱 씨를 대장으로 한 등정반의 허정식 씨와 지금은 고인이 된 이찬영 씨 등 3명이 죽을 힘을 다해 밀고 당기면서 세계에서 여섯 번째로 1985년 11월 29일 빈슨 매시프에 올랐다.

김동완

기념동판부착

1985년 11월 20일 필데스 반도의 해안에 있는 바위에 기념동판을 박는 한국남극관측탐험단 윤석순단장

그들은 그 앞에 올라갔던 영국-캐나다-칠레 연합등정반이 스키스틱에 매달았던 유엔기를 풀고 태극기를 매달았다. 산악인들이 정상에서 앞의 사람의 흔적을 가지고 오고 자신의 흔적을 남기는 것은 그들의 관행이라고 한다. 등정은 쉽지 않아 등정팀을 도와주었던 등정반원들도 얼음비탈에서 굴러 고생이 많았다.

홍석하 씨를 대장으로 한 킹조지 섬 탐험반은 킹조지 섬 필데스(Fildes) 반도의 동쪽해안에 텐트를 치고 지내면서 늦봄~초여름에 이르는 남극을 경험했다. 그들은 중국 장성기지와 칠레 프레이(Frei)기지를 찾아 다니면서 연구장비와 생활시설물에 관한 정보와 월동경험을 듣고 배웠다. 한국남극관측탐험대에 얽힌 이야기들은 휘즈프레스(Whiz Press)에서 2008년 7월에 발간한 「희망의 대륙 남극에 서다」에 자세히 나와 있다. 덧붙이면 당시 한국과학기술원에 부설된 해양연구소(소장 허형택 박사)에서는 이 탐험에 기상학자(최효, 강릉대학교 교수)와 지질학자(장순근, 한국해양과학기술원 부설 극지연구소)를 파견하면서 해양연구소가 우리나라의 극지 연구를 주관하게 된 계기를 마련했다.

한국남극관측탐험이 성공하자 정부에서는 남극조약을 추진해 1986년 11월 28일 33번째로 남극조약에 가입했다. 지금은 달라졌지만 당시 유엔회원국은 자동으로 남극조약에 가입할 수 있었다. 그러나 당시 우리나라는 유엔회원국이 아닌지라 기존 남극조약협의당사국의 만장일치의 찬성을 얻어야 가입할 수 있었다. 그런 어려운 조건에서도 남극조약에 가입한 것은 당시 외무부의 대단한 업적이었다.

기지 건설 결정

외무부는 1987년 1월 신년업무보고에서 남극조약가입사실을 전두환 대통령에게 보고하면서 연구의 필요성을 말했고, 대통령은 기지를 빨리 짓도록 지시했다. 당시 외무부는 남극의 자연조건이 가혹해 하계 기지를 생각했으나 과학기술처에서는 월동기지를 짓기로 했다. 나아가 남극에 기지를 짓는다는 정부의 의지가 확실해지자, 1987년 3월 16일 한국과학기술연구소 부설 해양연구소에 극지연구실이 신설되었다. 연구실은 육군사관학교를 졸업하고 오랜 동안 육군사관학교에서 교편을 잡다가 전역한 박병권 박사(현재 한국극지연구위원회 위원장)가 맡았다.

정부의 기지 건설 방침으로 해양연구소에서는 기지후보지를 답사할 계획을 세웠다. 그 계획에 따라 해양연구소의 송원오 박사를 단장으로 한 연구원들과 현대엔지니어링의 기술자들과 주 칠레 한국대사관의 주진엽참사관으로 구성된 답사반은 그해 4~5월 킹조지 섬에서 기지후보지를 찾아 나섰다. 칠레의 여러 기관에서 구한 크고 작은 킹조지 섬의 지도에서 평지를 찾아 군데군데 표시한 다음 실제 현장을 찾는 식이었다. 당시는 이미 러시아를 비롯한 7개국의 7개 기지가 건설된 이후인지라 좋은 터를 찾기 쉽지 않았다.

후보지를 답사하면서 찾아갔던 폴란드 아르토스키기지에서는 우리나라가 자기네 기지 근처인 이태리계곡으로 오기를 바랐다(이태리계곡은 이태리가 몇 년 전 은신처를 지었다가 아르헨티나가 완강하게 반대해 떠난 곳이다. 은신처는 기지보다 시설이 못한 거주지이다). 폴란드기지는 킹조지 섬에서도 혼자 있어 외로웠기 때문이다(폴란드기지는 킹조지 섬의 남쪽해안 가운데에 있는 애드미럴티(Admiralty) 만의 서쪽 해안에 혼자 있다. 애드미럴티 만 동쪽 안에 브라질의 코만단테 페라즈(Commandante Ferraz)기지가 있으나 가운데에 바다가 있어 오고 가기가 힘들다). 그러나 이태리 계곡은 난기류가 심해 헬리콥터 조종사가 가기를 꺼렸다. 수많은 곳을 돌아다니던 답사반은 지금 세종기지가 있는 바톤(Barton) 반도의 북쪽해안이 그래도 좋다고 판단하였다. 터도 넓고 평탄하며 물도 그리 멀지 않은 곳에서 구할 수 있고 해안도 험하지 않았기 때문이다. 답사반은 칠레기지의 빈 주택에서 기거하면서 칠레공군의 헬리콥터나 러시아 벨링스하우젠(Bellingshausen) 기지 설상차의 도움을 받았다.

칠레공군

건설중인 세종기지
1987~1988년
킹조지 섬에 건설중인
남극 세종기지

세종기지

답사반의 자료를 받은 현대엔지니어링은 기지 설계를 시작했고 현대건설은 건설인력을 선발했으며 건설장비, 건설자재, 하역장비를 준비했다. 그 내용은 워낙 많지만, 건설공사에서 대단히 중요한 하역을 위해 바지선과 바지선을 끌고 다닐 작은 배도 두 척이나 준비해야 했다. 나아가 건설기술자들은 기지의 주춧돌들과 부두에 쌓을 콘크리트 덩어리들을 미리 양생을 했으며 철제 H-빔도 설계도에 따라 절단해 정리하였고, 벽에 쓰일 수백 장의 보온 판넬과 지붕도 준비했다. 건설기술자들은 킹조지 섬의 짧은 여름에 기지를 지어야 하므로 건물조립 연습도 했다.

진영근

남극 세종기지
2009년 겨울
남극 세종기지

엄청난 숫자의 장비와 자재를 실은 건설선(建設船) HHI-1200호는 1987년 10월 6일 울산을 떠나 남극으로 향했다. 태평양을 남동방향, 곧 대각선으로 항해한 건설선은 칠레 발파라이소 항구에서 건설인력을 태운 다음 12월 15일 킹조지 섬에 도착했다. 당시 해양연구소 송원오 박사를 단장으로 한 건설단은 다음날 기공식을 했다. 남극의 여름은 낮이 길고 기온도 높으며 바람도 약하다. 건설단은 그 이점을 최대한 활용하기 위하여 쉬지않고 강행군을 했다. 건설기술자들부터 요리사들까지 정말 바쁘게 움직였다.

마침내 1988년 2월 17일 큰 건물 6동과 작은 관측동 2동, 다른 시설들로 구성된 남극 세종기지가 준공되었다. 반 만년에 이르는 우리나라 역사 상 처음으로 남극에 과학연구기지를 갖게 된 것이다. 준공식장에 선 사람들은 누구나 할 것 없이 가슴 벅찼고 뿌듯했다. 우리나라에서 17,240킬로미터 떨어진 남극의 황량한 바닷가에다 남극을 연구할 수 있는 건물을 짓는다는, 그야말로 꿈과 같은 일을 해냈던 것이다.

세종기지를 지으면서 연구원들은 비록 규모는 작았지만, 체계를 세워 남극을 종합적으로 연구하기 시작했다. 곧 하계연구원으로 참가한 지질학자들은 기지 주변의 바위와 지면과 지형을 연구했으며 생물학자들은 칠레에서 빌린 작은 연구선으로 기지 주변의 해양생물을 채집하기 시작했다. 월동연구대원들은 주위의 지형과 해안을 정찰해, 기지 주변을 눈에 익혔다.

대륙기지 건설단

장보고기지조감도

2014년 2월 하순 남극대륙에 준공될 장보고기지

연구와 협력

우리나라가 세종기지를 짓고 남빙양을 연구한 결과를 남극조약가입국에서도 이사국 격인 남극조약협의당사국들의 인정을 받아, 우리나라는 1989년 10월 18일 남극조약협의당사국의 지위를 23번째로 획득했다. 남극에 대한 우리의 의견을 낼 수 있고 투표를 할 수 있는 권리가 생긴 것이다. 한편 1990~1991년에는 발전동을 신축해서 세종기지의 난방방식을 온풍난방방식에서 전기난방방식으로 바꾸었다. 그 후에도 건물은 늘어났다.

이후 극지 연구는 더욱 활발해져, 2002년에는 북극에 다산기지를 설립했으며 2004년 4월에는 한국해양과학기술원 부설로 극지연구소가 설립되었다. 2009년 말에는 우리나라 최초의 쇄빙연구선이 취항했으며 2012년 말부터 2년에 걸쳐 남극대륙에 장보고기지를 건설하기 시작했다. 2013년 4월에는 극지연구소 건물이 인천 송도 신도시에 세워졌으며, 2014년 2월에는 장보고기지가 준공될 것이다.

최문영

러시아기지 수륙양용차

1991년 초 기지에 발전기를 운송한 러시아 벨링스하우젠기지의 수륙양용차

● 북극 결빙해역 연구

우리나라의 남극 연구는 1978년에 시작되었지만, 북극 연구는 상당히 늦게 시작했다. 북극까지 연구하기에는 인력과 예산이 부족했기 때문이라고 생각된다.

그러나 북극에 대한 관심은 있었고, 드디어 1999년부터 북극, 그 가운데서도 북극해를 연구하기 시작했다. 1999년 7월, 강성호 박사가 70일간에 걸친 중국 쇄빙선 설룡 호(雪龍號)의 북극해 탐사 국제 공동연구에 우리나라 최초의 북극 해양연구원으로 참여하면서 북극 연구에 첫발을 내디딘 것이다. 그는 난생 처음으로 해빙 위에 세운 캠프에서 살았다. 그는 당시 설룡 호와 함께 일하는 헬리콥터를 보고 극지 연구에서 헬리콥터가 중요하다는 것을 새삼스레 느꼈다. 처음에는 바다 위에 떠 있어 해빙이 꺼려졌으나 다른 사람들이 무서워하지 않는데다 그 두께도 두터워 크게 무섭지 않게 생각되었다. 이어서 2000년에는 그와 함께 지금은 고인이 된 정경호 박사 연구팀이 러시아 극지 연구팀과 북극해 공동연구를 수행하는 등 북극권 국가들과 관계를 맺는 기회를 가지며 북극해 연구에 박차를 가하기 시작했다.

다산기지 개설

북극은 북극해와 8개 주변국(러시아, 미국, 캐나다, 핀란드, 노르웨이, 스웨덴, 덴마크, 아이슬란드)의 북방 영토의 일부로 구성되어 있기 때문에 이들 나라의 협조 없이는 접근이나 개발이 불가능하다. 따라서 북극권 주변국이 아닌 우리나라가 북극진출의 발판을 마련하기 위해서는 우선 북극에서 연구하는 기술과 경험을 갖춘 북극권 국가의 일원으로 인정을 받아야 한다. 이를 통해서만이 앞으로 있을 북극해 자원 개발을 위한 국제공동노력에 동참할 수 있기 때문이다. 따라서 북극 관련 국제기구인 국제북극과학위원회에 가입하는 것은 필수적이었다. 1990년 북극 과학연구 증진과 국제 공동연구 프로그램을 목적으로 창설된 이 기관의 가입조건은 최소 5년간의 북극 연구결과를 국제학술지에 발표한 실적이 있어야 한다는 것인데, 1999년부터 북극을 연구해온 우리나라는 3년 남짓한 경험만을 가졌을 뿐이었다. 하지만 남극에서 연구한 15년 동안의 경험을 높이 평가 받아 2002년 4월 25일 국제북극과학위원회에 가입하여 세계 18번째 정회원국이 되었다. 이어 4월 29일에 노르웨이령 스발바르 군도, 스피츠베르겐 섬의 늬-올레순 국제과학기지촌에 북극 다산과학기지를 개설했다.

북극 연구목적

주로 남극을 연구했던 대한민국이 시선을 돌려 북극해로 진출하려고 했던 이유는 무엇이었을까? 우선 북극해는 지구의 기상, 기후, 해류의 순환 등 지구 전체의 환경에

강성호

1999년 8월 18일
북극해를 최초로
탐사한 강성호 박사팀

해빙 위에 세운
캠프에서 연구하는
모습

중대한 영향을 미치는 곳으로, 전 지구환경변화를 감시하고 한반도의 미래 환경변화를 예측하기 위해서는 북극에 대한 과학자료의 축적이 무엇보다 절실했다.

나아가 영화 '투모로우(Tomorrow)'가 경고했듯이 지구 온난화로 인해 북극해의 해빙이 녹으면 세계 기후에 영향을 주던 해류의 흐름이 파괴되어 빙하기가 급격하게 올 수 있다는 가능성이 제기되고 있다. 또 남극에 이어 북극에서도 성층권의 오존층 파괴가 점점 확대됨에 따라 북반구 지역에 유해한 자외선 노출량이 증가하고 있으며, 대기 중 이산화탄소 배출량의 증가로 인한 지구 온난화와 기온 상승에 따른 해빙(海氷)과

강성호

설룡 호와 함께 일하는 헬리콥터

쇄빙선과 함께 헬리콥터는 극지 연구에 절대 필요하다.

빙하의 소멸, 해수면 상승 같은 지구환경변화를 연구하기 위한 적합한 지역으로써 북극에 대한 관심이 고조되고 있다. 1970년대 초반부터 북극해 중앙부의 해빙 두께가 30퍼센트 이상 감소하였으며 북극 얼음의 면적도 매 10년간 4퍼센트씩 감소하고 있다.

북극의 얼음이 녹으면서 러시아 북극해 연안의 석유, 천연가스, 원목 같은 자원 개발과 물류비용 저감을 위해 북극해 항로를 개발할 필요가 있다. 북극해 항로는 유럽과 아시아, 북미 서해안을 연결하는 최단 해운 항로로 활용될 수 있기 때문이다. 실제 동쪽의 베링 해협에서 서쪽의 무르만스크까지 북극을 통한 해운 항로를 이용할 경우, 극동지역에서 유럽으로 가는 선박 항로의 약 40퍼센트가 단축될 것으로 기대된다. 이에 따른 물류비용의 절감과 함께 신 규격의 쇄빙 기능을 가진 선박 건조, 항만 건설, 해운산업에 미치는 파급효과도 클 것으로 보고 있다. 현재 북극권 주변국들은 이런 선박 운항 통로의 개발과 확대에 따른 권한 증대에 관심을 기울이며 북극지역에 대한 자국의 영토 및 관할권을 확보하려고 치열한 경쟁을 벌이고 있다.

북극에는 방대한 양의 석유를 비롯한 지하자원, 수산자원, 생물공학자원이 있다. 나아가 북극해를 비롯한 주변 해역(베링 해, 북태평양)은 세계 주요 수산어장의 하나로 전 세계 수산물 생산량의 37퍼센트를 점유하며, 북극의 전체 면적 70퍼센트 이상에 대륙붕이 발달해 엄청난 석유와 가스 자원이 매장되어 있다. 이 같은 사실이 밝혀지면서 북극은 국제사회의 이해관계가 첨예하게 대립하는 곳이 되었다. 또한 생명공학

강성호

2000년 여름, 북극을 연구한 연구원들이 이용한 러시아 연구선 이반 페트로브 호

자료로 활용될 수 있는 유전체와 신물질의 보고로서 이를 확보하기 위하여 보이지 않는 생물자원 확보를 위한 전쟁이 이루어지고 있는 곳이기도 하다.

북극의 중요성을 깨달은 우리나라는 북극진출을 위한 교두보 확보, 북극 자원과 항로 등 북극권 개발에 대비한 경험과 기술의 축적, 그리고 북극지역에서 나라의 격을 높이고 북극 개발의 우위를 확보하기 위해 2002년 4월 북극 다산과학기지를 개설하면서 본격적으로 북극해 연구를 수행하게 되었다.

● 다산과학기지 설립

우리나라는 1969년부터 베링 해에서 명태를 잡았으나 북극 연구에 관심을 갖기 시작한 것은 훨씬 훗날인 남극 세종기지를 건설한 이후였다. 한국해양연구소 극지연구본부가 1993~1995년 2년에 걸쳐 '북극 연구개발을 위한 기초조사연구'를 하면서 북극 연구를 계획하였다. 이 연구활동의 일환으로 연구원이 1994년 5월 북극연구국가들의 모임인 북극포럼(Northern Forum)에 참석하고, 북극진출을 위해서는 국제북극과학위원회 가입이 무엇보다도 중요하다는 것을 파악하였다.

또한 국제북극과학위원회 가입을 위해서는 북극 연구활동을 계속할 과학기지를 설치해야 했다. 과학기지 후보지로 미국 알래스카 북극해 지역, 러시아 북극해 지역과 스발바르 군도가 검토되었다. 그 가운데서 스발바르 군도는 노르웨이령에 속하지만 스발바르 조약이라는 국제조약에 따른 특수성이 있으며, 게다가 늬-올레순에서는 노르웨이, 영국, 독일, 프랑스, 일본, 중국, 인도를 포함한 12개국의 과학기지가 있어, 국제 공동연구를 쉽게 할 수 있다는 점이 부각되었다.

스피츠베르겐 섬

나아가 2001년 12월과 2002년 1월 각각 오슬로와 서울에서 개최된 한·노르웨이 정상회담에서 북극 과학연구 협력이 합의되었다. 이에 따라 2002년 3월 한국해양연구원(현 한국해양과학기술원)은 늬-올레순 과학기지를 운영하는 노르웨이 회사 킹스베이사(Kings Bay AS)한테서 다산과학기지로 쓸 건물을 임대했다. 이어서 2002년 4월 25일 네덜란드 그로닝겐(Groningen)에서 개최된 국제북극과학위원회에서 우리나라의 가입이 만장일치로 의결되었으며, 나흘 후인 4월 29일 북극다산과학기지가 정식으로 개소되었다. 덧붙이면 다산과학기지가 설치된 후인 2004년 7월에 중국이 황하기지를, 2008년 7월에는 인도가 히마드리(Himadri)기지를 설치하였다.

다산과학기지가 있는 늬-올레순 전경

늬-올레순에는 노르웨이, 독일, 프랑스, 영국, 일본, 인도 등이 우리나라와 더불어 과학기지를 운영하고 있다.

킹스베이사

다산과학기지가 있는 스발바르 군도는 북극의 다른 지역에 비해 쉽게 갈 수 있고 기후변화에 따른 환경변화를 관측하기 좋은 조건을 갖추고 있다. 해양-대기 순환활동이 활발하고, 기상이 크게 달라지거나 대서양과 북극해가 순환하는 길목에 있기 때문이다. 게다가 롱여빈(Longyearbyen)에서는 1990년대부터 유럽 이온권 관측레이더(European Incoherent Scatter Facility, EISCAT)가 운영되는 등 고층대기, 태양-육상 상호관계 연구를 위한 시설이 구축되었고, 프람 해협에서는 해저면 관측시스템이 운영되었기 때문이다. 나아가 롱여빈은 노르웨이 본토와 광케이블로 연결되어 있어 용량이 큰 과학자료를 쉽게 보내고 받을 수 있다.

다산과학기지가 있는 뇌-올레순 부근의 호른순드(Hornsund)에는 폴란드, 바렌츠버그(Barentzburg)에는 러시아의 과학기지가 있어, 국제 공동연구를 하기에 아주 좋다. 그러므로 이와 같은 장점을 최대한 살려서 노르웨이와 유럽연합은 스발바르 지역을 북극이사회가 추진하는 '지속가능한 북극관측시스템 구축'사업을 시범사업으로 추진하기 위하여 '스발바르 종합관측시스템구축(SIOS)'을 추진 중에 있다.

다산과학기지가 설치된 이후 우리나라에서는 매년 극지연구소뿐 아니라 대학, 연구기관 등에서 약 70명이 기지를 방문하여 해양, 육상 생태계, 기상, 지질, 빙하 등의 다양한 분야에서 연구를 한다. 또한 극지연구소는 2006년부터 중고등학생들을 선발하여 북극 연구활동을 체험할 수 있는 프로그램을 운영한다. 이러한 북극활동은 2008년 우리나라가 북극이사회 가입을 신청하고 잠정 옵저버로 활동할 수 있는 기반이 되었다. 한편, 2009년 9월에는 노르웨이 정부 초청으로 반기문 UN사무총장이 다산과학기지를 찾았다. 2012년 9월에는 다산과학기지 설치 10주년을 기념하고 북극 연구에 대한 정부차원의 의지를 피력하고자 권도엽 국토해양부장관이 다산과학기지를 찾았다.

이방웅

①

극지연구소

②

진동민

③

다산과학기지 개소식 ①

정부와 공공기술연구회, 해양연구원에서 관계자들이 참석한 가운데 2004년 4월 29일 다산과학기지 개소식을 가졌다.

북극해와 북극점과 스발바르 군도 스피츠베르겐 섬의 뇌-올레순의 위치 ②

다산과학기지를 방문한 반기문 유엔사무총장 ③

노르웨이 정부 초청으로 북극을 방문한 반기문 유엔사무총장이 2009년 9월 다산과학기지를 방문했다.

극지연구소의 탄생

우리나라가 남극을 연구하면서 1990년대부터 극지연구소 설립이 거론되었으나 진전이 없었다. 2002년 7월 극지과학기술개발계획이 국가과학기술위원회에 보고되었으며, 2003년 12월 전재규 월동연구대원이 기지부근에서 희생되면서 극지연구소의 설립이 절실해졌다.

김예동 극지연구소

우리나라는 위에서 말한대로 1978~1979년 크릴을 어획하면서 남극 연구를 시작하였다. 1985년 11~12월 남극대륙을 처음으로 탐험했고 1986년 11월 28일 남극조약에 가입했다. 이후 1987년 1월 남극기지를 건설하기로 결정된 다음, 당시 한국과학기술원(KIST) 부설 해양연구소는 극지 연구를 하기 위해 1987년 3월 극지연구실을 설치하였다. 그로부터 약 1년 후인 1988년 2월 17일에 남극 세종기지를 준공한 후, 극지연구실은 극지연구부, 극지연구센터, 극지연구본부로 확대 발전되었다.

그러나 본격적인 연구를 위해 조직을 확대함에 따라 필수 인력과 예산 확보가 필요하게 되면서 독립 연구소를 설립할 필요성이 제기되었다. 이 같은 요구는 2002년 한국해양연구원(현 한국해양과학기술원)이 과학기술정책연구원에 용역을 주어 시행한 '극지본부 중장기 발전계획'에서 최초로 공식화 되었다. 당시 보고서에서는 극지연구본부의 기능과 임무를 크게 확대하고 개편할 필요가 있으므로 남북극을 연구하는 독립연구소를 설립할 것과 쇄빙연구선과 추가 기지를 건설할 것을 제안하였다. 그러나 당시 보고서에는 연구소 설립을 위한 구체적인 방안이나 로드맵은 빠져 있었다.

2002년 4월 29일 북극다산과학기지 개소를 계기로 극지개발의 중요성을 재삼 인식한 해양수산부는 '극지과학기술개발계획'을 수립하여 같은 해 7월 22일 개최된 국가과학기술위원회에 보고하였다. '21세기 해양영토개척을 위한'이라는 부제가 붙은 그 보고서에서는 남북극이 갖는 정치와 경제의 중요성에 따라 장기 전략을 수립할 필요성과 범국가적 연구 지원체제 확보, 쇄빙연구선 건조, 남극대륙기지 건설과 아울러 극지연구본부의 기능을 확대하여 전문화된 연구기구를 설립할 것을 제시하였다.

당시 모든 국가출연연구소는 국무조정실의 산하에 있었으므로 개별 연구소 조직에 관한 문제는 해양수산부의 소관이 아니었다. 그래서 그 보고서를 바탕으로 당시 한국

극지연구소

전재규 흉상
남극 세종기지 입구에 세워진 전재규 대원의 흉상

해양연구원을 관장하던 공공기술연구회에서 2002년 12월 이사회에 한국해양연구원 부설 극지연구소 설립 안을 상정하였다. 그러나 당시 정부와 충분한 사전 협의가 이루어지지 않았다는 이유로 보고안건에 그쳐 의결되지 못했다.

그 후 공공기술연구회에서는 2003년 정책과제로 '한국해양연구원 경영진단 및 발전방안'이라는 연구를 실시하였다. 그 해 7월에 발표된 최종 보고서에서 당시 한국해양연구원(현 한국해양과학기술원) 내의 극지연구본부 체제로는 연구역량을 최대치로 달성하기 어렵다고 보고, 연구지원 개선을 위해 극지연구소를 부설기관으로 설립하는 것이 타당하다는 극지 연구 발전 방안을 제시하였다.

이 보고서를 기초로 극지연구소 설립에 대한 논의가 가시화되기 시작하였다. 한국해양연구원은 공공기술연구회 경영진단 보고서에 따라 2003년 9월 기존의 남해연구소와 해양시스템안전연구소와 함께 극지연구본부를 극지연구소로 승격하였다. 그러나 이때의 극지연구소는 예산과 인사에 대한 독립성은 전혀 없는, 한국해양연구원의 한 개 조직으로, 단순한 명칭 변경 이상의 별도조치는 취해지지 않았다.

인천 송도 극지연구소
극지연구소는 2006년 3월 인천 송도로 이전 후 인천시로부터 부지를 제공받아 2013년 4월 독립청사를 건설하였다.

월동 대원의 희생

2003년 12월 7일, 남극 세종기지에서는 세종기지가 생긴 이후 가장 큰 비극이 일어났다. 6일 오후 기지로 돌아오다가 강한 바람에 실종된 사람들을 찾아나섰던 고무보트가 바로 7일 오후 높은 파도에 아들레이(Ardley) 섬의 남동쪽 끝 부근에서 뒤집히면서, 제17차 월동연구대의 지구물리학자인 전재규 대원이 순직했던 것이다(고무보트에 탔던 다른 대원들은 아들레이 섬에 있는 칠레의 은신처로 올라왔다). 한편 실종되었던 대원들은 넬슨(Nelson) 섬으로 밀려가 상륙했다가 칠레기지의 헬리콥터로 구출되었다. 2004년 1월 이 사건의 진상 파악을 위해 국무조정실 주관의 정부 합동조사단이 구성되어 남극 세종기지로 파견되었다.

이 합동조사단의 활동을 바탕으로 「남극 세종기지 운영개선 및 극지 연구 활성화 대책방안」이라는 보고서가 작성되었고 이는 2004년 2월 25일 국정현안정책조정회의에 보고되었다. 이 보고서에서는 세종기지 조난사고를 계기로 기지의 운영에서 안전성을 확보하고 극지 연구활동을 촉진하기 위한 정부의 종합대책이 제시되었다. 즉 극지 연구 지원 육성법 제정을 포함하여 극지 연구활동을 지원하는 정부의 지원체제 구축과 극지연구소를 부설기관으로 확대하는 등의 내용이 주요 골자를 이루었다. 연구 인프라 확보에 관한 내용도 포함되어 쇄빙연구선 확보, 세종기지 운영 개선, 제2 남극대륙 건설 같은 내용들이 적시되었다. 나아가 정부 부처별로 과학기술부, 해양수산부, 기획예산처, 국방부, 외교통상부, 산업자원부, 환경부에 실제임무가 부여 되었다.

극지연구소

극지연구소 개소
2004년 7월 7일
한국해양연구원
(현 한국해양과학기술원)
에서 거행된
부설 극지연구소 개소식

국무조정실 보고서를 바탕으로 한국해양연구원에서는 극지연구소의 부설화를 위한 작업을 진행해 한국해양연구원 부설 극지연구소 설립안이 작성되었다. 이 설립안은 원래 2004년 3월 정기이사회에 상정될 예정이었으나, 부처와 조율하면서 2004년 4월 16일 공공기술연구회 이사회에서 정식으로 의결되었다. 그러나 당시 한국해양연구원은 극지연구소 설립을 사전에 충분히 준비하지 못한 상태였다. 따라서 우선 실질적인 부설화 작업을 위해 한국해양연구원장은 공공기술연구회의 동의를 받아 김예동 박사를 5월 1일자로 초대 극지연구소장으로 임명하였다. 또한 연구소에 소속된 인원들의 분리를 위해 연구원 전 직원에게 소속변경 신청을 받았다. 그에 따라 두 명의 극지연구본부 연구원이 본원으로 갔고 네 명의 연구원과 두 명의 행정원이 극지연구소로 소속을 변경하였다.

극지연구소 설립 초기의 가장 긴급한 문제는 예산을 확보하는 것이었다. 극지연구소가 예산 회기 중에 부설기관이 되었기 때문에 극지연구소에 대한 별도의 예산은 전혀 배정된 바가 없었다. 그러므로 한국해양연구원은 2004년 예산 중 일부를 부설연구소 몫으로 할애해야 했다.

본원과 예산 할애에 대한 협의를 거쳐 2004년 7월 7일 안산에서 정식으로 개소식을 개최한 극지연구소는 당시 별도의 연구공간이 부족해 인근 경기테크노파크의 일부 시설을 임대하여 사용했다. 그러나 2006년 3월에는 여기저기에 흩어져 있던 부서들을 모아 인천 송도 신도시 인천테크노파크로 이전하였다.

쇄빙연구선의 건조와 운용

2002년 7월 국가과학기술위원회에 보고된 극지과학기술개발계획에 따라 2003년 쇄빙연구선 건조의 타당성을 조사하였다. 2008년 5월 쇄빙선을 착공했으며 2009년 12월 18일 인천항을 떠나 쇄빙시험 길에 올랐다. 쇄빙선은 북반구 여름철에는 북극해, 겨울철에는 남극해에서 운용되고 있다.

남상헌 · 장순근 극지연구소

쇄빙연구선의 건조

쇄빙연구선 건조와 취항

1988년 2월 남극 세종기지가 건설된 이래, 결빙해역에서 항해와 연구가 가능한 쇄빙연구선의 필요성이 쉬지 않고 제기되었다. 계절에 따라 어는 남극 바다를 헤치고 다닐 마땅한 배가 없어 하고 싶은 연구를 하지 못했기 때문이다. 건조하기에는 예산이 문제였고, 남반구 여름에는 쇄빙선의 수요가 많아 임차도 쉽지 않았다.

드디어 2002년 7월 해양수산부, 과학기술부, 기획예산처가 합동으로 수립한 '극지과학기술개발계획'이 국가과학기술위원회에 상정되어 통과됨에 따라 쇄빙연구선의 건조 계획이 실현되게 되었다. 쇄빙연구선의 건조는, 우리나라의 남극 연구를 위한 커다란 한 걸음을 떼는, 극지 연구사에 한 획을 긋는 일이었다. 이 계획에 따라 2003년에는 산업연구원(KIET)이 쇄빙연구선 건조 타당성 조사를 실시했으며 이를 거쳐, 다음 해에는 '쇄빙능력을 갖춘 종합해양조사선 기술개발과 기본설계'를, 다음 해에는 '실시설계'를 하여 건조사양을 마련하였다.

우리나라는 조선(造船)강국이고 이 쇄빙연구선이 우리나라 최초의 쇄빙연구선이므로 직접 국내에서 짓기로 결정되었고 조선소는 한진중공업으로 결정되었다. 쇄빙연구선 건조가 착수되어 2007년까지 생산설계가 마무리되자 곧바로 2008년 1월 5일 착공(Steel Cutting)되었으며 같은 해 5월 1일에는 기공(Keel Laying)되었다. 이어 소조립과 대조립과 블록조립 등을 거치면서 거대한 모습을 드러낸 쇄빙연구선은 계획된 공정을 거쳐 마침내 2009년 6월 진수되었다. 국내에서 처음 짓는 쇄빙연구선이어

극지연구소

쇄빙연구선 건조 공정
① 착공식
② 기공식
③ 예비진수
④ 진수
⑤ 인도서명식
⑥ 인도명명식

서 많은 어려움도 따랐지만, 극지연구소와 한진중공업은 이를 잘 극복하며 성공적인 마무리를 통해 2009년 11월 6일 쇄빙연구선 아라온 호의 인도명명식을 갖고 만천하에 탄생을 알리게 되었다.

쇄빙능력시험

2009년 12월 18일 인천모항을 출발하여 처녀 항해길에 오른 쇄빙연구선은 뉴질랜드를 경유하여 남극현장에서 쇄빙능력시험에 들어갔다. 국내 최초로 건조된 쇄빙연구선의 쇄빙능력을 검증할 필요가 있었던 것이다.

외국 사례를 보면 현장 시험항해에 대한 부담으로 빙수조(氷水槽)에서 모형시험만을 수행하고 현장에서 하는 쇄빙능력시험은 생략하는 것이 통례이다. 그러나 당초 건조계약의 의무조건으로 쇄빙능력시험에 대한 수행을 명기하였다. 이는 우리나라 건조조선사가 그간 쇄빙연구선 건조 경험이 없었기 때문에 모형시험만으로는 쇄빙능력의 보유 여부가 우려되었기 때문이다. 최신 쇄빙연구선으로 국제사회의 위상 또한 중요했기 때문에 쇄빙능력에 대한 사전 검증도 필요하였다. 쇄빙능력시험을 통해 결빙해역에서 항해했다는 경험 축적과 자신감 확보 측면에서도 매우 중요하였다.

쇄빙능력시험은 단순히 결빙해역에서 쇄빙하며 운항하는 것이 아니다. 시험하기에 앞서 시험지역 해빙의 두께, 온도, 밀도 같은 얼음의 상태를 파악해야 한다. 그 다음 단계로 시험항해를 하면서 실측을 통해 추진력에 따른 쇄빙의 정도를 정량적으로 산출하여 쇄빙능력을 계수화함으로써 설계 시에 목표한 쇄빙능력 보유 여부를 확인하는 것이다. 이를 위하여 미국 쇄빙선 힐리(Healy) 호의 시험 사례를 벤치마킹하고 핀란드와 러시아의 전문기관 자문과 제안서를 바탕으로 쇄빙능력시험에 대한 추진(안)

한승필

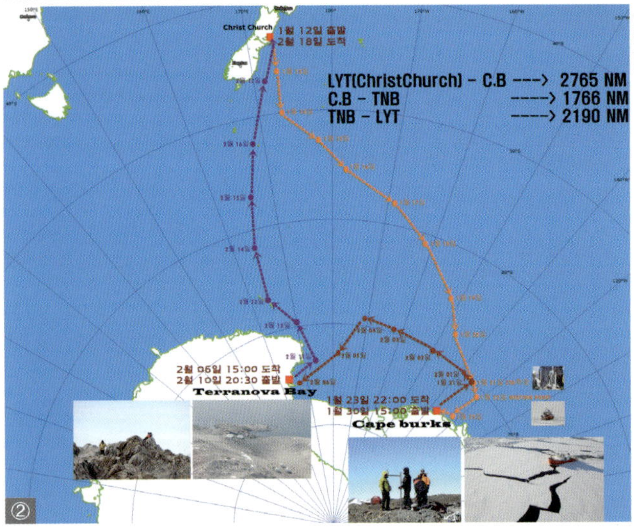

극지연구소

건조된 직후 남극해에서 쇄빙능력시험을 수행하는 쇄빙연구선 ①
2010년 쇄빙능력시험과 남극 대륙기지 후보지 답사를 한 항적도 ②

이 마련되었다. 쇄빙능력시험의 주요 항목과 목표를 설정한 후 세부 항목을 마련하고, 이를 수행할 전문기관인 러시아남북극연구소(AARI)와 계약이 이루어졌다.

드디어 모항 인천을 출항한 쇄빙연구선은 남극으로 항해했다. 뉴질랜드 크라이스트처치 리틀턴 항을 경유한 쇄빙연구선의 남극항해는 쇄빙능력시험과 더불어 남극대륙에 건설될 제2기지 후보지에 대한 현지 답사활동이 포함되었다. 총 14인으로 구성된 쇄빙능력시험 수행팀은 항공편으로 뉴질랜드에 도착한 후 리틀턴 항에서 쇄빙연구선에 승선, 합류하여 본격적인 남극항해에 들어갔다.

얼음을 헤치며 항해하여, 남극 대륙기지 후보지인 케이프 벅스(Cape Burks)에 도착한 쇄빙연구선은 현지답사를 마친 후 본격적으로 쇄빙능력시험을 시작하였다. 먼저 쇄빙시험이 가능한 평탄한 해빙을 찾아 나섰다. 이를 위해 이동항해 중의 육안관측은 물론 준비한 헬리콥터를 이용한 답사도 6회나 이루어졌다.

이후 쇄빙능력시험에 적합하다고판단되는 해빙을 대상으로 쇄빙에 앞서 해빙의 상태를 실측했다. 쇄빙연구선의 크레인과 헬리콥터를 이용하여 해빙위에 오른 연구자들은 핸드 드릴(Hand Drill)로 해빙의 두께를 측정하고, 해빙 코어(core)를 채취하여 강도(强度)를 포함하여 분석에 필요한 여러가지 특성을 측정한 후 항진 유도용 측정지점을 표시하였다.

준비가 끝난 후, 실제 쇄빙연구선을 움직여 쇄빙항진을 했다. 적정 출력을 확보하고 저속(4~5노트)으로 해빙에 접촉한 후 연속 쇄빙이 시도되었다. 준비한 세부 항목별로 출력을 달리하며 전진과 후진, 회전 등이 반복적으로 수행되었다. 마지막으로 깨진 해빙이 모여 두꺼워진 해빙을 통과하는 시험이 실시되었다. 총 6회의 전진과 후진을 통한 반복항해로 돌파에 성공하였다. 이는 쇄빙선이 두꺼운 해빙을 맞닥뜨리더라도 이를 극복할 수 있는 능력이 있음을 보여주는 것이다.

처음 1차 쇄빙능력시험은 미흡한 결과로 인해 무척 당혹스러웠지만, 시험준비가 소홀했음을 확인하고 이후 계속된 쇄빙능력시험을 통해 만족스러운 결과를 보여줌으로써 쇄빙연구선 아라온 호가 쇄빙 등급에 걸맞은 우수한 쇄빙능력을 확보하고 있음을 입증하였다. 쇄빙능력시험 중 동시에 측정된 쇄빙연구선 외벽의 응력(쇄빙 시 철판이 외력에 견디는 힘의 정도) 분석을 통해 선체구조 측면에서도 매우 안전한 쇄빙연구선임을 확인할 수 있었다. 성공적인 쇄빙능력시험과 계획된 남극 대륙기지 후보지 두 곳에 대한 답사를 마치고 쇄빙연구선은 2010년 2월 18일 리틀턴 항으로 무사히 돌아왔다.

우리나라에서 처음 지은 쇄빙연구선이었기에 일부의 우려가 있었지만, 매우 성공적으로 지어졌다는 것을 확인한 쇄빙능력시험이기에 우리나라의 조선업계에도 매우 의미 있는 일이었다.

● 쇄빙연구선의 운용

여름에는 북극으로

우리나라 최초의 쇄빙연구선은 2009년 취항한 이래 쉴 틈 없이 문자 그대로 5대양을 누비고 있다. 북반구와 남반구의 계절이 반대이기 때문에 북반구의 여름에는 북극에서, 남반구의 여름에는 남극에서 보낸다.

2009년 12월 18일 인천을 떠나 뉴질랜드 크라이스트 처치를 경유해 남극해에서

2010~2011년 남극 세종기지에 온 쇄빙연구선 ①

2012년 여름 북극해를 항해하는 쇄빙연구선 ②

①

한승필

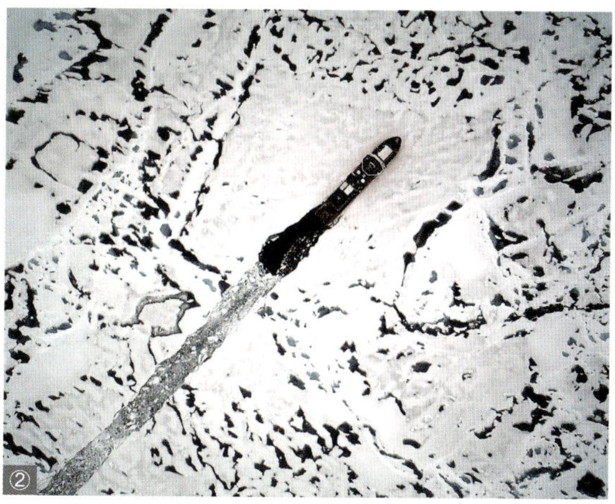
②

강성호

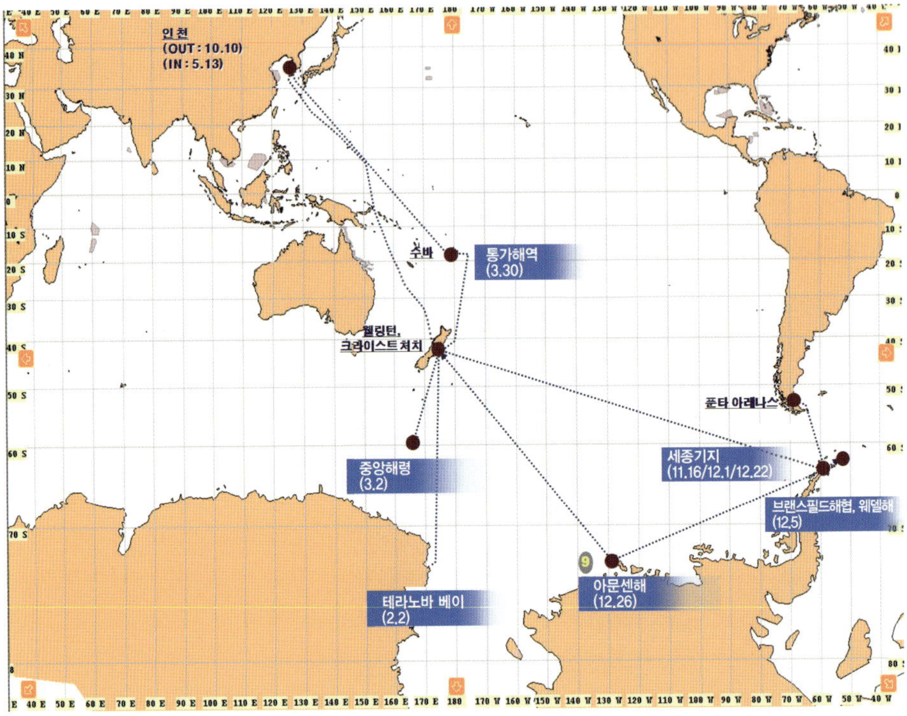

쇄빙선운영팀

2010년 10월~
2011년 5월
쇄빙연구선의
활동궤적

쇄빙능력을 시험한 쇄빙연구선은 대륙기지 후보지인 서남극 마리 버드랜드의 케이프 벅스와 동남극 북빅토리아 랜드의 테라 노바(Terra Nova) 만을 답사하고 2010년 3월 15일 인천으로 돌아왔다.

2010년 여름에는 두 달간 북극 척치 해를 다녀왔다. 7월 1일 인천을 떠난 쇄빙연구선은 부산을 거쳐 동해를 북동쪽으로 가로질러 올라갔다. 쓰가루 해협을 지난 쇄빙연구선은 알라스카 놈(Nome)을 향해 북서태평양을 북동쪽으로 올라갔다. 19세기 서부영화 세트장을 닮은 놈에서 연구원들을 태운 쇄빙연구선은 7월 17일 베링 해협을 거쳐 척치 해로 올라갔다. 당시 해빙이 녹아서 생긴 크고 작은 검은 웅덩이들과 눈 덮인 하얀 해빙이 어우러진 척치 해의 풍광은 극지가 아니면 보기 힘든, 위대한 대자연이 디자인한 한 폭의 해빙도(海氷圖)였다. 또 해면에서 가끔 보이는 설화(雪花)는 바닷물과 해빙과 대기의 오묘한 반응이자 결과물이었다. 나아가 북극해에 빨간 작은 점으로 떠 있는 쇄빙연구선은 놀라움과 국력의 상징이었다. 연구원들은 해빙 위에서 시료를 모으거나 쇄빙 시험을 하였으며 배에서도 시료를 얻었다. 8월 11일 북극권을 빠져 나온 쇄빙연구선은 14일 놈을 떠나 8월 25일 부산항에 들어왔다. 이후 쇄빙연구선은 여름에 북극 척치 해를 조사하는 것이 연례행사가 되었다. 현재는 척치 해로 가지만 미래에는 북대서양 그린란드 해로도 갈 것이다.

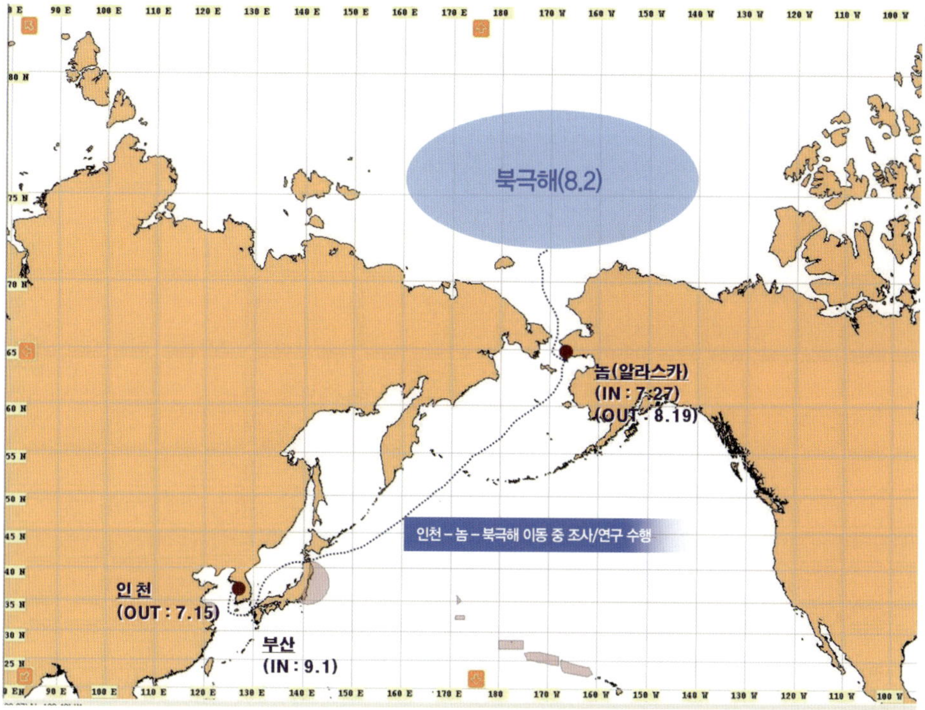

쇄빙선운영팀

쇄빙연구선의 2011년 7월 15일부터 9월 1일에 걸친 북극항해 항적

겨울에는 남극으로

쇄빙연구선은 남반구의 여름에는 남극으로 가는데, 2010년에는 10월 10일부터 다음해 5월 13일까지 일곱 달 동안 남극과 적도 남태평양을 누볐다. 이 항해에서 쇄빙연구선은 10월 하순 뉴질랜드를 거쳐 11월 중순 세종기지에 물자를 운반했다. 이어서 서울에서 온 사람과 칠레에서 산 물자를 푼타 아레나스에서 세종기지까지 수송했다. 우리 배가 없었을 때에는 세종기지에서 소비하는 쌀과 고기는 칠레에서 구입하였으나 배가 생긴 후부터는 우리나라의 쌀을 기지에 보낼 수 있게 되었다.

세종기지에서 12월 1일 쇄빙연구선에 오른 연구원들은 브랜스필드(Bransfield) 해협과 웨델 해에서 해저지질과 빙붕의 환경변화를 관찰하고 연구재료를 수집했다. 또 해저에서 일어나는 지구물리현상이 기록된 장비를 걷어 올리고 다시 설치하였다. 이어서 12월 하순 빙산과 유빙이 떠다니는 아문센 해에서 얼어붙은 바다의 생지화학순환(生地化學循環, biogeochemical cycle)에 관한 특성을 조사하고 관찰하며 연구재료를 수집했다. 해양에서 일어나는 현상은 바닷물, 생물, 대기, 퇴적물 어느 하나에만 관련된 현상이 아니며, 그들 사이에 밀접한 관계가 있기 때문에 종합적으로 관측하고 조사해야만 전체를 이해할 수 있다. 남극해에서 온실기체를 처리하는 능력도 관심의 대상이 되었다.

대륙기지건설단

쇄빙연구선은 2011년 3월 초순부터 남극 대륙과 뉴질랜드 사이에 있는 남극 중앙 해령을 조사하는 데 동원되었다. 남극 중앙 해령은 워낙 멀고 바다가 유빙으로 자주 덮이기 때문에 쇄빙선이 없다면 오기 힘든 곳이다. 그러므로 이러한 조사는 우리 쇄빙연구선이 없다면 연구 자체가 거의 불가능하다. 남극 중앙해령 조사가 끝난 후, 쇄빙연구선은 북쪽으로 올라가 3월 하순부터 3주 동안 한국해양과학기술원의 연구사업을 위하여 통가(Tonga) 해역에서 해저열수광상을 탐사하였다. 쇄빙연구선은 4월 22일 피지제도 수바에 입항했으며, 인천을 떠난 지 216일이 지난 5월 13일 인천에 들어왔다.

우리 쇄빙연구선의 활약
침몰 위험에 처했던 러시아 어선 스파르타 호가 우리 쇄빙연구선에 계류되었다.

러시아 어선 구조

우리 쇄빙연구선은 2011~2012년 남반구 여름에는 장보고기지 후보지정밀조사에 나섰다. 쇄빙연구선이 뉴질랜드 리틀턴 항에 있었던 12월 16일, 얼음에 부딪친 러시아 어선이 구조를 기다린다는 뜻밖의 소식을 들었다. 쇄빙연구선은 이 구조요청을 받자 예정보다 빨리 다음날 자정에 출항해 후보지보다는 현장으로 전 속력으로 달렸다.

쇄빙연구선은 25일 오후 9시 경 남위 74도57분, 서경 159도17분 조난현장에 도착했다. 조난된 어선 스파르타(Sparta) 호는 침몰만 간신히 면한 채, 흘러가지 못하게 해빙에 닻을 내려놓고 기울어져있었고 선원들은 사색이 되어 우리 쇄빙연구선만 기다렸다. 쇄빙연구선은 스파르타 호가 가라앉지 않게 그 배를 쇄빙연구선에 가까이 연결한 다음, 기름을 쇄빙연구선으로 올려, 스파르타 호를 뜨게 만들었다. 스파르타 호가 어느 정도 뜬 다음 얼음에 찢어진 곳을 수리했다. 수리가 끝난 다음 기름을 옮겼고 해빙 바깥에서 기다리던 러시아 배까지 얼음을 깨어 길을 열어주어, 구조가 완전히 끝난 것은 28일 밤 10시였다. 이 일이 있은 후 러시아 메드베데프 대통령은 이명박 대통령에게 이 구조에 감사를 표하는 전화를 했으며 러시아 장관은 우리나라 국토해양부 장관에게 고마움을 표했다.

이 뿐 아니라 쇄빙연구선은 2012년 1월 11일에는 해양조사를 하다가 또 다른 구조 요청을 받았다. 바로 쇄빙연구선이 있던 곳에서 그렇게 멀지 않은 곳에서 우리나라 어선에 불이 났던 것이다. 쇄빙연구선은 불이 난 어선의 선원들을 구조한 뒤, 역시 구조를 위해 가까이 접근했던 우리나라의 다른 어선으로 옮기도록 해주었으며, 조사를 끝내고 나오면서 그 선원들을 뉴질랜드까지 무사히 옮겼다.

남극대륙 장보고기지 건설에도 투입

쇄빙연구선은 2012~2013년 남반구 여름에는 장보고기지를 건설하는데 참가하였다. 쇄빙연구선의 주요 업무는 기지를 세울 장비와 조립된 건축재료들을 실은 네덜란드 화물선 수오미그락트(Suomigracht) 호의 길을 열어주는 것이었는데, 건설기술자 165명을 태우기도 하였다. 원래는 60명 정도를 태우도록 설계되었지만, 휴게실을 포함한 거의 모든 공간을 임시로 선실로 개조한 결과였다. 이 뿐 아니라, 쇄빙연구선은 중앙해령 연구에도 참가하여 험한 중앙해령 바다를 항해하였다.

극지를 연구하는 나라들에서도 쇄빙선은 귀중한 존재이기에 외국학자들도 대단히 부러워한다. 그만큼 남극대륙과 남극해는 쇄빙선 아니면 갈 수 없는 곳이 많기 때문이다. 그러므로 거의 모든 항해에 공동연구원으로서 적지 않은 외국인들도 참가한다. 쇄빙선은 얼음을 깨면서 항해하고 연구재료를 채집하고 처리를 할 시설이 있다는 점에서 '움직이는 연구기지'이다.

쇄빙연구선은 2012~2013년 장보고기지를 지을 건설자재와 장비를 운반하는 네덜란드의 배 수오미그락트 호의 항로를 열어주었다. ①

쇄빙연구선이 없이는 남극대륙에 가까이 가기가 아주 힘들다. ② 2011~2012년 얼음을 깨면서 남극해를 항해하는 쇄빙연구선

쇄빙연구선의 쇄빙으로 안전하게 장보고기지 건설현장의 앞바다에 도착한 건설선 ③

①
대륙기지 건설단

②
한승필

③
대륙기지 건설단

미래의 극지 연구

세종기지가 준공된 후, 우리나라의 남극 연구는 주로 남극반도 일대에서 이루어졌다. 그 후, 대륙기지 건설을 결정하였으며 동남극 북빅토리아 랜드 테라 노바 만 부근으로 건설지를 결정하였다. 2012~2013년 1차 건설을 시작해 2014년 2월 장보고기지를 준공할 예정이다. 앞으로는 남극대륙 내부에도 기지를 마련해야 한다.

김예동 · 김지희 극지연구소

남극대륙 진출의 꿈, 장보고기지

6개 후보지

우리나라 두 번째 남극 기지인 장보고기지(남위 74도37.4분, 동경 164도13.7분)는 동남극 북빅토리아 랜드 테라 노바 만 연안에 세워진다. 장보고기지 주변에는 이탈리아의 마리오 주켈리(Mario Zuccheli)기지가 남서쪽으로 8킬로미터 정도 떨어진 곳에 있고 장보고기지에서 1킬로미터 정도 떨어진 뫼비우스 곶(Cape Moebius)에는 독일의 곤드와나(Gondwana)기지가 있다. 마리오주켈리기지는 1983년에 건설된 하계기지이며, 곤드와나기지는 2~3년에 한 번씩 하계 연구 캠프로 운영된다. 따라서 장보고기지가 건설되면 이 지역의 상주기지는 장보고기지 뿐이다.

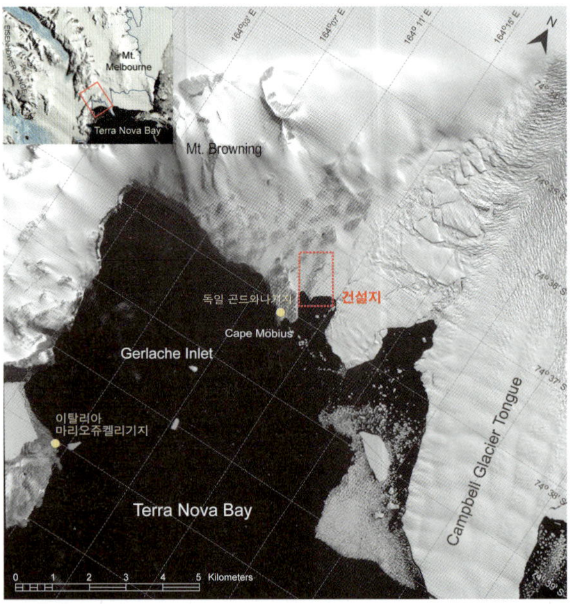

대륙기지 건설단

남극 테라 노바 만 장보고기지 건설지
주변의 타국 기지와 주변 환경을 파악할 수 있는 위성사진에 경위도를 표시하였다.

장보고기지 건설지를 선정하기 위하여 극지연구소 연구원을 비롯한 국내외 과학자, 환경, 건축, 극지안전 전문가로 구성된 조사단이 2007년부터 2010년 초까지 서남극 2개 지역과 동남극에서 건설지로 선정된 테라 노바 만 연안을 포함한 4개 후보지를 외국의 선박이나 우리의 쇄빙연구선으로 탐사하였다. 6개의

NASA

대륙기지 후보지 지역

후보지를 놓고 연구 목적, 남극환경에 대한 영향, 사람들의 안전과 물자운반, 국제 공동연구 네트워크의 적합성을 고려해 가장 좋은 곳을 검토했다.

드디어 2010년 초 답사결과를 바탕으로 국토해양부는 2010년 3월 테라 노바 만을 대륙기지 후보지로 선정했다. 케이프 벅스는 앞바다가 거의 언제나 수십 킬로미터 폭으로 얼고 해안이 암벽이라 헬리콥터가 없으면 상륙하기가 쉽지 않다. 또 지형도 울퉁불퉁하고 과거의 기록을 보면, 엄청나게 부는 바람과 얼음, 안개 때문에 상륙하기도 어렵지만, 상륙해서도 살아가기가 힘들다. 반면 테라 노바 만은 땅이 평탄하고 바닥이 낮은 배가 닿기 쉬운 해안이 있어 물자를 내리는데 큰 어려움이 없어 보였다.

국제사회의 찬성을 얻어서

남극에 기지를 건설하려면 우리나라 정부뿐만 아니라, 우리나라를 비롯하여 50개국이 가입한 남극조약 체제 속에 있는 환경보호위원회에서 만장일치의 동의를 얻어야 한다. 기지를 건설할 국가는 기지 건설과 운영을 위한 포괄적 환경영향평가서를 작성하여 당사국과 남극 환경보호위원회의 회람을 거쳐야 한다. 건설지 확정을 위한 1차 정밀조사 이후 2차, 3차의 정밀조사에서는 건설을 위한 현장 정보뿐만 아니라

임완호

유동연

2011년 2월 2차 정밀조사를 위해 건설지에 설치한 현장 캠프와 쇄빙연구선 ①
기지는 평탄한 곳에 건설될 예정이다.

건설중인 대륙기지 ②
2012~2013년 동남극 북빅토리아 랜드 테라 노바 만 부근에 건설 중인 장보고기지. 물자운반선(왼쪽)과 쇄빙연구선이 보이며 오른쪽 멀리 독일의 곤드와나(Gondwana) 하계기지가 보인다.

포괄적 환경영향평가서 작성을 위한 다양한 정보들을 수집하였다.

장보고기지의 건설과 운영을 위한 포괄적 환경영향평가서는 2012년 6월 오스트레일리아의 호바트에서 열린 제35차 남극조약협의당사국회의에서 만장일치 동의를 얻어 건설에 착수할 수 있게 되었다.

장보고기지의 규모

장보고기지의 건축시설 면적은 본관동, 연구동, 유지 및 운영시설을 포함하여 4,458제곱미터이며, 기지의 수명은 최소 25년을 예상하고 있다. 수용인원은 동계 15~16명, 하계에는 연구원과 방문객을 포함하여 최대 60명으로 계획했다.

2012~13년 장보고기지는 2014년 3월 준공을 목표로 짓기 시작했다. 곧 2012년 11월 15일 평택항을 떠난 네덜란드 화물선 수오미그락트 호는 리틀턴 항에 기착했다가 12월 11일 장보고기지 건설현장에 도착했다. 현장에 도착한 화물선은 날씨가 좋아, 우려했던 하역을 아주 빨리 끝내었다. 2013년 2월 들어 날씨가 나빠져 어려움을 겪었지만, 상당부분을 건설한 다음 2013년 3월 9일 현장을 떠나 귀국길에 올랐다.

장보고기지는 환경 보호 기술의 집약체라 할 만큼 건설하고 운영할 때 남극 환경에 대한 영향을 최소로 하게끔 설계되었다. 먼저 이중으로 된 외피와 5중 유리는 단열효과가 뛰어나 열 손실을 줄이고 영하 35°C의 기온에서도 따뜻하고 편안한 환경을 유지할 수 있다. 또 디젤발전기는 발전할 때 생기는 열을 모아서 재사용하는 열병합발전기이다. 나아가 연구원들이 가장 많은 여름철(12~2월)에는 기지 건물 전체를 사용하지만, 그 외의 기간에는 월동대원들만 위하여 최소한의 난방만 하도록 설계되었고, 야간 구역과 주간 구역을 구분하여 필요 없는 에너지 사용을 방지하였다.

또한 기지의 에너지 시스템은 풍력이나 태양광과 같은 재생에너지를 최대한 사용하도록 설계되었다. 풍력발전기는 바람이 너무 강하거나 약하지 않을 때를 빼고는 연중 가동하여 에너지를 얻을 수 있지만, 태양광발전기는 극야 95일 동안에는 사용할 수 없다. 그러나 가능한 많은 재생에너지를 사용하기 위하여 풍력발전기, 태양전지판을 설치하기로 하였으며, 유리창에는 태양전지필름(BIPV시스템)이, 발전동의 외벽과 지붕에는 태양광발전시설이 설치된다.

장보고기지 주변에는 생활에 사용할 수 있는 민물(담수)이 없다. 따라서 기지에서는 물을 얻기 위해 해수 담수화 설비를 설치하고, 발전기에서 생기는 열로 눈을 녹여 사용하는 방법을 사용할 계획이다. 또 욕실이나 주방에서 버려지는 물은 하수 처리시설로 들어가 재활용 가능한 물로 바꾸어 화장실과 청소용으로 재사용된다. 재사용한 물은 바다에 내보내기 전에 해양의 오염을 최대로 막도록 국내 1급 지역의 방류수 수질 기준에 맞게 처리된다.

장보고기지에서는

장보고기지가 있는 로스 해 연안은 다양한 빙권(빙상, 빙하, 빙붕, 빙산), 지권(남극종단산맥, 누나탁(Nunatak, 얼음에 둘러싸여 솟아난 바위 봉우리)), 수권(로스 해, 호수)으로 접근이 가능하여 남극지역을 이해하기 위한 여러 연구를 할 수 있다. 이 가운데 로스 해는 전 지구적 기후변화의 결과로 심층수 형성 속도가 달라져 염분이 가장 빠르게 낮아지고 있어 기후와 환경의 변화연구에 아주 중요한 지역이다.

장보고기지에서 진행할 장기적인 연중 연구프로그램은 기후변화 과정의 이해와 예측을 위한 대기과학 연구, 남극 고기후와 고환경 복원을 위한 빙설 연구, 남극빙하의 안정성과 움직임을 관측하는 지체구조연구이다. 연구는 태양풍의 영향을 연구하는 우주기상 모니터링과 해양과 생태계의 연구로 구성된다.

또한 장보고기지는 우주과학 시대의 기반이 될 운석 연구와 빙설 연구처럼 주로 남극 대륙의 내부에서 수행해야 하는 연구를 지원하는 중추 기지로 운영될 것이다.

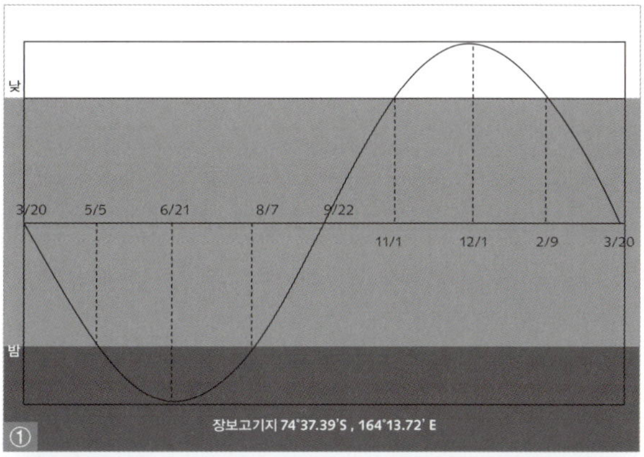

우은진

대륙기지건설단

장보고기지의 낮과 밤 ① 남극권보다 남쪽인 장보고기지에서는 밤이 95일 계속되고 낮이 101일 계속된다.

과학연구 ② 장보고기지부근에서 가장 높은 산인 멜버른(Melbourne) 화산에 지진계를 설치하는 지구물리연구원

● 남극 연구의 종착지-내륙 제3기지 설치

지구 기후변화 연구

2014년 2월, 동남극 로스 해 서안에 있는 테라 노바 만에서 장보고기지가 준공된다. 1988년 세종기지 건설에 이어 26년 만에 건설되는 장보고기지는 우리나라 남극 과학연구계의 오랜 숙원이자 전 세계 인류가 당면한 지구환경 문제 해결의 선도에 서겠다는 의지를 가진 우리나라 정부의 강력한 상징이다.

21세기 과학계가 풀어야 하는 가장 중요한 숙제 중 하나는 바로 지구환경변화이다. 지구환경변화 문제의 주된 관심은 기후변화이다. 지구 온난화와 직간접적으로 연관되어 나타나는 여러 현상에는 오존층의 변동, 극지역 해빙의 증감, 대륙 빙하 및 고산 빙하의 증감, 해수온 및 해류의 변화, 해수면의 상승, 온실가스, 동토층의 변화, 산림면적 같은 생태계 변화가 있다. 기후환경 변화에 대한 연구는 그 변화가 인간에 미치는 영향 및 인간의 대응을 관측하고 원인과 결과를 분석하고 미래를 예측하는 것을 의미한다.

극지방은 지구환경변화에 가장 민감하게 반응하는 동시에 전 세계 기후변화에 큰 영향을 미치는 곳이다. 북극의 경우, 해빙 면적의 감소는 태양 반사율(Albedo, 알베도)을 감소시켜 더 많은 태양 에너지가 해수로 흡수된다. 또 상승된 기온은 극지역의 빙하를 감소시켜 해수면을 상승시키고 해류에 변화를 일으킨다. 기후변화의 특징은 원인이 결과가 되고 그 결과가 새로운 원인이 되는 되먹임 현상(feedback)이 생긴다는 것이다. 예컨대, 북극권에서 동토층이 녹으면 온실가스 중 하나인 메탄을 공기 중으로 많이 방출시키는데, 메탄으로 인해 온실효과가 더 커진 결과 지구 기온은 더 빨리 올라가고 동토층은 더 많이 녹는 되먹임 현상이 일어나는 것이다.

지구의 기후변화는 비단 금세기에만 일어나는 현상이 아니라 지질시대 수억 년 전부터 있었던 현상이다. 그 가운데서도 약 260만 년 전 플라이스토세부터는 주기를 가지고 빙하기와 간빙기가 반복되는데, 현재 우리는 약 1만 년 전에 시작된 간빙기에 살고 있다.

현재 진행 중인 기후변화가 극지에서 가장 뚜렷하게 관측되는 것으로 미루어 과거 지질시대의 기후변화도 극지방에서 가장 민감했을 것으로 추측할 수 있다. 따라서 지구의 고기후 연구를 위하여 극지에서 과거 기후변화의 지질학적 증거와 자료를 수집해서 연구하는 것이 유리한데, 이를 통해 미래 기후예측이 가능할 것이다.

동남극 내부

최근 100만 년 동안의 고기후 변화에 관한 가장 정밀한 자료는 남북극 얼음에서 얻는다. 동남극의 얼음은 약 100만 년에 걸쳐 형성되었고, 북극 그린란드의 얼음은 약 11만 년에 걸쳐 형성된 얼음으로, 형성 기간 동안의 기후변화 기록이 얼음 내에 고스란히 간직되어있기 때문이다. 따라서 남극에서 시추된 얼음코어를 연구하면 과거 100만 년 동안의 지표 기온 변화, 온실가스 농도변화, 대규모 화산 폭발, 대기 중 오염물질 변화 같은 값진 기록을 얻을 수 있다.

현재 동남극 내륙에서 3,000미터 이상 얼음 시추에 성공한 나라는 러시아, 일본, 프랑스와 이탈리아 공동 팀 등 4개국에 지나지 않는다. 중국은 최근 돔(Dome) A에 내륙기지를 설치하고 심부얼음시추에 들어갈 예정이다. 이렇게 여러 나라들이 투자를 마다하지 않고 남극대륙 얼음시추에 열을 올리는 것은 가장 오랜 기간의 기후변화 기록을 얻으려는데 있으며, 이것이 곧 최신 남극 연구의 핵심이다. 남극대륙 내부에서는 얼음연구 이외에도 천문 관측, 우주 플라스마, 이온층 같은 고층대기 물리관측과 자료수집을 통해 지구와 우주의 상관관계를 이해하는데 대단히 중요한 자료들을 얻을 수 있다.

김예동

내륙기지 빙하시추

프랑스와 이탈리아는 2005년 공동으로 내륙에 콩코르디아기지를 건설하고 3,000미터 이상의 빙하시추에 성공했다.

남극대륙에서 심부의 얼음시추는 두께가 최소 3,000미터 이상 4,000미터 가 넘는 빙원 위에서 이루어져야 할 것이다. 심부 얼음을 시추할 수 있는 지역은 해안에서 1,000킬로미터 이상 떨어진 내륙지역에 있다. 그러므로 심부 얼음을 얻기 위해서는 그렇게 높은 지역까지 물자를 운반할 수송로를 확보하고, 얼음 위에 기지를 건설하고, 깊은 곳을 시추할 기술을 개발하여야 하므로 많은 경험과 장비와 기술자가 필요하다.

남극 연구 로드맵

우리 정부는 이미 2002년부터 '남극 연구 진흥을 위한 중장기 발전계획'을 수립하여 장기적으로 남극 내륙으로 진출하는 로드맵을 제시한 바 있다. 그 로드맵에 따라서 2009년 말 쇄빙연구선을 취항시켰으며 남극대륙 해안가에 전진기지(장보고기지)를 건설하기로 결정하였다. 현재 건설 중인 장보고기지가 2014년에 지어지면 그 다음

장보고기지 항공로 ①, ②

비행기로 장보고기지에 가기 위해서는 기지에서 약 350킬로미터 떨어진 미국의 맥머도(McMurdo) 기지 비행장을 이용해야 한다. 사진은 임차 항공기가 맥머도기지 얼음 활주로에 도착한 모습

중국의 내륙기지 ③

중국은 이미 2009년 1월 높이 4,078m 빙상 위에 곤륜(Kunlun)기지를 건설하였다.

김예동

으로 내륙에 제3기지 건설을 위한 준비를 시작해야 할 것이다.

내륙기지 건설지는 얼음이 두껍고, 기상조건이 좋으며 고층대기를 쉽게 관측할 수 있는 지역을 선정해야 하며, 그 지점까지 가는 육상 수송로를 개척하고 물자 운반을 포함한 여러 지원체계를 구축할 필요가 있다. 예컨대, 예상지역의 해발고도는 3,500~4,000미터 이상이기 때문에 대원들은 고산지역에 적응할 능력도 있어야 하고 비상시를 대비한 항공 수송망을 구축할 필요도 있다.

내륙기지의 위치를 선정하기 위해서는 지도에서 표시된 육안으로 보이는 부분은 물론, 보이지 않는 빙원 아래의 환경이 더 중요하다. 왜냐하면 내륙기지에서 할 연구의 가장 주요한 것이 바로 빙원시추이기 때문이다. 좋은 얼음연구를 하려면 긴 얼음시추

코어를 얻어야 하므로 얼음이 두껍고 움직이지 않는 곳을 잡아야 한다. 또한 이왕이면 눈이 적게 와, 같은 길이의 얼음이라도 오랜 기간 동안 쌓인 눈으로 만들어진 곳을 찾아야 한다. 그런 곳을 찾기 위해서는 얼음의 움직임과 빙원 아래의 지형, 지질, 기상, 적설을 입체적으로 파악해야 하는데, 이는 완전히 새로운 분야의 연구이다.

장보고기지는 북빅토리아 랜드 동쪽 해안가에 있으며 서쪽으로 남극종단산맥에 면하고 있어 상당히 가파른 경사를 따라 올라가야 동남극 빙원에 다다른다. 이러할 경우 빙하 계곡을 따라 올라가야 하기 때문에 등판 경사가 완만하고 크레바스(Crevasse)가 적은 지역을 따라 빙원에 이를 수 있는 코리안 루트를 개발하는 일이 선행되어야 할 것이다. 가까이에 있는 이탈리아 기지에서는 이미 육상 루트를 따라 빙원에 도달하는데 성공했기 때문에, 우리도 가능할 것으로 예상된다. 그러나 최근 남극이 더워지면서 얼음이 얇아지고 빠르게 흘러내리며 크레바스도 많아지는 점을 감안할 때, 매우 힘든 작업이 될 것이다.

남극 내륙 제3기지의 건설과 코리안 루트를 개발하기 위해서는 무엇보다 장보고기지를 건설한 직후부터 전문인력을 양성하고 큰 설상차량, 운송 설비, 운영 체계를 갖추기 위한 중장기 계획을 수립하고 실행하는 것이 필요하다. 가장 최근 내륙기지를 설치한 중국의 경우, 1989년 동남극에 중산기지를 건설한 후 20년 만에 곤륜기지를 건설하는데 성공하였다. 중국의 경우를 비추어 볼 때, 우리도 장보고기지를 건설한 후 즉시 사업에 착수한다면, 약 10년 내에 내륙기지 건설이 가능할 것이다.

남극 내륙에 제3기지를 건설하는 것은 남극 연구발전을 위한 인프라 구축의 최종 목표라 할 수 있다. 이를 통해 최첨단의 기상, 빙설, 고층대기 물리, 천문 연구 데이터를 연구원들에게 제공함으로써, 우리나라는 전 인류의 과학발전에 위대한 공헌을 하게 될 것이다.

남극 내륙으로 하는 물자 수송

남극 내륙에 기지를 운영하려면 우선 내륙으로 물자 운반을 하기 위한 수송로와 전문가, 장비들이 모두 갖추어져야한다.

① 미국 맥머도기지에서 남극점에 있는 아문센-스콧기지로 향하는 행렬

② 프랑스 뒤몽 뒤르빌 기지에서 내륙의 프랑스와 이태리 공동기지인 콩코르디아기지로 가는 행렬

①

②

김예동

우리나라의 극지 연구

Korean Polar Researches

1978년에 크릴 연구로 시작된 우리나라의 극지 연구는 생명과학, 해양과학, 대기과학, 지질과학, 빙설과학, 운석과학으로 넓어졌다. 연구지역도 남극 반도 일대를 벗어나 남극대륙 내부와 주변해역으로 확장하였으며 북극도 연구하고 있다.

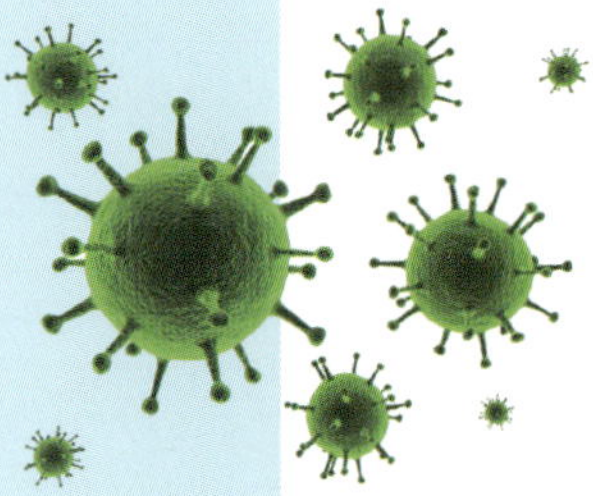

생명과학 연구

우리나라의 극지생명과학 연구는 1978년 남극해 크릴 연구를 효시로 시작되었다. 세종기지가 준공된 이후 저서동물의 생태계를 비롯하여, 육상 생태계와 미생물연구로 연구분야를 확대하였다. 2000년대부터는 북극생태계 연구도 시작하였으며 최근에는 생명현상과 응용연구에도 관심을 갖기 시작해, 연구결실을 특허로 출원하였다.

김옥선 · 김정훈 · 안인영 · 이유경 극지연구소

크릴 연구로 시작

우리나라 남극생명과학 연구이자 남극 과학연구는 1978~1979년 남극해에서 시범적으로 크릴을 어획하고 일반 해양조사를 하면서 제대로 시작되었다. 당시 수산진흥원에 소속된 연구원들은 크릴의 생물학과 어획에 큰 비중을 두었으며 일반 해양조사도 함께 했다. 본격적인 연구활동은 아니었지만, 그래도 남극해 생태계의 기본이 되는 크릴이 연구재료였다는 점에서 이 해양조사는 처음으로 남극의 재료를 이용한 생명과학 연구라 할 수 있겠다.

남극해 생명과학 연구는 1987년 3월, 남극기지 건설사업과 함께 신설된 한국과학기술원 부설 해양연구소 극지연구실에서도 계속되었다. 즉 같은 해 말, 양동범 박사와 연구원 한 사람이 스코티아 해역으로 출어한 동방원양어선의 동방 115호에서 남위 59~62도, 서경 45~65도에 이르는 해역의 염분, 수온, 영양 염류, 엽록소, 일차생산성을 조사했고 시료를 채집했다. 또한 남극 세종기지의 1차 월동연구대는 기지 주변에 분포하는 생물과 생태에 관심을 가지기 시작하여, 남극 겨울 기지 부근의 생물도 연구대상이 되기 시작했다. 이로써 기지부근의 펭귄과 물개 같은 동물들과 마리안 소만과 맥스웰 만의 해황과 그 주변에 있는 조류와 저서동물과 조간대와 조하대에 분포하는 해양 저서생물들이 일차 조사대상이 되었다.

세종기지 연안해역에서 해수특성을 조사하는 해양생물학자

김옥선

● 남극 해양과 육상 생태계의 연구

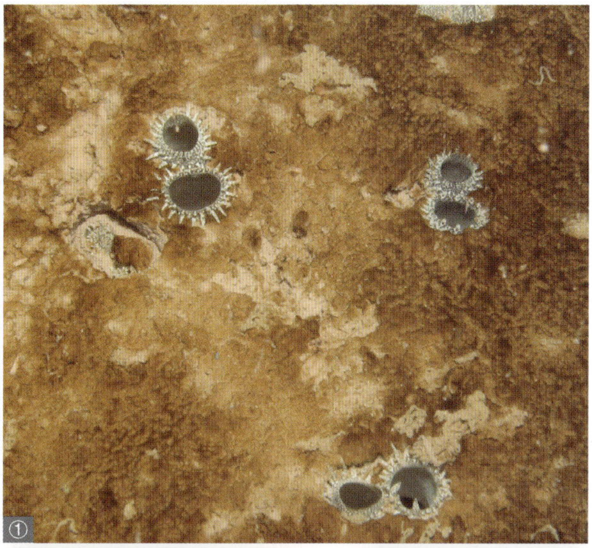

라승구

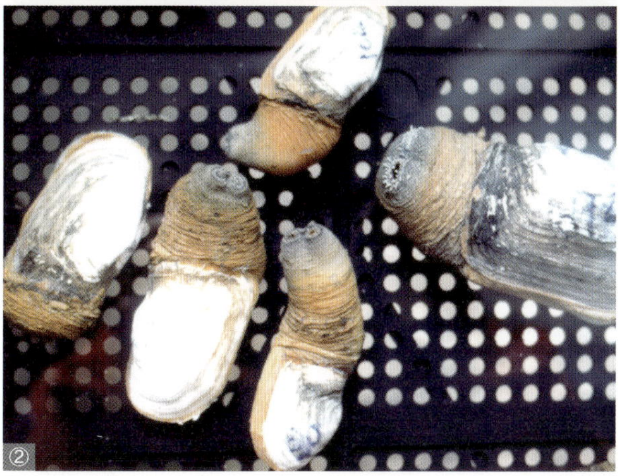

안인영

1990년 6월 30일 한국과학기술원 부설 해양연구소가 한국해양연구소로 독립하면서 극지 연구부문은 극지연구센터로 확대되었다. 이때부터 극지생물연구실을 중심으로 연구 지역과 분야 또한 확대되기 시작하였다. 특히 세종기지 연안 해양생물에 대한 생태연구가 본격적으로 시작되었는데 대표적으로 남극 대륙 주변부 연근해에 널리 분포하는 남극 큰띠조개(*Laternula elliptica*)의 개체생태에 관한 연구들이다. 1990년대 초반부터 약 10여 년간 큰띠조개의 적응기작, 생존전략을 파악하기 위한 목적으로 섭식 생리와 생태, 호흡 대사, 생식 주기와 양상, 월동에너지 전략 등에 관한 다양한 연구가 수행되었다.

세종기지가 있는 맥스웰 만에서는 규조류의 생태를 조사해 30속 54종을 확인하였다. 또한 이들 저서규조류(*Benthic diatoms*)가 남극연안해역의 주요 1차 생산자이자 큰띠조개를 비롯한 주요 초식동물의 먹이원이 된다는 연구결과가 발표되었다.

한편, 맥스웰 만의 조간대와 조하대에서 녹조류 7종, 황갈조류 1종, 갈조류 15종과 홍조류 20종 등 총 43종의 해조류를 채집해서 분류하였다.

남극대륙 주변 연안에 널리 분포하는 대표적 해양생물 남극큰띠조개(*Laternula elliptica*) ①, ②

①의 그림에서 조개의 출수공과 입수공이 보인다.

서남극반도는 뚜렷한 기후변화의 징후가 나타나는 곳으로 마리안 소만에는 여름철마다 육상기원의 혼탁한 빙하유출수가 인근 해역으로 유입되어 해양환경과 서식생물에 영향을 주는 것으로 나타났다. 즉 대표적 조간대 생물인 삿갓조개(*Nacella concinna*)와 먹이가 되는 대형해조류는 육상기원으로 서식지 해수에 농축된 중금속의 농도와 융설수 유입량과 밀접한 연관성이 있음을 알게 되었다.

외양에 분포하는 해양생물의 연구는 남셰틀랜드 군도 주변해역인 드레이크 해협, 브랜스필드 해협과 세종기지 남동쪽의 웨델 해 해빙 주변해역으로 확장되었다. 특히 그 해역의 물리화학적 특성, 미생물과 동·식물플랑크톤의 종조성과 생물량을 조

홍기용

라승구

세종기지 앞바다를 조사하는 해양생물 학자들 ①

세종기지 마리안 소만 근처에서 현장조사를 하고 있는 극지연구소 해양생물 잠수연구팀 ②

사해왔다. 과거에는 남반구의 봄에 크게 증식하는 식물플랑크톤의 대부분이 크기 20마이크로미터이상인 규조류(돌말류, diatoms)로 알려졌다. 그러나 극지연구소에서 연구한 결과 20마이크로미터이하의 미소식물플랑크톤이 대부분의 일차생산을 담당하는 것을 확인하였다. 수온이 올라갈 때는 편모미세조류(*Cryptomonas* spp.)가, 내려갈 때는 규조류(*Navicula* spp.)가 많이 출현하는 것을 발견하였다. 또한 편모미세조류(*Phaeocystis antarctica*)는 해빙 주변에서 많이 번식하며 이들은 자외선 증가와도 비례하여 분포한다는 것을 파악했다.

2000년대부터는 기후변화에 따른 해빙 주변 생물군집변화 패턴 심화연구, 온난화, 자외선 증가 등에 대한 주요 우점종의 생리적 반응 연구 등을 병행하였다. 해빙(海氷) 주변 해역은 봄철 일사량의 증가로 해빙(解氷) 시 저밀도의 안정된 표층수와 충분한 영양염 공급으로 식물플랑크톤의 지속성장을 위한 최적의 조건이 형성됨이 관찰되었다. 남극반도 북쪽 해역에서는 해빙분포가 감소하고 바람의 강도가 강해지면서 해빙 주변에 우점하던 낮은 온도를 좋아하는 호냉성 식물플랑크톤이 감소하고 있는 것으로 나타났다. 반대로, 남극반도 남쪽 해역에서는 비록 해빙이 감소되었지만 기존에 해빙으로 덮여 있던 해역에 저밀도의 융빙수(glacier-melt water)가 유입되면서 식물플랑크톤의 성장에 적당한 안정된 물리적 조건이 형성되었고, 식물플랑크톤이 지속적으로 햇빛에 노출됨으로써 생물량이 증가한 것으로 밝혀졌다.

우리나라 남극 육상생명과학 연구는 대부분이 세종기지가 있는 킹조지 섬 바톤 반도를 대상으로 하였다. 이는 남극에는 마땅한 교통편이 없고 활동할 수 있는 시기가 짧으며 장소가 좁기 때문에 어쩔 수 없는 현상일 것이다. 킹조지 섬 바톤 반도 육상에서는 관속식물과 이끼류와 지의류가 다양하게 생장한다.

세종기지 주변을 대상으로 한 첫 육상식생 조사였던 1988~1989년, 기지 동남방 4킬로미터 지점에서 현화식물인 남극좀새풀(*Deschampsia antarctica*)의 넓은 군락이 발견되었다. 이후 그 동안 기지둘레에서 단편으로 파악되었던 지의류와 이끼류의

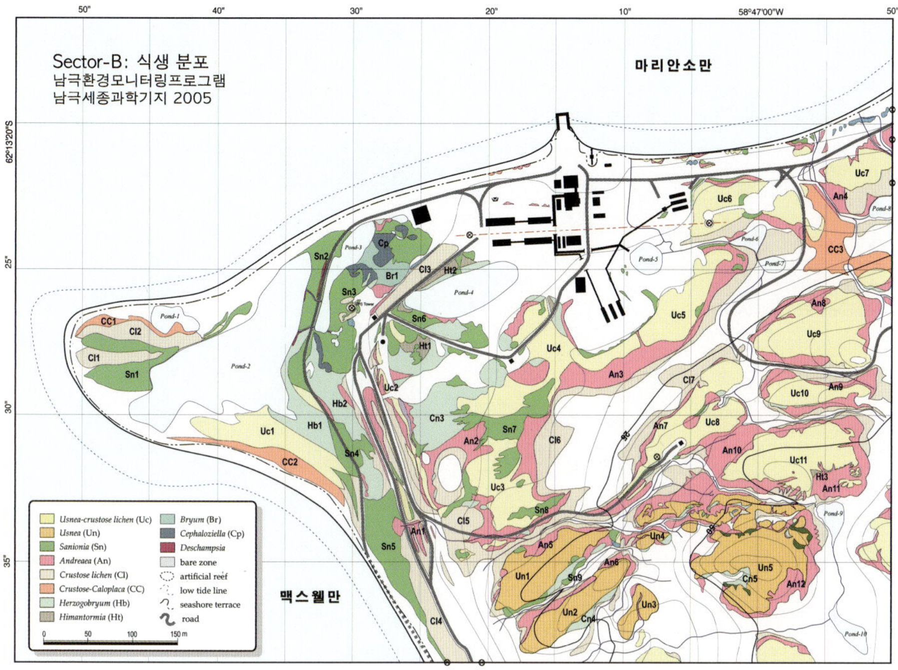

김지희

세종기지 주변 식생도

분포를 종합해서 2002년 이 지역의 식생도를 완성했다. 이어서 2003년에는 남극좀새풀의 분포를 조사해, 이 지역에서 남극좀새풀이 빠른 속도로 확장하고 있으며 이끼류가 남극좀새풀이 생장하는데 주요한 기질이 된다는 것을 알아내었다.

● 기후변화에 위협받는 얼음 바닷속 남극해양생물

남극 세종기지 부근 연안을 비롯하여, 남극 대륙 주변부 수심이 얕은 육상근접해역의 해저에는 성게, 해면, 조개 등 열대 해양에 못지않은 다양한 무척추동물들이 놀랄만큼 높은 밀도로 서식하고 있어 생태계 특성과 기후변화의 영향 등을 연구하기에 좋은 곳이다. 또한 세종기지 앞바다는 여름에는 겨울동안 얼어붙었던 바다가 녹아 잠수채집으로 해양저서(底棲)생물들을 채집하여 연구하기에 적합하다.

나아가 세종기지가 있는 킹조지 섬은 남극에서 온난화가 가장 빨리 진행되고 있는 남극

안인영

남극 세종기지 연안에 서식하는 해양저서 무척추동물 가이드북

세종기지 마리안 소만과 안쪽의 무너지는 빙벽 ①, ②, ③

남극 세종기지 인근 빙벽이 무너져 내리는 해저에 번성하고 있는 산호의 한 종 ④

조름류 (*Malacobelemnon daytoni*)

해양생물의 보고, 남극바다 ⑤, ⑥

세종기지 앞바다에서 촬영

한승필 / 극지연구소 / 이주한 / 라승구 / 라승구 / 라승구

반도 지역에 속하는 곳으로서 생태계에 대한 영향이 남극의 다른 어느 곳보다 클 것으로 우려되고 있는 곳이다. 이들 남극대륙 주변부 얼음 바닷속에 서식하는 조개, 성게 등과 같은 해양무척추동물들은 지구 온난화 등과 같은 지구 전체의 환경변화에 민감하게 반응할 수 있는 지표종으로서 그 가치가 높게 평가되고 있다.

극지연구소에서는 기후변화에 더 취약한 연안해역 환경과 생태계 변화를 그동안 집중되었던 종수준의 연구에서 군집수준의 연구로 발전시켜 본격 수행하고 있다. 최근 현장조사에서는 빙하가 급속도로 무너져 내리는 세종기지 인근 해역에서 산호의 한 종인 조름류(*Malacobelemnon daytoni*)가 높은 밀도로 서식하는 것으로 관찰되었다. 또한 본격적인 해양 저서생물군집 모니터링을 하기 위해서 남극 세종기지 주변연안(마리안 소만, 포터 소만, 콜린스 하버)에서 서식하는 해양저서 무척추동물을 수집 분류하고 분포 특성 등을 연구하고 있다. 안정 동위원소 추적자를 이용 먹이망

구조 분석 연구도 수행중이다. 또한 육상빙하소실에 따른 융빙수가 인근 해역으로 유입됨에 따라 일어나는 해수특성과 해저생물군집 특성의 변화 등도 지속적으로 모니터링해 나갈 계획이다. 극지연구소는 국내에 잘 알려져 있지 않았던 남극해양생물을 소개하고, 세종기지를 방문하는 연구자, 그리고 학생, 일반인들이 참고서로 활용할 수 있도록 세종기지 연안 해양저서 무척추동물의 가이드북을 발간하고 있다.

● 극지의 생명 현상

지의류 조사

우리나라 극지 연구 인프라는 더욱 발전해 2004년 4월 16일 한국해양연구원(현 한국해양과학기술원) 부설 극지연구소가 설립되었다. 당연히 연구인력도 많아지고 북극을 포함하여 극지 연구지역과 연구분야는 훨씬 넓어졌다. 생명과학 연구도 예외는 아니었다.

남극 지의류에 관한 자세한 조사는 2006년에 처음으로 수행되었다. 이 조사에서는 총 225개 시료를 대상으로 형태의 특성, 화학성분, ITS 염기서열을 분석하여 38속, 62종의 지의류를 확인

박정수

김지희

세종기지 주변 육상 식생조사 ①

남극의 대표적 현화식물 ②

남극좀새풀 *(Deschampsia antarctica)*

김옥선

세종기지가 있는 바톤 반도 전역에 퍼져서 생장하는 대표격인 지의류

① *Usnea* spp.

② 이끼 *Sanionia* spp.

③ 기지 주변에서 식생을 조사하는 연구원들

④ 기지 주변에서 연구재료를 채집하는 연구원

하였다. 2007년에는 지의류와 이끼를 포함하여 육상식생 분포를 종합적으로 분석하였다. 이 연구에서는 세종기지 주변의 식생밀도를 조사하였으며, 지의류(*Usnea* spp.)와 이끼(*Andrea* spp.와 *Sanionia georgico-uncinata*)가 가장 많음을 알게 되었다. 또한 지의류의 분포와 종 다양성은 습도와 빛의 양이 중요함을 보여주었다. 2008년에는 킹조지 섬 지의류 50개체에 대한 계통을 분석하였다.

생명현상과 응용연구

남극 분포 생물에 대한 분자수준의 연구는 2000년대 초반부터 시작되었으며, 대부분이 저온 적응과 관련된 유전자와 생물독성에 반응하는 유전자에 관한 연구였다. 저온적응과 관련하여 저온충격단백질(cold-shock protein) 유전자 연구대상 생물은 세종기지 주변에서 분리된 방선균(*Streptomyces* sp. AA8321)과 남극좀새풀이다.

먼저 방선균에서 복제한 저온충격단백질 유전자를 대장균에 과발현시킨 후 기능을 추정하였더니, 저온적응 미생물의 경우 DNA 복제가 강하게 억제되었다. 남극좀새풀의 경우, 저온적응이나 건조스트레스 관련 유전자의 발현증가와 더불어 다른 단백질의 구조 안정화를 돕는 유전자인 분자 샤페론(Chaperone)과 열충격단백질 관련 유전자 등이 많이 발현되었다.

2004년부터 남극의 생물 중 유용한 생물자원을 확보하고 유용성에 대한 연구를 시작하였다. 그 결과 항산화, 항당뇨 물질, 저온성 효소, 항동결 바이오폴리머(Biopolymer) 물질 외에 신기능·고활성의 유용한 물질을 얻었으며, 특허 출원과 기술 이전이라는 주요한 성과를 거두었다. 예를 들어, 동결을 막는 생체고분자는 얼리고 녹이는 과정에서 세포를 안정하게 보호하는 기능이 있다. 이것은 항산화기능도 있는데 이런 기능을 인간이 이용할 수 있는 것이다. 실제로 남극 지의류(*Ramalina terebrata*)에서 추출한 라말린은 항산화 효능이 뛰어나 LG생활건강에 기술이전을 하였고, 또 다른 지의류(*Stereocaulon alpinum*)에서 추출한 로바릭산(Lobaric acid)은 당뇨병 치료제로 개발 중이다. 최근에는 남극의 미생물에서 저온활성 효소를 발굴하고 있는데, 확보한 효소(extremozymes) 중 단백질 분해효소, 기틴분해효소, 저온성 효소 등은 산업체에서 유용 생물촉매제로 개발될 가능성이 높다.

2000년대 후반부터 남극큰띠조개를 연구재료로 여러 환경요인에 대한 유전자 수준의 생물독성 반응연구가 진행되었고, 남극해양에 고농도로 존재하는 카드뮴의 독성연구를 통하여 중금속 해독단백질(metallothionein)의 유전자 특성을 규명하기도 하였다. 또 유기염소계 오염물질 노출 실험을 통하여 관련된 유전자를 탐색하고 발현변화를 관찰하였다. 온도변화에 따른 카보닐 단백질(protein carbonyl)과 글루타티온(glutathione)의 변화를 생화학적으로 접근하였으며, 연관효소의 활성변화를 측정하고 효소(pi-class glutathione S-transferase)의 유전자 발현변화를 측정하고 특성을 규명하였다.

미생물연구

2005년에 시작된 남극 미생물연구를 통해 세종기지 주변의 신종박테리아 2종(*Sejongia antarctica*와 *S. jeonii*)을 보고했다. 그 후 토양에서 2종(*Flavobacterium weaverrense*와 *F. segetis*), 해안가의 해수에서 1종(*S. marina*), 해안가 모래에서 1종(*Sanguibacter antarcticus*)을 발견하여 신종으로 보고하였다.

최근에는 이 지역에서 가장 우점하고 있는 이끼류(*Sanionia uncinata* (Hedw.) Loeske)의 내생세균 다양성을 연구하여 알파(*Alpha*), 베타(*Beta*), 감마프로테오박테리아(*Gammaproteobacteria*), 박테로이데테스(*Bacteroidetes*), 방선균(*Actinobacteria*) 등 몇 종이 우점하고 있으며, 예상했던 것보다는 매우 다양한 미생물이 있다는 것을 알게 되었다. 또한 펭귄 분변으로 오염된 토양의 미생물다양성 연구처럼 여러 서식지에서 미생물 분석을 수행하고 있다.

세종기지 주변에서 진행된 육상 생물 종 다양성 연구는 2011년 바톤 반도 전역의 생물 종다양성 연구로 확대되었다. 곧 기지 둘레의 육상식생 분포, 토양과 담수의 미생물 군집 분석을 통해 이 지역의 종다양성을 파악하고 생물지리정보를 수집하고 있다. 또한 서식지 환경 요인을 이해하고자 기후, 지형, 지질 및 지화학 데이터를 수집하고 있다. 이와 같은 연구를 통해 바톤 반도 육상 생태계를 구성하고 있는 요소 각각의 특성을 파악하고 요소간의 상호작용을 이해하게 될 것이다.

장보고기지 주변

2009년 말, 쇄빙연구선이 취항하면서 극지 연구를 위한 인프라가 확대되었고, 생명과학 연구의 범위와 분야 또한 급속도로 발전하고 있다. 예컨대, 장보고기지가 건설되고 있는 테라 노바 만 인근 해역에서도 생물다양성을 조사할 정도가 되었다. 이는 쇄빙연구선이 없었다면 불가능했을 일이다.

테라 노바 만 주변의 육상 생태계는 장보고기지 건설지 정밀조사를 통하여 연구되었다. 테라 노바 만 주변에는 식물이 생장하기에 나쁜 환경으로, 생장하고 있는 종이 많지 않은 것으로 나타났다. 생물상이 상당히 적으며, 분포하는 이끼류와 지의류는 수분이 꽤 많은 지역에서 관찰된다. 지의류의 대표종으로는 가장 흔하게 발견되며 큰 돌 등 외부에 노출된 지역에 많은 종(*Buellia*와 *Umbilicaria* 속에 속하는 종), 수분을 상당히 많이 함유하는 토양 또는 이끼류 위에서 생장하는 종(*Candelariella*, *Caloplaca*, *Rinodina*, *Lepraria*, *Lecanora* 속), 눈에 덮여서 보통 때는 노출이 잘 안 되

김옥선

김옥선

거나 적게 출현하는 종(*Usnea*, *Acarospora*, *Pleopsidium*, *Pseudephebe*, *Rhizoplaca*, *Xanthoria mawsonii*)으로 나눌 수 있었다.

테라 노바 만의 해양 포유류로는 웨델 해표 일부가 무리 지어 휴식하는 것이 관찰되었다. 또 황제 펭귄과 아델리 펭귄도 1~4마리 정도로 가끔 무리를 지은 것이 눈에 띄었다. 남극도둑갈매기는 가장 큰 개체군을 형성하는 조류로 독일 곤드와나 기지 동측 사면에 집단 번식을 하고 있으며 2010~2011년 조사기간에는 84개의 둥지를 발견하였다.

바톤 반도 담수 호에서 퇴적토를 채집하는 광경 ①
기지남쪽 해안에 있는 담수 호에서 채집된 퇴적토의 코어 ②
세종기지 생물랩에서 코어 개봉 작업 ③

현재 테라 노바 만 주변의 토양에서는 바톤 반도 육상 생태계연구와 마찬가지로, 토양의 진핵·원핵 미생물의 다양성을 연구하고 있는데 앞으로 두 지역 간의 비교가 가능할 것이다. 이곳에서 하는 연구는 기후변화에 따른 자연적인 생물다양성의 변화는 물론이고 기지 건설 후 인간 활동에 따른 생물다양성 변화를 동시에 관찰할 수 있는 기회가 될 것이다. 기지 건설 전과 후 생물상 변화연구는 과학적으로 매우 가치가 높은 연구가 될 것으로 기대된다. 최근에는 외국과 활발한 공동연구를 통하여 빅토리아 랜드 육상 생태계를 연구하고 있다.

2012년 1월 부두 예정지의 저서 생태계와 바깥지역인 드리갈스키 분지(Drygalski

Basin)와 프랭크린(Franklin) 섬 인근의 해저 언덕(sea mound)을 조사했으며 퇴적물과 해저지형과 저서생물 조사를 위해 수중광경을 비디오로 촬영했다. 이 영상에 나타난 생물들의 성분을 분석하여 대표적인 홍조식물 3종의 군집을 파악했다. 이곳의 동물상은 12~21미터 부근에서 해면류의 생물량이 매우 많으며, 그 가운데서도 이매패류(*Adamussium colbecki*)와 남극큰띠조개, 두 종이 유난히 많다는 것을 알 수 있었다.

생명현상과 응용연구

2011년부터 남극의 대표 생물인 남극대구, 남극좀새풀, 지의류, 저온성 박테리아 등에 대한 발현유전자와 유전체를 연구하고 있다. 앞으로 다양한 생물을 대상으로 대량의 유전정보를 연구하면 남극 생물체의 환경적응과 환경오염에 대한 이해가 높아질 것으로 기대된다.

극지연구소의 인프라가 쇄빙연구선 아라온 호와 남극 제2 과학기지인 장보고기지로 확대됨에 따라 남극에서 생명과학 연구의 범위와 지역 또한 확대되고 있다. 쇄빙연구선을 통해 외양(外洋)의 생명과학 연구지역이 서남극 웨델 해 빙붕 지역과 아문센 해 결빙해역, 남극 중앙해령의 심해열수구, 로스 해 지역으로 확대되었다.

대륙에서는 장보고기지가 들어서게 될 테라 노바 만을 교두보로 남극 내륙 진출이 쉬워져 테라 노바 만 주변의 생태계는 물론 빙하, 운석, 암석, 빙하저 등의 다양한 생태계를 대상으로 한 생명과학 기초 연구가 가능해 질 것이다.

다양한 생태계에서 확보될 생물자원은 극지와 고산 생물자원은행(Polar and Alpine Microorganism Collection)에 축적될 것이며, 이들을 활용하면 유용한 극지 생물자원을 발굴하고 새로운 생물 소재 등, 극지에서 유래된 소재에 대한 응용연구가 가능해질 것이다.

남극 세종기지가 건설되기 이전에 시작된 우리나라의 남극생명과학 연구는 2014년 장보고기지가 건설됨에 따라 연구지역과 연구분야가 더욱 넓어질 것이며 연구속도 또한 더욱 빨라질 것이다.

● 극지환경에서 살아남기 위한 새들의 공존

남극의 조류

매우 추운 지역의 대명사인 남극. 온 세상이 눈과 얼음으로 덮여있을 것 같지만 여름철 바닷가 모서리에는 약간이나마 땅이 드러난다. 펭귄을 포함하여 남극권에 있는 50종이 넘는 극지 조류는 이러한 곳에 삶의 터전을 일구어 둥지를 짓고 알을 낳고

김정훈

펭귄마을을 목장처럼 관리하는 갈색도둑갈매기
다른 도둑갈매기들의 침입을 허락하지 않는다.

새끼를 키워내며 생명의 끈을 이어왔다. 펭귄과 도둑갈매기는 킹조지 섬에서 번식하는 대표조류이다.

펭귄은 크릴이나 어류를 잡아먹고 살지만 이들의 알과 새끼들은 남극의 매라 불리는 도둑갈매기들의 주요 먹잇감이 되기도 한다. 먹고 먹히는 관계에 있는 이들은 한정된 같은 장소에서 어떻게 같이 살아갈 수 있는 것일까? 도둑갈매기들이 펭귄새끼들을 다 잡아먹어버리면 머지않아 펭귄이 멸종에 이르지는 않을까? 하지만 아주 오래 전부터 이들은 함께 살아왔고 지금도 같이 살고 있다. 지금부터 펭귄과 도둑갈매기가 어떻게 같이 살고 있는지 살펴보자.

펭귄

세종기지에서 남쪽으로 약 2킬로미터 떨어진 곳에 펭귄마을이라 불리는 곳이 있다. 매년 수천 쌍의 젠투펭귄과 턱끈펭귄이 모여 알을 낳고 새끼를 길러내는 이곳은 2009년 4월 17일 제32차 남극조약협의당사국회의에서 '남극특별보호구역(관리 번호 171번)'으로 지정되어 보호받고 있다.

펭귄들은 큰 무리를 지어 둥지를 짓기 때문에 도둑갈매기 등의 천적에 대항하여 자신의 새끼를 안전하게 길러낼 수 있는 확률을 높일 수 있다. 도둑갈매기들도 먹이를 구해야만 살아남을 수 있기 때문에, 분명히 누군가의 새끼나 알은 잡아 먹히게 될 것이다. 당신이 도둑갈매기라면 표적을 정하기 쉽고 방어가 허술한 작은 집단과, 수가 많아 어수선해서 표적을 정하기 어렵고 방어가 견고한 큰 집단 중 어느 곳에서 사냥을 할 것인가? 수 년간의 조사결과 작은 무리의 새끼들이 큰 무리의 새끼들보다 잡아

김정훈

펭귄마을에서
번식하는 젠투펭귄 ①
펭귄마을에서
번식하는 턱끈펭귄 ②

먹힐 확률이 높다. 10중에 하나보다 100중의 하나가 더 안전하다는 뜻이다. 하지만 펭귄새끼를 사냥하는 도둑갈매기가 많다면 이러한 확률은 의미가 없어질 것이다.

도둑갈매기

킹조지 섬에는 갈색도둑갈매기와 남극도둑갈매기 두 종이 살고 있다. 이 중 갈색도둑갈매기는 남극도둑갈매기보다 몸집이 크고 더 공격적이다. 도둑갈매기들은 주로 펭귄의 알이나 새끼, 작은 새, 어류, 크릴, 동물 사체 등 다양한 생물을 먹고 산다. 이 중 어떤 먹이는 항상 손쉽게 구할 수 있는가 하면 어떤 먹이는 시간과 노력을 많이 투자해야 얻을 수 있다. 자원은 한정되어 있는데 누구나 다 좋은 먹이를 차지할 수는 없기 때문이다. 그럼 누가 어떤 먹이를 차지할 것인가를 결정해야 할 것이고, 그 결정은 경쟁을 통해 이루어질 것이다. 두 새들의 사냥터를 살피면 경쟁의 결과는 이미 오래전에 나 있음을 알 수 있다. 펭귄마을을 차지한 것은 갈색도둑갈매기들로, 남극도둑갈매기들은 펭귄을 포기하고 바다에서 먹이를 구하게 된 것으로 보인다. 승패가 결정된 후, 두 종은 더 이상의 격렬한 경쟁을 하지 않는 것이다. 지나친 경쟁은 서로에게 손실을 가져오기 때문이다.

킹조지 섬에서 두 종이 둥지를 짓는 장소를 조사해보면 갈색도둑갈매기들은 해안과 펭귄마을 근처, 남극도둑갈매기들은 내륙을 선호하는 것으로 나타났다. 또한 갈색도둑갈매기 중에서도 같은 종끼리 경쟁을 통해 일부만이 펭귄마을에 둥지를 만들고 펭귄을 먹이로 이용하는 경향을 볼 수 있다. 일부 몇 쌍의 갈색도둑갈매기가 드넓은 펭귄마을을 관리한다는 것은 종의 유지 차원에서 보면 두 종 모두에게 이익이 된다고

갈색도둑갈매기 ①
남극도둑갈매기 ②

할 수 있다. 갈색도둑갈매기는 손쉽게 먹이를 구할 수 있는 목장을 확보하는 셈인데, 이로써 먹이를 구하기 위해 둥지를 비우는 시간이 짧기 때문에 다른 도둑갈매기들로부터 자신의 알이나 새끼를 잘 보호할 수 있다. 나아가 몇 쌍의 갈색도둑갈매기들은 필요한 만큼의 펭귄새끼를 잡아먹는 대신 다른 도둑갈매기들의 침입을 막아주므로 펭귄의 숫자가 크게 줄거나 늘어나는 것을 막아 펭귄의 수를 유지시킬 수 있게 된다. 이러한 내용을 과학적으로 밝히기 위해 펭귄과 갈색도둑갈매기간의 공존에 대한 자세한 연구가 진행 중이다.

● 툰드라 얼음 땅에서 연구하는 생명과학

2003년

북극의 생명과학 연구는 우리나라가 2002년 국제북극과학위원회에 가입하고, 늬-올레순 국제과학기지촌에 다산과학기지를 개설한 이듬해부터 시작되었다. 초창기에는 다산기지 주변에서 살고 있는 박테리아를 중심으로 연구가 이루어지다가 점차 효모, 식물, 생태계로 연구범위가 다양해졌다.

초기 연구에서는 다산기지 주변의 토양이나 해양에서 사는 박테리아를 배양하고 이중 단백질 분해효소를 생산하는 균주를 선별하였다. 단백질 분해효소는 찌든 때를 잘 분해하는 세탁용 세제에 첨가할 수도 있고, 면역을 억제하지 않고 염증만 치료하는 효소치료제로 개발될 수도 있기 때문이다. 나아가 우리 연구자들이 세계 최초로 이름을 붙여준 박테리아도 있다. 바로 다산기지 앞 콩스피요르드(Kongsfjorden 또는 킹스 베이) 해저퇴적물에서 분리한 박테리아인데, 다산기지의 이름을 따서 명명된 신속(新屬) 다사니아(*Dasania*)이다. 또 콩스피요르드 바닷물을 실험실에서 배양하여 얻은 종(*Candidatus* aquiluna sp. IMCC13023)의 유전체를 분석하였는데, 이 박테리아는

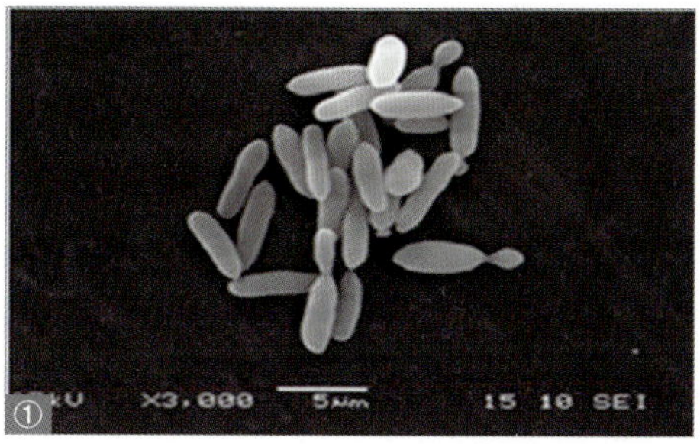

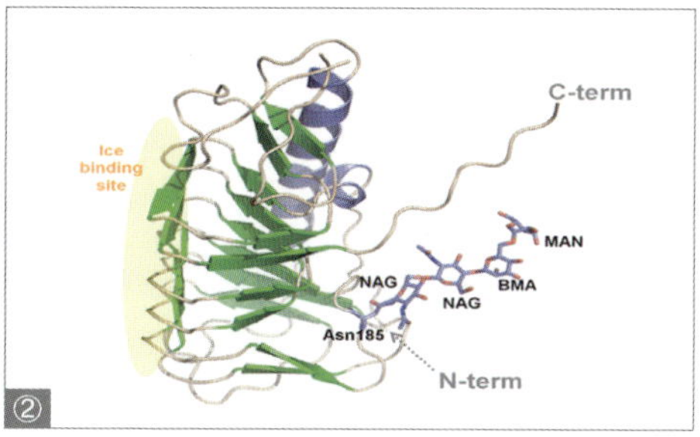

이준혁

저온에서 잘 자라며 결빙방지 물질을 만드는 북극 효모 *Leucosporidium* sp. AY30 ①

북극 효모가 분비하는 결빙방지단백질의 3차 구조 ②

해양 방선균(*Actinobacteria*) 중에서는 가장 작은 유전체(약 1.36Mbp)를 가졌다.

국내 연구자들은 다산기지 주변에 형성된 해양 생물막(生物膜, Biofilm, 어떤 물질의 표면을 덮고 있는 미생물 집단)에서 DNA를 직접 추출하여 박테리아의 빛을 흡수하는 로돕신 단백질의 일종인 프로테오로돕신(Proteorhodopsin)유전자를 분리하였다. 프로테오로돕신은 동물의 로돕신처럼 레티날(retinal 비타민 A의 한 종류로서 빛에너지를 화학에너지로 바꾼다)을 함유하고 있으며 빛 에너지를 직접 흡수하여 에너지 생산에 활용하는데 중요하다.

북극 다산기지 주변에서 분리한 효모(*Leucosporidium* sp. AY30)에서는 결빙방지 단백질(LeIBP)을 분리하였다. 현재 이 결빙방지단백질을 이용한 적혈구, 제대혈, 줄기세포, 생식세포, 생체조직 동결보존액을 개발하고 있다.

북극 육상 생태계연구

북극은 기후변화에 따라 온도가 상승하고, 강수량이 변화하며, 동토층이 녹으면서 지반이 가라앉는 등의 환경변화를 겪고 있다. 연구팀은 이와 같은 환경변화가 육상 생태계에 어떤 영향을 끼치고 있으며, 육상 생태계는 기후변화에 어떻게 반응하고 있는지 종합적으로 이해하고자 한다.

지구 온난화로 인하여 빙하가 녹으면서 과거에는 빙하로 덮여 있던 지역이 새롭게 노출된다. 이렇게 노출된 곳은 시간이 흐르면서 토양이 발달하고 생물 군집이 자리를 잡게 된다. 따라서 극지연구소 북극 생물연구팀은 2011년부터 스발바르 지역의 다산기지 주변인 로벤빙하(Lovenbreen) 주위에서 빙하후퇴시기가 다른 장소를 선정하여 시간 변화에 따라 토양 발달과 토양 미생물 군집 구조와 관속 식물의 정착과 천이를 연구하고 있다.

이러한 연구는 다산기지 외에도 캐나다 캠브리지(Cambridge) 만, 알래스카 카운실(Council), 그린란드 자켄버그(Zackenberg)에서도 진행 중이다. 캐나다 캠브리지 만은 캐나다의 누나부트 준주(準州, Territory)에 속하며 빅토리아 섬의 남동쪽에 있는

홍순규 남성진 이유경 이유경 이유경 이유경 남성진 홍순규 이유경

다양한 연구활동

① 캐나다 캠브리지 만 연구지에 개방형 온도상승챔버를 설치하는 모습

② 알래스카 카운실 영구동토층의 1m 토양 코어, 아래쪽에 얼음층이 있다.

③ 그린란드 자켄버그에서 토양 코어를 샘플링하는 모습

④ 그린란드 자켄버그 기후변화 모사연구지에서 코펜하겐 대학 앤더슨 교수와 극지연구소 이유경 박사가 논의하는 모습

⑤ 그린란드 자켄버그에서 식물을 촬영하는 모습

⑥ 그린란드 자켄버그 기지에서 연구지로 나가기 전에 총을 준비하는 모습

⑦ 알래스카 카운실에서 동토를 샘플링 하는 모습

⑧ 캐나다 캠브리지 만 연구지에 설치된 온도상승챔버와 온도 센서 및 습도 센서

⑨ 다산과학기지에서 토양 온도와 습도를 측정하고 토양을 코어링하는 정지영 박사

해안마을이다. 기후예측모델을 따르면 캠브리지 만의 경우 2040~2069년 사이 20세기 후반보다 온도가 3.9℃ 증가하고, 강수량은 18.6밀리미터가 증가할 것으로 예측된다.

극지연구소는 캠브리지 만의 미래 온도와 강수량 증가에 대한 모델 예측 결과를 바탕으로, 2012년 이 지역의 대표식생인 민담자리꽃나무가 자라는 지역에 개방형 온도상승챔버(Open top chamber)를 설치하여 온도상승과 강수량 증가 실험을 시작하였다. 이를 통해 온도와 강수의 독립적 효과와 상호작용이 식물 생장, 토양 미생물,

토양 특성에 미치는 영향을 통틀어 이해하고자 한다.

알래스카 카운실은 북극권(북위 66.5도) 바로 아래에 있다. 이곳은 선태류, 지의류, 사초류, 키가 작은 관목이 우점하고 있다. 또한 수분 함량이 높고 온도가 낮아 유기물 분해가 억제되어 30센티미터 이상의 이탄층이 형성되어 있다. 이 이탄층은 지구 온난화와 관련해서 방출되는 온실화 기체인 메탄과 이산화탄소로 인해 주목을 받는다. 극지연구소는 이곳에서 여름철에 녹는 활동층과 1년 내내 얼어있는 영구동토층에서 서식하는 미생물 군집 구조와 분포 양상을 연구하고 있다. 궁극적으로 토양 미생물이 방출하는 이산화탄소와 메탄을 정량화하여 기후모델에 반영하는 것이 목적이다.

자켄버그(Zackenberg Ecological Research Operations, ZERO)는 그린란드의 북동쪽 국립공원 안(북위 74도30분, 서경 20도30분)에 있는 생태계연구기지이다. 이 연구기지에서는 1991년 모니터링을 시작한 이후, 온도 상승과 강수량 증가가 관찰되었다. 기후 예측 모델을 따르면 향후 10~40년 이내 겨울과 봄에 3.2~4.6℃의 온도 상승이 예상되고, 2051~2080년 사이 60퍼센트가 넘는 강수량 증가가 예상되며, 또한 이 지역의 구름의 양이 증가하는 것으로 예측된다. 이곳에서는 덴마크 코펜하겐 대학의 미켈센(Anders Michelsen) 교수가 주요 대표 식생인 북극버들과 북극종꽃나무를 대상으로 여름철 온도 상승, 광량감소, 식물 생육기간을 조절한 뒤 나타날 식물의 생장변화를 연구해 왔다. 연구팀은 미켈센 교수와 협력하여 이 연구지의 토양 미생물 군집구조와 토양 유기탄소의 질이 어떻게 변하는지 연구하고 있다.

북극식물의 이름

극지연구소는 2010년과 2011년 현장조사에서 다산과학기지 주변과 롱여빈 일대에서 총 15과 28속 46종의 식물을 관찰하고 이중 우리말 이름이 없는 38종의 식물에 우리말 이름을 붙여주었다. 그 가운데서도 우리이름이 없던 식물(*Braya*, *Micranthes*, *Cassiope*) 3개 속에는 각각 '꽃다지아재비속, 범의귀아재비속, 종꽃나무속'이라는 우리이름도 붙여 주었다.

또한 2012년에는 북극 툰드라 지역에서 생장하는 총 27과 95종의 식물을 정리한 '북극 툰드라 식물'을 발간하였다. 그 결과 그 동안 연구자마다 서로 다르게 사용하던 식물이름을 통일할 수 있었다. 이렇게 통일된 식물이름은 앞으로 북극권 연구거점인 다산과학기지에서 생산되는 다양한 북극권 연구의 국내발표와 우리연구사회에 유용하게 활용될 것이다.

북극 툰드라 식물 도감의 표지

이유경

해양과학 연구

1978년 남극해 크릴을 연구하면서 시작한 남극해 일반해양조사는 남극 연구에서는 빠뜨릴 수 없는 분야가 되었다. 나아가 1985년 당시 해양연구소의 연구원들이 한국남극관측탐험에 참가하면서 해양연구소는 남극해의 해양과학 연구가 중시되었으며, 이는 양극해 연구로 발전했다.

신형철 · 강성호 극지연구소

남극해 연구의 터를 닦다

남극해 연구의 처음 20년

해양물리환경 분야까지 포함한 남극 해양생태계와 물질순환 연구는 우리나라에서 남극 연구를 시작할 때부터 같이 해왔다. 지구환경변화의 원인과 결과가 모두 숨어 있는 극지 바다와 생태계, 그리고 그 안에서 일어나는 생명 현상은 연구팀이 남극 연구를 시작할 때부터 중시한 분야였다.

남극해 해양조사는, 1978~1979년 크릴 시험어획조사때부터 시작되었다. 당시 수산청은 크릴 어획선에 연구원을 승선시켜 일반해양조사를 했다. 1987년 한국과학기술원 부설 해양연구소의 한 부서인 극지연구실로 출발할 당시, 해당 분야를 전공한 정규 연구원을 손으로 꼽을 수 있었던 시절에 시작된 이 노력은 정말 초보적인 기본자료를 수집하는데 그쳤다.

1990년대 초반에는 식물플랑크톤과 해양미생물학을 전공하는 연구원들이 합류하여 제대로 된 현장조사프로그램이 비로소 시작될 수 있었다. 1991~1992년부터 크기는 작지만 쇄빙능력을 갖춘 에레부스 호를 이용할 수 있게 되면서, 웨델 해의 결빙해역에 진입하여 해빙 인근해역을 연구하기 시작하였다. 이때 목격한 해빙해역 식물플랑크톤의 대번성은 당시까지 경험한 적이 없는 새로운 연구의 소재가 되었다.

1995~1996년에는 미국해양대기청의 남극생태계 연구팀을 비롯해 다른 연구 그룹들과 미리 계획된 해역에서 연구시점과 연구분야를 공유하거나 분담하는 협업 연구를 처음으로 수행하였다. 1998년 지구 온난화의 주범으로 지목되는 이산화탄소 연구

를 시작하면서 연구분야가 다시 한 번 확대되었고, 이때부터 바닷물 속의 이산화탄소 농도를 연속으로 관측하였으며, 대기와 해양 사이 이산화탄소 교환량을 추정하는 연구가 추가되었다.

비슷한 시기에 해양 수층에서 해저면으로 가라앉는 입자를 퇴적물 트랩으로 수집해서 분석하는 연구도 시작되었다. 이는 해양과 대기의 이산화탄소 연구와 더불어, 대기에서 해양 표층으로 흡수된 온실기체가 어떻게 해양 심층으로 이동하고 격리되는지 그 과정을 탐구하기 시작했다는 점에서 큰 의미가 있다. 우리의 연구가 일부 남극 해역에서 자료를 얻는 수준을 넘어 지구시스템의 중요한 일부로서 남극해의 구실과 기능까지 탐색의 의미를 크게 넓혔던 것이다. 이로써 우리의 남극해 연구는 많은 선진국들의 주제에까지 접근하게 되었다.

1999~2000년 현장조사에서는 남극해의 주요 크릴 어장에서 크릴의 자원량을 재평가하기 위한 커다란 국제공동조사의 일부로 다시 한 번 미국의 해양대기청과 페루의 해양연구소와 일본의 원양수산연구소가 참여하는 협업 연구를 수행하였다. 이 조사는 두 번째 국제 공동연구라는 것 외에도 그 동안 연구팀이 크릴 연구를 위해 도입한 과학어군 탐지기를 국외전문가들과 함께 활용하고 비교하며 문제점을 확인할 수 있는 기회였다는 의미가 있다.

21세기에 접어들며

2000년을 넘어서면서 연구진도 중장기 자료의 중요성을 인식하게 되었고, 이에 조사선을 활용하기로 하였는데, 조사선은 매년 드레이크 해협을 건너 세종기지에 도착하기에 드레이크 해협 모니터링 연구를 우리 해양조사의 일부로 포함시켰다. 남극과 바깥세상을 나누는 남극순환 해류가 가장 빠르게 흐르며 가장 많은 양의 바닷물을 통과시키는 병목 구간인 드레이크 해협에서 본격적인 해양물리관측이 시작되었던 것이다. 또한 수온과 염분자료를 자동 송신하는 장치(ARGO)를 직접 남극해에 투하하여 그 자료를 우리나라의 실험실에 받아볼 수 있게 되었다. 이와 거의 동시에 인공위성을 활용한 해색(海色) 원격탐사 연구진도 이 연구에 합류함으로써 적어도 그 주제와 취급 분야에서는 국제수준의 해양연구를 수행할 수 있는 단계에 이르게 되었다.

동물 플랑크톤이나 헤엄치는 작은 동물을 서식하는 깊이별로 나누어서 채집할 수 있는 특별한 그물로 남극해 조사에 나섰다.

극지연구소

극지연구소

강성호

남극해 연구에서는 일반해양조사가 기본이다. ① 사진은 채수 장면

2012년 여름 북극해로 탐사를 나간 쇄빙연구선의 일반 해양실험실 ②

2001~2002년에는 서경 50도를 따라 남서대서양에 면한 남극해를 종단하는 조사를 실시하였다. 해양표층에서 그 동안 해저 퇴적층의 기록으로만 알고 있던 탄산염 해양과 질산염 해양을 확인하고, 극전선 해역 특유의 해양물리와 극전선 해역에서 크게 높아지는 생물생산력, 그와 함께 발생하는 온실기체의 움직임을 관측하는 야심적인 시도였다. 그 후 2003~2004년부터 3년간은 남극해 해양연구를 지원하던 여러 개의 과제가 공통의 연구주제 하에 통합 재구성된 해양조사를 실시하였다. 이때 웨델 해 일부 해역에서 웨델 해 해빙의 전진과 후퇴, 그리고 기상조건이 광합성에 따른 일차 생산과 크릴 분포와 온실기체의 움직임까지 좌우한다는 것을 확인하였고, 웨델 해가 그 동안 소홀하게 다루어졌다는 것도 알게 되었다.

우리 쇄빙연구선을 기다리며

쇄빙연구선이 지어지기 전까지, 우리나라의 남극해 연구는 열 명 내외의 현장 연구진이 겨우 보름 남짓한 시간 동안 배를 빌려 여러 개의 과제를 모아 한꺼번에 연구하는 식으로 힘겹게 꾸려졌다. 그런 상황에서도 제대로 된 연구를 갖추며 침강입자 플럭스(flux)와 이산화탄소의 움직임, 크릴의 분포 등에서 실력 있는 세계 연구진들과 토론이 가능한 수준의 결과를 이끌어낼 수 있었다. 또 본래 핵심 연구목표는 아니었지만, 현장조사 때 채집하여 국내 실험실로 가져와 배양하기 시작한 식물플랑크톤 시료는 세계에서 몇 안 되는 극지 식물플랑크톤 종자 은행의 근간이 되었고 또 다른 응용연구의 디딤돌이 되었다.

또 한국해양과학기술원을 포함하는 다른 연구기관들과 대학의 연구자들, 심지어 국외과학자들에게도 극지 연구의 기회를 제공하는 매개가 되었다. 1988년 이후 근 20년간 남극해 연구진은 남극해 연구의 견인차, 쇄빙연구선을 기다렸다. 우리의 쇄빙연구선을 갖게 된 지금, 남극해 연구는 새로운 차원의 질적 도약을 기대할 수 있게 되었다.

● 얼음바다 한복판에서 새로 솟아오르는 남극 해양연구

남극해와 이산화탄소

빌려 쓰는 남의 배에 의지하던 남북극 해양연구는 쇄빙연구선의 취역과 함께 도약의 기회를 맞게 되었다. 지구환경변화의 원인을 제공하기도 하고 환경변화의 결과가 극적으로 나타나기도 하는 미지의 남북극 결빙해역에서 다학제 연구가 가능해진 것이다. 남북극의 얼음바다가 중요한 것은 바다가 얼면서 지구의 과열을 방지하기 때문이다.

겨울에 남북극 바다가 얼어붙을 때 만들어지는 결빙해역의 바닷물은 더 차갑고 짜다. 차갑고 짠 물 덩어리는 주변의 녹지 않은 물보다 무거워져서 바다 밑으로 가라앉아 전 세계로 퍼져나가게 된다. 이 차가운 물 덩어리가 세계 곳곳에 냉기를 나누어주며 천연 자동조절 지구 냉난방 시스템의 중추적인 기능을 하는 것이다.

물이 차가울수록 기체는 잘 녹아 들어간다. 이러한 특성 때문에 가장 중요한 온실기체로 알려진 이산화탄소, 그 가운데서도 산업혁명 이래 인간이 대기에 쏟아 넣은 여분의 이산화탄소의 상당량이 남극해에서 처리되고 있다. 차갑고 무거운 물이 가라앉을 때, 결빙해역에 녹아 들어간 이산화탄소도 함께 바다 밑으로 가라앉게 되는데, 한번 바다 밑으로 내려간 차가운 물덩이가 해저에서 순환하는 시간은 보통 1,000년이므로 이산화탄소의 심층격리가 이루어진 셈이다. 남극의 얼음바다는 지구를 식히거나 간혹 데우며 탄소를 처리하고 내보내기도 하는 거대한 열교환기와 화학공장의 구실을 겸하고 있는 것이다.

접근하기 어려운 결빙해역은 인류에게 알려진 적 없는 새로운 생물들이 숨어있을 가능성이 높은 곳이다. 그러니 남극 결빙해역 연구는 그야말로 지구환경변화의 비밀이 숨어있는 미답지의 열쇠를 여는 셈이다.

남극해의 해빙을 깨면서 항해하는 쇄빙연구선

극지연구소

우리 쇄빙연구선의 역할

우리나라가 쇄빙연구선을 갖게 된 뒤, 남극 결빙해역의 연구지로 선택한 곳은 지구에서 가장 빨리 온난화가 진행되고 있는 서남극의 아문센 해였다. 남극대륙에서도 서쪽, 남극반도에서 로스 해로 이어지는 이곳은 지난 50년간 평균 1°C 이상, 아주 심한 곳은 최근 20년 동안 2°C 가까이 평균 온도가 상승하였다. 아문센 해와 만나는 대륙의 빙상은 빠른 속도로 주저앉으며 후퇴하고 있어

'온난화의 배꼽'이라 불리고 있다. 이 해역에서 왜 빙상이 후퇴하고 해빙이 축소되는지 아직 명쾌하게 모른다. 따뜻해진 대기의 영향 말고도 극지역에서 순환을 시작한 찬 물덩어리가 지구를 한 바퀴 돌며 데워진 뒤 다시 남극 대륙붕으로 밀려 올라오면서 미지근한 심층수가 얼음을 녹이고 있는 것은 분명하다.

이곳에는 폴리니아(polynia)라고 부르는, 사방으로 바다를 덮은 해빙에 둘러싸인 웅덩이처럼 노출된 해역이 있다. 남극 바다의 얼음판은 그 자체로 바닷물과 차가운 대기 사이에서 열 교환을 막아주는 단열 차단벽 구실을 하고 물과 공기 사이의 기체 교환을 가로막는 장벽이 되는데, 폴리니아는 이 차단벽에 생긴 구멍이고 균열이다. 여름에 얼음바다 복판에 생긴 폴리니아로 햇빛이 쏟아져 들어가면 엄청난 양의 광합성이 이루어 지면서 대기 중 이산화탄소가 해양표층으로 빨려들어간다. 이렇게 대기에서 바다로 들어온 탄소가 바다밑으로 가라앉아 한동안 온실기체 구실을 못하게 될지, 아니면 다시 대기로 나올지 그 거취와 역동적인 과정은 지구환경변화를 좌우하는 큰 축이라 할 수 있다.

한승필

2011년 1월 1일 서남극 아문센 해 다촌(Dotson) 빙붕 앞에 온 쇄빙연구선 ①
해빙의 구멍을 뚫고 해빙으로 덮인 해양 환경을 연구한다. ②
2011년 1월 아문센 해 해빙에서 연구재료를 수집하는 연구원들

아문센 해 결빙해역 연구는 극지연구소뿐 아니라, 국내외 대학과 연구기관도 참여하는 대형 국제협력 과제로 인공위성을 이용한 해빙 변화 추적, 따뜻한 심층해수의 유입량 추정, 해양과 대기 사이 열과 기체 교환, 대기 화학조성과 온실기체 변화 모니터링, 해양 1차 생산에 의한 온실기체 제거량, 온난화에 따른 국지적 해양생태계의 반응과 변화, 침강입자 포획과 분석을 통한 탄소 격리 과정과 양의 추정 등, 아문센 해의 결빙해역이 겪고 있는 온난화의 원인과 경과, 생태계 파급효과를 학제간 경계를 넘나들며 하늘에서 바다 밑바닥까지 그야말로 입체적으로 연구하고 있다. 심층수가 들어오는 길목에는 수온 염분 해류계가 설치되어 일 년 동안의 변화를 기록하고 있으며, 대기 이산화탄소가 광합성을 통해 탄수화물로 바뀐 뒤 해양심층으로 어떻게 처분되는지 침강입자를 시간대 별로 수집하여 연구한다. 또 세균부터 크릴까지 먹이사슬 전체도 조사하고 있다. 한 달 남짓한 조사로 다 담지 못하는 현상과 변화는 위성관측으로 추정하고 있으며, 그 결과는 모형 수립과 재현을 거쳐 예측 연구로 귀결될 것이다.

남극해 관측 프로그램

아문센 해만이 우리 남극해 연구의 유일한 대상은 아니다. 장보고기지가 있는 로스 해역시 연구대상으로서 매우 중요한 해역이며 쇄빙연구선이 지나갈 때마다, 혹은 대형 조사를 계획하는 대로 남극해와 남극해를 덮고 있는 대기 자료를 수집하고 있다. 남극해 연구에서 그 동안 제대로 수용하지 못했던 중요한 해역을 우리가 맡아 연구하는 것은 남극해 전체의 그림을 완성한다는 의미에서 대단히 중요하다.

기후변화에서 남극해의 구실과 근본 작동원리를 밝히는 것은 당분간 우리의 주력 연구로써 잘 설계된 조사 연구를 통해 이루어지겠지만, 한두 해가 아닌 여러 해 동안 자료가 쌓여야만 제대로 포착할 수 있는 기후변화의 큰 흐름을 읽는 장기 관측 사업도 게을리 하지 않고 있다. 이미 우리는 남극해 관측 프로그램(Southern Ocean Observing System, SOOS)의 주요 참여국으로 부상하고 있다. 예전의 소규모 지역 연구에서 지구 전체를 시야에 담는 세계 연구로 또 다른 학제와 더불어 지구환경변화의 비밀을 밝히는 연구로 자리매김하고 있는 것이다.

양극해 연구의 중요성

기후변화에 따라

양극해(Bi-polar Ocean), 곧 남극해와 북극해 주변은 전 지구의 환경, 에너지·자원과 같은 중요한 문제들을 해결하기 위한 핵심 지역으로 과학적, 경제적, 지정학적으로 중요성이 대단히 크다. 나아가 양극해는 기후변화에 민감하여 전 지구 기후시스템에 커다란 영향을 준다. 실제 기후모델과 관측 자료를 통해 양극해가 전 지구 평균보다 상당히 높은 비율로 더워지고 있음을 알 수 있다. 양극해가 더 빨리 더워지는 주요한 이유는 해빙이 녹아 사라지면서 태양에너지를 더욱 많이 흡수하기 때문이다. 대기-해양의 순환양상의 변화 역시 양극해를 더욱 더워지게 만드는 주요한 원인이 된다.

최근 기후변화가 양극해 주변의 해양생태계를 현저히 변화시키고 있다. 그 주요 원인은 해빙이 줄어들고 강물이 더 많이 흘러 들어오기 때문이다. 양극해 변화가 급격하게 일어나기 때문에 온난화에 따른 해빙의 감소 등 양극해의 환경변화가 돌이킬 수 없는 임계점을 예측하는 일은 쉽지 않다. 나아가 현재 위험에 직면해 있는 양극해를 연구하여 미래 환경변화에 대비하고 우리 사회가 준비할 수 있는 시간을 벌어야 한다. 그런 점에서 양극해 연구는 전 지구환경변화에 대한 미래의 조기경보 시스템을 구축하는 '프론티어' 연구분야라 할 수 있다.

지구 시스템의 구성요소와 기후변화의 연관성

양극 해양생태계의 반응을 변화시킬 수 있는 역학관계

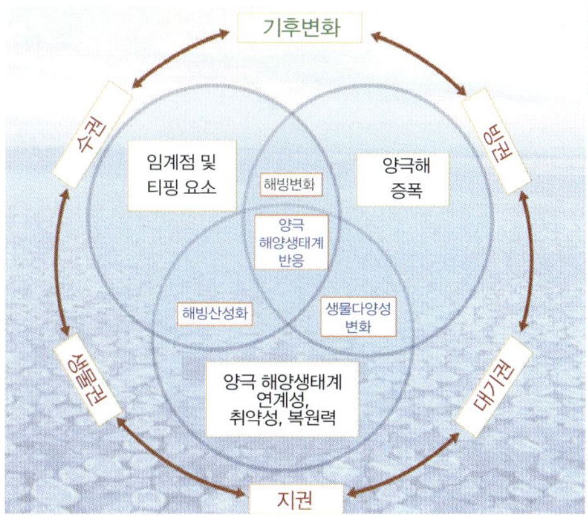

NRC, 2011

양극해 환경변화

양극해 주변은 지구의 다른 어떤 지역보다 더 빠르게 더워지고 있다. 대기 온난화, 해빙 면적 감소, 영구동토층의 융빙, 담수 유입 증가, 피설(被雪) 면적의 감소 등의 영향 때문이다. 지구 온난화의 효과가 양극해 주변에서 특히 증폭되어 나타나는 주 이유는 눈과 얼음의 급격한 감소로 인한 알베도 효과(눈과 얼음에 태양빛이 반사되는 효과)의 저감으로 인한 것으로 알려져 있지만, 해류순환, 대기-해양 열교환, 생물학적 피드백(반응) 변화 등 기타 요인들을 완벽하게 이해하고 있는 것은 아니다.

전 지구환경변화로 증폭된 양극해의 환경변화의 임계점, 그리고 환경변화가 한순간에 급변하게 되는 순간인 티핑 포인트(Tipping Point)를 확인하고 예측하는 일은 극지 과학자들이 직면하고 있는 가장 큰 어려움 중 하나이다. 양극해 주변 지역의 대기, 해양, 생물권 포함한 빙권(氷圈)시스템이 인위적 변화로 인한 외부 압력 증가로 급속하게 반응하면서 환경변화 임계점과 티핑 포인트를 넘어서려는 위험에 노출되어 있다.

극지의 얼음시추시료 분석을 통해 우리는 과거 지구의 대기가 어떻게 구성되어 있는지를 유추할 수 있다. 이 기록을 통해 과거 양극해의 차이가 있다는 것을 알 수 있는데, 북극해는 수많은 급격한 기후변화를 겪은 반면, 남극해는 급격한 변화가 없었다는 것을 알 수 있다. 남극해는 점진적이고 상대적인 작은 변화가 있었으며, 최근의 급격한 온난화도 남극해보다는 북극해의 전형적인 현상이라 할 수 있다. 그러므로 오랜 기간을 비교적 안정된 환경에 적응하면서 살아가는 남극 해양생물들은 북극 해양생물들에 비해 환경변화와 온난화에 대한 적응력과 복원력이 낮을 가능성이 있다. 따라서 양극 해양생태계 중에서 급격한 해빙 감소가 이루어지고 있는 북극해역과 서남극 해

양극해 주변 비교 지도

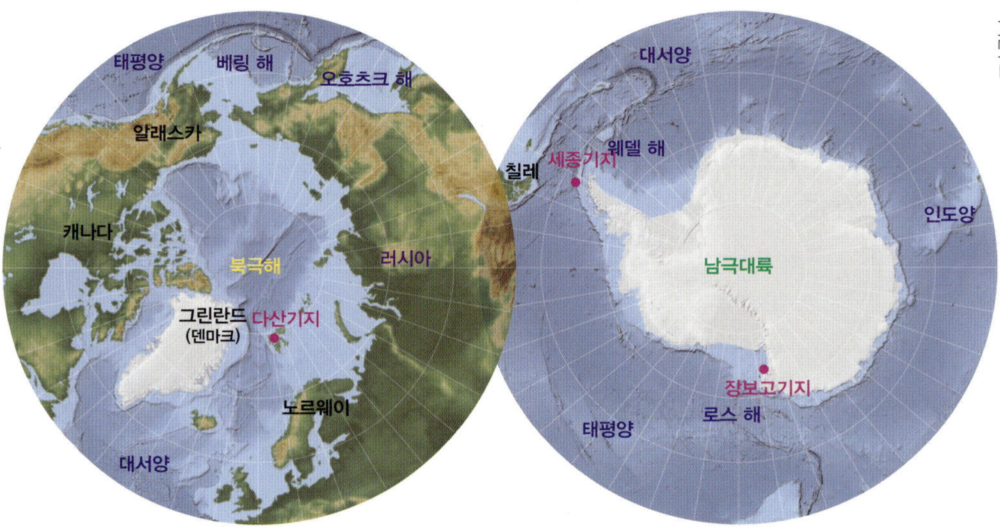

극지연구소

역에서도 환경변화 피드백과 민감성을 인지하기 위한 양극해 연구가 필요하다.

양극해 해양시스템 변화

양극해 주변해역은 지구 기후의 중요한 조절자 구실을 한다. 양극해는 전 지구의 열과 이산화탄소의 중요한 저장고로서 인위적 혹은 자연적 기후변화를 조절할 수 있는 중요한 완충 해역이다. 지난 20년 동안, 양극 주변 대기온도는 다른 지역에 비해 더 높은 증가율을 보이고 있다. 양극해 주변해역은 영구동토층의 융빙(融氷), 강우의 변화, 폭풍 해일, 홍수, 침식, 증가된 날씨의 변동성 등에 영향을 받고 있다. 이러한 변화는 해양 생물상의 변화, 외래종의 유입, 수산자원의 감소와 변화, 대규모의 연안침식 등의 결과로 나타나고 있다.

강성호

극지연구소

2012년 여름 쇄빙연구선 부근의 북극해빙에서 연구재료를 채집하는 광경 ①
2012년 여름 쇄빙연구선에서 북극해의 해양생물을 채집하는 광경 ②

양극 해양시스템은 해빙분포, 육지의 담수유입과 밀접하게 연관되어 있다. 이 환경요인들은 해양생물의 성장, 재생산 및 생지화학적 순환에 영향을 주는 양극해의 수온 및 영양염 변화와 직접적으로 관련되어 있다. 최근의 급격한 환경변화는 양극해양의 상위 영양단계 생물에 영향을 미칠 수 있는 하위 영양단계 생물에 상당한 영향을 주어 결국 양극 해양생태계 전체가 영향을 받는다. 양극 해양생태계의 취약한 영양 단계들과 이들의 연계성을 확인하기 위해서는 양극 해양시스템의 핵심 생물들의 상태와 변화 양상을 이해하는 것이 필요하다.

양극 해양생태계는 기후변화에 많은 영향을 받는다. 양극해에 서식하는 미생물과 동·식물플랑크톤들은 수온, 해빙분포, 일사량, 영양염 농도 등과 밀접하게 연계되어 있다. 예를 들면, 겨울 동안 양극해의 동물플랑크톤에게는 해빙 미세조류가 중요한 먹이이다. 해빙 주변에 미생물(미세조류)이 빨리 많이 증식되면, 그 주변에서 살아가는 저서생물과 동물플랑크톤들이 봄철에 빨리 자란다. 해빙은 먹이를 구하거나 번식을 위한 정착지로 해빙을 이용하는 조류(펭귄 외)와 포유류(예: 북극곰, 물범, 고래)들에게도 중요한 서식지가 된다.

양극 해양생태계는 온난화와 해빙감소로 인해 미생물부터 최상위 포식자까지 모든 영양단계에 걸쳐 심각한 영향을 받고 있다. 현재 양극 해양생태계에서 일어나는 생태학적, 생지화학적, 사회·경제적 변화의 영향을 인지하여 향후 양극해 온난화와 해빙감소가 우리 사회에 미칠 영향에 대한 대비책을 마련해야 한다.

대기과학 연구

세종기지에서는 기지 주변의 기상현상에 관한 자료를 축적하면서 오존과 태양복사선을 관측했다. 2000년대 들어서는 관측통계비교를 비롯해 전 지구적 현상과 극지역 현상간의 비교를 하고 미래예측도 하고 있다. 다산기지에서는 정확한 기상변화를 이해하고 고층대기 연구도 하면서 우주기상도 예측할 준비를 하고 있다.

김성중 · 윤영준 · 지건화 극지연구소

● 남극 기후변화 연구

초기 10년의 연구 성과

세종기지가 건설된 초기부터 약 10여 년간, 세종기지에서 연구한 대기분야는 기지 주변의 생소한 기상현상에 대한 자료를 축적하고 이를 분석하는 것이었다. 세종기지는 기본적인 자동기상측정시스템을 설치하고 지속적으로 자료를 축적하였으며, 관측소의 신뢰성 확보와 국제적인 인증을 받기 위해 1989년 세계기상기구에 등록하였다.

나아가 세계적 이슈인 남극 상공의 봄철 오존구멍 형성에 대한 연구 기반을 구축하고 각종 자료를 분석하여 특성을 파악했다. 세종기지의 위치는 오존구멍의 공간적인 규모에 따라서 주 발생영역 안쪽 또는 바깥쪽의 경계위치에 놓여 있으므로, 남극 성층권 오존구멍의 영향, 오존량 변동과 연직 분포의 특징과 관련하여 지표 자외선 복사의 변화를 연구하는데 적절하다.

세종기지에 설치된 자동기상관측시스템

김성중

세종기지는 고위도 저압대에 속해 있으며 해안에 있으므로 폭풍설(blizzard)이 자주 나타난다. 연구자들은 사례분석을 통해 세종기지에서 관측된 폭풍설이 남극 고기압과 고위도 저압대의 저기압의 상호작용으로 일어난다는 것을 밝힌 바 있다. 이와 더불어 세종기지의 기상

김성중

세종기지에 설치한 브루워 오존 분광 광도계

요소를 분석하여 겨울에 생긴 한파를 연구하여 이 폭풍설들이 남극 고기압과 고위도 저압대의 저기압과 상호작용을 포함한 지표 근처에서 발생한 심한 복사 냉각현상이 복합되어 일어났다는 것도 밝혀냈다. 이후 1988년 1월부터 1996년 12월까지 약 9년간의 자료 분석을 통해 세종기지의 주요한 기상요소에 대한 특성을 분석하였다.

오존구멍은 남극의 봄철에 오존전량이 급격하게 감소되어 생기는 것이다. 극지연구소 과학자들은 남극 오존구멍의 가장자리에 있는 세종기지 상공의 오존층 변화를 파악하기 위하여, 인공위성 님버스(NIMBUS) 7에 탑재된 오존전량 측정기(Total Ozone Mapping Spectrometer)가 1978년 11월 1일부터 1991년 12월 31일까지 13년 2개월에 걸쳐 측정한 자료를 분석했다. 또한 세종기지에서는 같은 기간 동안에 연별, 계절별, 월별 추세 분석을 통해 연평균 약 11퍼센트의 오존전량이 감소했음을 밝혔다.

이와 더불어 1995년부터 약 3년간 세종기지에서 측정된 태양복사 자외선 자료와 미국 국립해양대기청의 오존센서(SBUV)로 측정된 오존전량 자료를 이용하여 관계를 분석했다. 또한 세종기지 상공의 오존층 변동을 지속적으로 연구하기 위하여 1998년부터 브루워 오존분광광도계(BREWER Ozone Spectrophotometer)를 설치하여 오존 전량과 유해자외선량(Damaging Ultra-Violet)의 자료를 축적해오고 있다.

2000년대

2000년대 들어서 세종기지의 대기분야 연구는 더 심층적이고 체계적인 형태로 전환되었다. 곧 단순한 측정 자료의 추세 분석은 물론, 세부적인 요소간의 통계 비교, 전 지구적인 현상과 극지역의 현상 간의 비교, 지구 온난화와 관계, 측정 자료와 모델을 통한 미래 예측 같은 여러 분야의 글로벌 이슈에 대응하는 연구로 발전한 것이다. 이는 측정기술의 발전과 극지연구소 내 전문가 확보, 국내외 학·연 공동연구의 활성화, 그리고 이를 가능케 한 연구 예산이 확대된 덕분이다.

엘니뇨와 남방진동(El Nino/Southern Oscillation, ENSO)은 열대 태평양 영역의 전형적인 대기와 해양간의 상호작용으로 나타나는 복잡한 현상인데, 엘니뇨와 남방진동과 관련된 징후는 전 지구 영역, 심지어 남극에서도 관찰된다. 그 가운데 세종기지가 있는 서남극지역의 강수량 패턴은 수치기후 모형의 강수량 모의결과와 측정 자료를 분석한 결과, 엘니뇨와 남방진동 시그널과 강한 연관성이 있다는 학계의 보고가 있었다. 이에 따라, 1988년부터 세종기지에서 측정된 기상자료(강수량 자료)를 비롯한 인근 칠레, 우루과이 기지의 자료와 모델을 비교하여 엘니뇨와 남방진동에 따른 강수량 아노말리(anomaly)를 연구한 결과 상관관계가 매우 높다는 의미 있는 결과를 얻었다. 한편, 웨델 해의 위성고도 자료를 이용하여 남극 해빙(海氷, sea ice)의 분포에 대한 예비연구와 마이크로파 원격탐사를 이용한 해빙 연구 등을 수행하여 향후 인공위성 자료를 이용한 극지역 해빙의 원격 분석 기술을 향상시키는데 일조하였다.

남극반도에는 폭이 좁고 지형이 높아, 그 서쪽과 동쪽의 기상특징이 다르게 나타나는데, 최근 들어 빙붕이 후퇴하는 등 현저한 온난화를 겪고 있다. 이러한 남극반도 주변에서 지표온도(surface air temperature)의 변화가 나타내는 특징을 연구하기 위하여 세종기지를 비롯한 10개의 관측지에서 다년간 관측한 자료를 분석하여 지표온도의 변화 특성을 밝혔다. 나아가 남극반도의 온난화 기작을 이해하기 위한 기온, 바람, 기압의 변동 간의 관계를 분석하였고, 미국국립환경연구센터(NCEP)에 속한 미국국립대기연구소(NCAR) 재분석 자료를 비교 분석하였다. 또한 지구환경변화와 남극의 관계 및 항공사진과 인공위성 자료 등을 분석하여 세종기지 마리안 소만의 빙벽이 1950년대 중반부터 약 44년 동안에 약 1,300미터 이상 후퇴하였다는 매우 중요한 정보를 획득하였다.

한편, 기후학적 측면에서 세종기지가 있는 킹조지 섬과 남극반도 사이의 브랜스필드 해협의 퇴적 과정과 관련된 기후특성을 파악하기 위하여 시추 퇴적물 자료와 지표

측정 기온, 미국국립환경연구센터에 속한 미국국립대기연구소 재분석 자료, 미국국립해양대기청에서 운영하는 첨단고해상방사계(AVHRR) 주 평균 해수면온도(SST)자료 등을 분석하였다. 특히 남극반도와 그 주변의 온난화는 시간과 공간에 따른 변동이 크기 때문에, 그 지역의 기후를 이해하기 위하여 세종기지 주변의 지표 복사, 기온, 풍향의 특징을 밝혀내고 그 변수들 간의 상관관계를 조사하는 연구를 수행하여, 복사에너지의 흡수 특성과 기상요소간의 상관성을 밝혔다.

대기복사 연구

세종기지에서 수행된 연구 중에 또 다른 분야는 대기복사 측면에서 접근한 연구이다. 이는 대기복사의 변화가 지상의 기상 요소들에 미치는 영향이 지대하기 때문이다. 따라서 지표면에서 자외선 A파장(UV-A)과 생물유해자외선-B파장(Erythemal UV-B) 자외선 양의 변화 연구, 세종기지에서 관측한 구름 속 빙정자료에 바탕을 두고 구축한 태양복사 모형을 이용하여 에너지시스템센서(CERES) 위성자료와 세종기지의 지표면에서 관측된 자외선 양과 비교한 연구가 발표되었다.

아울러 세종기지에서 측정된 관측 값과 복사 대류 평형 모델을 이용한 기온변화의 특성을 분석한 연구가 보고되었다. 또한 남극대기가 지구 기후의 열(熱)의 흡수원이라는 점을 규명하고 지구로 들어오고 나가는 복사에너지의 수지(收支)에서 극지는 입사량보다 방출량이 더 많아 음의 수지를 보인다. 이와 관련한 에너지 수지 평가를 위하여 세종기지에서 측정한 대기의 전천 일사량과 자외선 복사량 등의 자료를 이용한 세종기지의 에너지 평형이 연구되었다. 대기 중의 구름은 태양복사를 산란시키거나 흡수하여 지구대기의 냉각 및 온난화에 영향을 미친다. 세종기지에서 구름이 대기 복사에너지에 미치는 효과를 파악하기 위하여 유럽중기예보센터(ECMWF)와 미국국립환경연구센터에 속한 미국국립대기연구소의 재분석 자료와 에너지시스템센서 위성자료, 모형에 바탕을 둔 계산 자료와 세종기지 지표 관측 자료를 비교 분석하여 세종기지의 복사냉각(가열)율을 계산하였다.

세종기지는 온난 해양성 한대기단(Maritime Polar Air Mass)과 차고 건조한 남극기단(Antarctic Air Mass) 사이에 남극 전선이 형성되는 고위도 저압대에 속한 지역에 있으므로, 고위도 (남위 65도 이상) 남극 대륙의 해안과 내륙에서 기온과 일사량의 변화 특성은 세종기지의 변화와는 현저한 차이가 있을 것으로 예상된다. 따라서 세종기지에서 17년간 (1988년~2004년) 관측한 월평균 전천 일사량, 운량, 기온, 그리고 공기 중에 포함된 수증기의 양인 비습을 사용하여 이들의 장기적인 변화 경향을 밝히고 9년간 (1996~2004)의 홍반(자외선 B로 피부에 생기는 붉은 반점) 자외선 복사와 함께 이들 변화의 원인을 밝히는 연구를 했다.

플럭스타워

극지연구소

대기의 하향 장파복사는 지구와 대기계의 에너지 균형을 이루는데 있어서 매우 중요한 인자 중의 하나이다. 또한 하향 장파복사의 장기간 변화를 파악한다는 것은 하향 장파복사와 기온, 비습, 운량 등의 영향을 파악하는데 필수이다. 따라서 이에 대한 정량, 정성적인 특성을 알기 위하여 세종기지에서 관측한 하향 장파복사에 대한 관측 결과가 보고되었다.

대기물리관측 연구

세종기지에서 수행한 본격적인 대기물리관측 연구는 2002년 12월에 에디 공분산 시스템(Eddy Covariance System)을 세종기지에 설치하면서 시작되었다. 이 시스템을 통해 현열(顯熱), 잠열(潛熱), 이산화탄소와 운동량 플럭스의 자료를 축적하였다. 이에 따라 기본적인 난류 통계량 분석, 현열 플럭스에 대한 예비 결과가 제시되었다. 나아가 지표면과 대기 사이에 교환되는 에너지의 특성은 세종기지의 미기상 환경의 특징을 분석하는 연구와 연계하여 장기특성을 파악하였다.

극지연구소는 기상청과 공동으로 2009년부터 세종기지에서 대기 중 온실기체인 이산화탄소 농도에 관한 연속적인 관측을 시작하였다. 자료 검증 기간을 거쳐 2010년에는 기상청과 공동으로 세종기지의 대기관측 프로그램을 세계기상기구의 세계대기감시프로그램 (Global Atmosphere Watch, GAW)에 등록하였다. 극지연구소는 기상청을 통해 이산화탄소 농도, 전 오존량 등의 자료를 세계기상기구에 정기적으로 보고하고 있다.

이런 연구를 기반으로 하여, 킹조지 섬 연안의 빙하가 덮여있지 않은 지역의 순복사량과 난류 에너지의 교환 특성 연구로 확대되었다. 그 결과 빙하가 덮여있지 않은 지역이 지역의 기후변화에 매우 큰 구실을 할 수 있으며, 그곳의 현열과 잠열의 수치는 남극반도의 빙하로 피복된 영역에서 훨씬 크다는 사실도 밝혀내었다.

WMO OMM

World Meteorological Organization
Organisation météorologique mondiale

Secrétariat
7 *bis*, avenue de la Paix – Case postale 2300 – CH 1211 Genève 2 – Suisse
Tél.: +41 (0) 22 730 81 11 – Fax: +41 (0) 22 730 81 81
wmo@wmo.int – www.wmo.int

TEMPS • CLIMAT • EAU
WEATHER • CLIMATE • WATER

Our ref.: 7424-10/RES/AER/Rep. Korea

Annex: 1

Dr Taejin Choi
Atmospheric sciences
Division of Polar Climate Research
Korea Polar Research Institute
SongDo Techno Park
7-50 Songdo-Dong, Yeonsu-Gu
INCHEON 406-130
Republic of Korea

GENEVA, 25 October 2010

Subject: **The acceptance of the Antarctic King Sejong station, Republic of Korea, as a GAW Regional station**

극지연구소

전 세계 지역급 대기감시 등록서

북극 기후변화의 연구

활발한 국제 공동연구

산업혁명 이후 급격히 증가한 인간의 활동에 따라 대기 중 온실기체가 증가하였고, 이는 지구 전체에 온난화를 일으키고 있다. 특히 '정부간기후변화 협의체'의 2007년 보고를 보면, 북극지역의 기온 상승률은 전 지구 평균값의 2배에 이른다. 하지만 '북극의 급격한 온도 상승 현상'의 요인은 아직 명확하게 규명되지 않았는데, 북극지역이 얼어붙은 지형인 빙권-해양으로 이뤄진 해양권-땅으로 이뤄진 지권이 복잡하게 연결되어 있어서 각 요인의 피드백을 정확하게 설명하기가 어렵기 때문이다.

극지연구소는 북극 기후변화가 전 지구적인 스케일의 영향평가에 있어서 차지하는 중요성을 인식하고 있으며, 북극 기후변화연구에 적합한 북극 스발바르 군도에 있는 과학기지 마을인 뉘-올레순의 다산기지에서 국제 공동연구에 활발히 참여하고 있다. 다산기지에서의 대기과학 연구는 현지에 기지를 보유하고 있는 노르웨이, 스웨덴, 이태리 등과 긴밀히 협조하는 공동연구를 바탕으로 한다. 북극의 대기과학 연구는 전 지구적인 기후 이상에 대한 답을 구하는 연구이므로, 단독 국가 또는 단독 연구자가 연구하기 보다는 다양한 국가가 연구 네트워크에 참여하여 정보를 공유하고 연구결과를 상호 교환함으로써 시너지 효과를 얻을 수 있기 때문이다.

극지연구소는 북극의 정확한 기후변화를 이해하기 위하여 2005년부터 자동기상관측장비(AWS)를 다산기지에서 운영하고 있다. 그리고 세계기상기구가 지정한 '지구급 지구 배경대기관측소' 중 하나인 체펠린(ZEPPELIN) 관측소에서 스웨덴 스톡홀름대학, 노르웨이 극지연구소와 공동으로 2007년부터 구름 응결핵(凝結核) 관측 연구를 수행해오고 있다. 이 연구의 목적은 북극 대기 중 입자의 생성-성장이 구름형성과정을 통해 기후에 미치는 영향을 장기관측을 통해 평가하는 것이다.

조영연

다산기지가 있는 북극 뉘-올레순의 체펠린관측소

산 정상에서 왼쪽 아래로 비스듬하게 보이는 검은 점이 체펠린관측소이며 사진 오른쪽 아래 구석에 크게 보이는 구조물은 노르웨이 스베드럽기지이다.

북극지역을 대상으로 하는 대기과학 연구는 북극 기후를 구성하는 시스템 간의 피드백을 수량

화하는 숙제를 안고 있다. 두 시스템 간 피드백의 한 예로써, 북극지역의 온난화에 따라 동토층이 녹을 때 대기로 방출되는 온실기체의 양을 예측하기 위해서는 현장 관측이 필수적이다.

극지연구소는 2012년부터 다산기지에서 이탈리아 연구자들과 공동으로 토양에서 대기 중으로 방출되는 이산화탄소와 메탄의 양을 실시간으로 관측하고 있다. 이 연구는 북극해를 감싸고 있는 알래스카와 캐나다 지역으로 확대하고 있다. 나아가 동토-대기간 온실기체의 교환에 영향을 주는 토양, 식물의 호흡과 광합성량 등을 연속관측하기 위하여 2011년부터 하계기간 중에 알래스카 카운실 지역에 자동 챔버를 운영하고 있다.

알래스카 카운실에 설치된 온실기체플럭스 관측용 자동 챔버

● 우주에도 기상현상이 있다?

우주기상예측이란?

최근 국내에서도 우주와 관련된 산업과 기술의 발달에 따라 우주기상예측(宇宙氣象豫測, Space Weather Forecast)에 대한 관심이 크게 증가하고 있다. 우주기상이란 인공위성, 위성통신, GPS와 같은 위성항법시스템, 전기나 석유를 전 지역에 배분하는 지상 전력망이나 송유관 시스템처럼 지상 혹은 우주공간에 설치되어있는 시설과 이를 이용한 기술에 영향을 주는 우주 환경의 물리적 상태를 말한다. 여기에서 우주환경이란 우리 지구와 상당히 가까운 태양, 태양풍, 지구 자기권, 고층대기 등을 포함하는 영역의 환경을 뜻한다.

지구대기는 온도변화에 따라 4가지 영역으로 분류될 수 있는데, 이 중 중간권과 열권이 고층대기 영역에 속한다. 지구대기를 알기 쉽게 설명하자면, 지표면에서 가장 높은 에베레스트 산이 대류권 상단에 다다른다고 할 수 있는데, 바로 그 위로 제트 항공기가 운항하는 영역도 대류권이라 할 수 있다. 지상 약 30~50킬로미터 사이의 성층권에는 오존홀이 나타나며, 좀 더 높이 올라가면 고층대기에서 오로라, 유성, 야광운이 발생하고, 약 300~400킬로미터 고도에서는 국제우주정거장과 우주왕복선이 활동한다. 인공위성은 바로 그 위에 떠 있으며, 약 20,200킬로미터 고도에 GPS 위성이 떠있다.

지건화

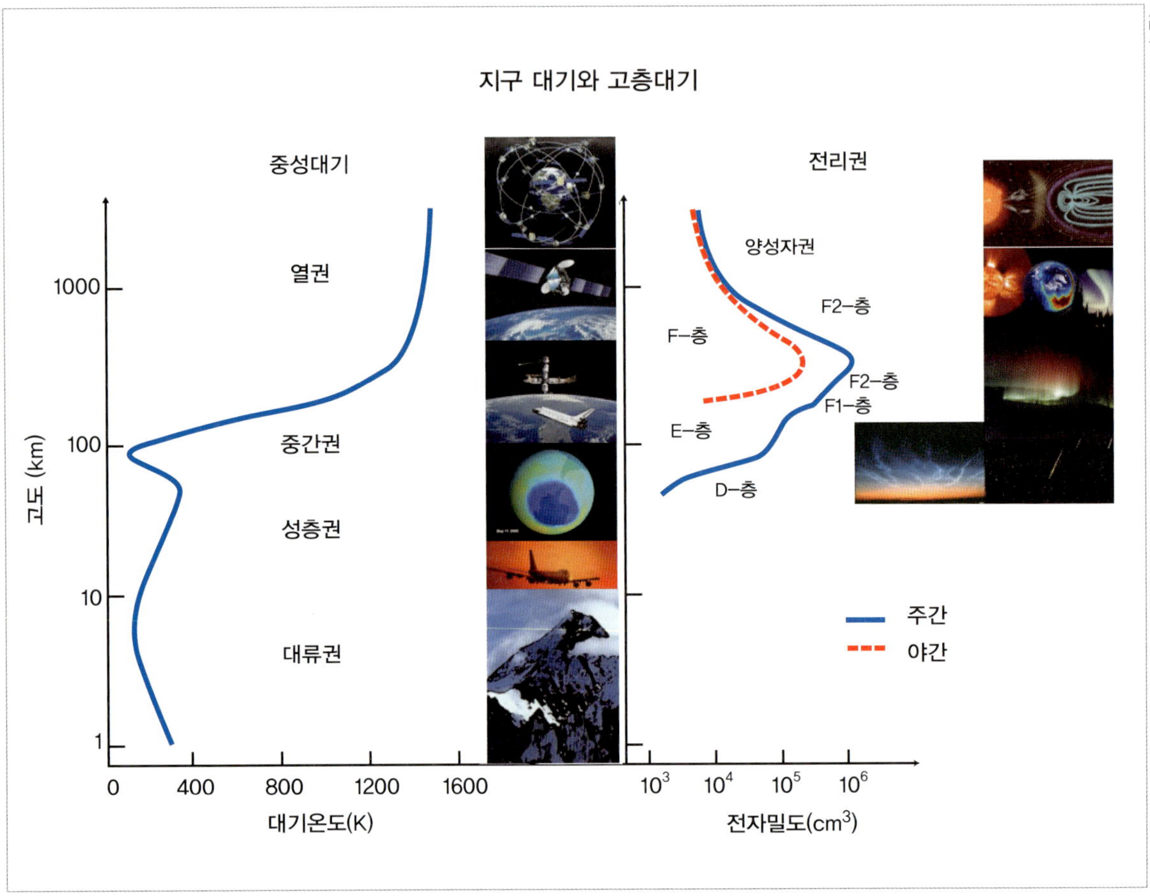

지구대기의 온도에 따른 연직구조(좌)와 고층대기 전리권의 전자밀도 분포(우)
사진은 각 고도의 대표적인 상징물을 보여준다.

또한 고층대기에는 전리권(電離圈, Ionosphere)이라고 부르는 이온과 전자들로 구성되어 있는 영역이 있는데, 우주기상현상에 민감하게 반응하는 대기 영역이다.

과거와는 달리 현재의 우주환경은 더 이상 인간 사회에 무관한, 멀리 있는 환경이 아니다. 과학기술이 발달함에 따라 우리 실생활에 깊숙이 파고들어와, 우리가 날씨 예보를 하는 것처럼 우주환경에 대한 기상예측이 필요하게 되었다. 그러면 우주환경에서 고층대기, 특히 극지의 고층대기는 어떤 구실을 하고 있을까?

우주환경에서 지구와 가장 가까이에 있는 고층대기는 고도 약 60킬로미터 1,000킬로미터 사이의 대기 영역인데, 이 영역은 지구 표면의 저층대기와는 달리 중성입자들뿐만 아니라 전자와 이온으로 이루어진 플라즈마가 많이 포함되어 있다. 이 플라즈마는 전체 고층대기 밀도의 약 1퍼센트도 채 되지 않는 미미한 양이지만 고층대기에 대단히 큰 영향을 미치기 때문에 전리권이라는 이름으로 따로 구분해서 부르고 있다. 또한 이 전리권의 존재는 고층대기를 저층대기와 구분 짓는 가장 중요한 요소 중 하나이다.

지구의 대기

그림에서 보듯이 지구대기는 대기 온도의 변화에 따라 여러 영역으로 구분해볼 수 있다. 우선 태양광이 지구대기에 도달하면 대기 구성 원자나 분자들과 만나서 파장이 짧은, 즉 에너지가 큰 빛부터 흡수되기 시작한다. 따라서 대부분의 X선이나 극자외선이 가장 먼저 흡수되는데, 대부분 100~300킬로미터 고도를 통과하면서 산소원자, 산소분자, 질소분자 등에 흡수되어 전리권을 구성하는 플라즈마를 생성한다. 이때 많은 열도 함께 생기며 지구대기 중 온도가 가장 높은 열권(熱圈, Thermosphere)을 형성한다.

열권 하부에서는 고도가 낮아짐에 따라 짧은 파장대의 빛 대부분이 이미 열권 상부를 통과하면서 모두 흡수되어 더 이상 열을 생성해내지 못하여 온도가 감소하기 시작한다. 그러나 약 50~80킬로미터 고도의 중간권(中間圈, Mesosphere)에서는 오존 밀도가 증가하면서 자외선을 흡수하여 온도가 상승하고, 고도가 더 낮아지면 오존밀도가 다시 감소하여 온도도 감소한다. 온도가 감소하는 이 영역이 성층권(成層圈, Stratosphere)이며 약 15~45킬로미터의 고도에 속한다. 이보다 더 낮은 고도에서는 태양빛을 흡수한 지표면이 뿜어내는 복사열 때문에 다시 온도가 상승하기 시작한다. 이렇게 온도가 상승하는 지표면까지가 대류권(對流圈, Troposphere)이다. 특히, 온도가 감소하다가 다시 상승하기 시작하는 열권 하부와 중간권 사이의 영역을 중간권권계면(中間圈圈界面, Mesopause)이라고 부르는데, 약 85~90킬로미터인 이 영역은 지구대기에서 온도가 가장 낮아 약 영하 100℃까지 내려간다. 대부분의 기상현상은 저층대기인 대류권과 성층권에서 일어나고, 우주기상현상은 대부분 열권과 전리권에서 발생한다. 중간권(50~80킬로미터)은 저층대기와 고층대기 사이에서 매개구실을 하는 영역이며 지구대기 중 가장 알려지지 않은 영역이기도 하다.

세종기지의 고층대기 관측

극지연구소의 전신인 한국해양연구원(현 한국해양과학기술원) 극지연구본부에서는 남극 세종기지를 운영하면서 1990년 초에 극지 고층대기 관측을 시작했는데, 이때의 주요 관측영역은 중간권과 중간권권계면이었다. 처음 설치된 관측기기는 고층대기의 바람을 측정할 수 있는 패브리-페로 간섭계(干涉計, Fabry-Perot Interferometer)인데, 이 장비는 일종의 시험성격의 운영이었다. 본격적인 고층대기 관측은 1999년 세종기지에 적외선 간섭계인 마이켈슨 간섭계(Michelson interferometer)를 설치하면서 시작되었다. 이 관측기기는 남반구의 겨울, 밤에만 운영되는 장비로 약 87킬로미터 고도의 고층대기에 존재하는 산소원자와 수소원자가 결합된 OH 분자의 대기광을 관측하여 그 주변 온도를 측정할 수 있는 장비이다.

2000년에는 전천(全天) 카메라시스템(전천카메라시스템은 말 그대로 어안렌즈를 사용하여 사진 촬영 시 한 번에 전 하늘을 모두 담는 카메라 시스템이다)을 도입했는데, 시험 관측을 위하여 2006년까지 경북 보현산 천문대에 설치한 후 운영하였다. 그 후 2008년에 세종기지로 이전되어 장비 노후로 폐기된 2011년까지 운영되었다. 2012년 초에는 이 노후장비를 대체하기 위하여 신규 전천카메라를 도입하여 현재 세종기지 상공의 고층대기 연구에 활용되고 있다. 전천카메라 시스템은 세 가지 필터를 이용하여 각각 87킬로미터, 92킬로미터, 250킬로미터 고도에서 발생하는 대기광을 관측하며, 관측된 자료는 대기 중력파 등의 연구에 활용된다. 세종기지 주변은 그 지역적 특성상 대기 중력파의 발생률이 매우 큰 지역으로 알려져 있는데, 전천 카메라 관측을 통해 대기 중력파를 직접 관측할 수 있게 되어 많은 연구재료를 얻을 수 있게 되었다.

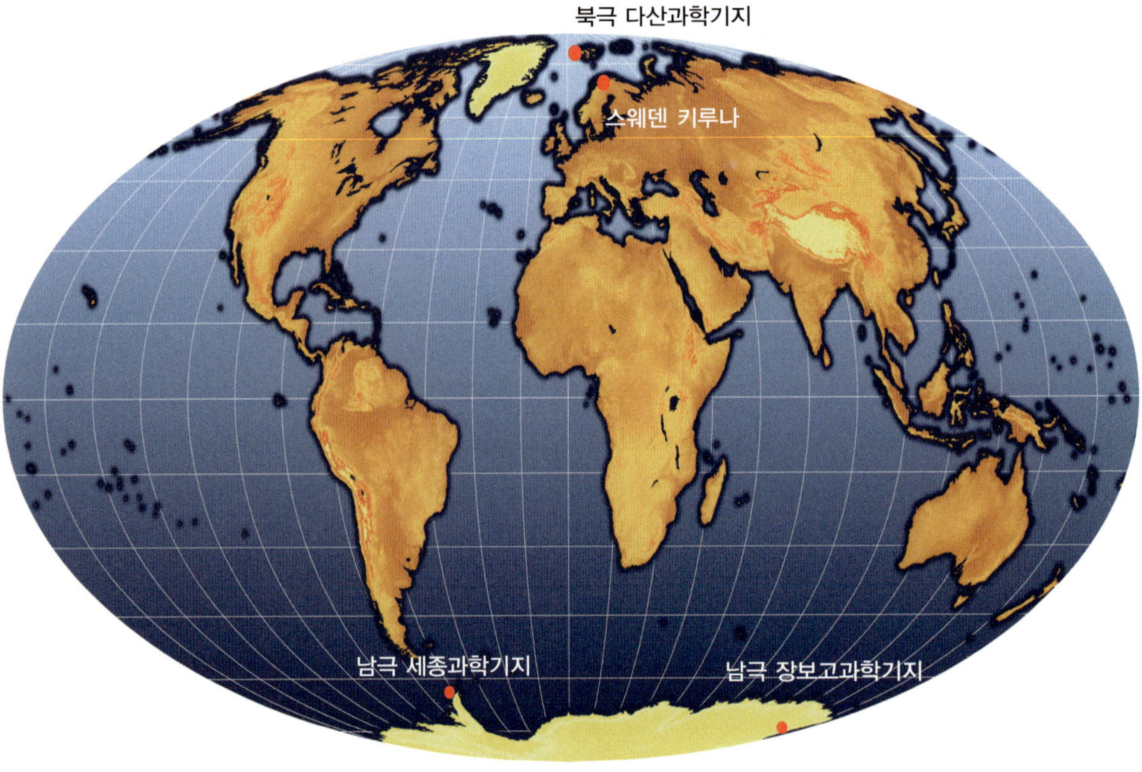

극지연구소

우리나라가 주관하는 고층대기 관측이 이루어지고 있는 남북극지역

적외선 간섭계나 대기광 분광계(大氣光分光計, Spectral Airglow Temperature Imager, SATI)의 경우, 겨울철 맑은 날 밤에만 관측이 가능하여 고층대기의 온도를 지속적으로 모니터링 하기에는 충분한 관측시간 확보가 어렵다. 이러한 점을 보완하고 고층대기의 바람 관측까지 확대하기 위해 2007년에는 충남대학교 천문우주과학과 우주과학실험실과 공동으로 유성레이더라는 관측기기를 세종기지에 설치하였다.

이 관측기기는 하루 24시간, 1년 365일 날씨 조건에 상관없이 지속적인 관측이 가능할 뿐만 아니라, 고층대기 온도 외에도 중성대기 바람의 관측이 가능하기 때문에, 전천카메라 관측 자료와 함께 대기 중력파가 고층대기에 미치는 영향을 연구할 수 있게 되었다.

북극기지의 고층대기

2001년부터는 북극지역에서도 고층대기 관측을 시작했는데, 세종기지에서 운영되고 있는 것과 같은 적외선 간섭계가 스웨덴 키루나에 설치되어 현재까지도 계속 운영되고 있다. 또한 세종기지의 적외선 간섭계를 2002년에 설립한 북극 다산기지로 이전하여 운영을 시작했다. 이 장비는 현재도 운영 중에 있으며, 스웨덴 키루나 적외선 간섭계 관측 자료와 함께 북극 고층대기 연구에 활용된다.

2002년에는 세종기지에서 운영되던 적외선간섭계를 북극 다산기지로 이전한 후, 캐나다 요크 대학교(York University)와 함께 대기광 분광계를 새로 설치하였다. 이 관측기기는 적외선 간섭계와 유사하게 대기광을 관측하여 고층대기의 온도를 측정할 수 있는데, OH 대기광뿐 아니라 산소분자의 대기광도 함께 관측할 수 있다.

남극 세종기지와 북극의 고층대기 연구는 주로 중간권과 열권 하부에 해당되는 영역에 집중되어 있다. 그 가운데서도 남극 세종기지의 경우, 남극반도 끝에 있어 위도가 상당히 낮기 때문에 오로라와 같은 극지 고층대기의 특성이 잘 나타나지 않는다.

장보고기지

2014년에 준공될 장보고기지는 세종기지의 거의 반대편에 있으며 남위 74도 정도에 설치되는데, 오로라 대에 가까이 있어 극지 고층대기의 특성이 잘 나타나는 지역이다.

장보고기지의 고층대기 관측은 주로 열권과 전리권을 중심으로 이루어질 예정이다. 이 영역을 관측하기 위해 현재 설치를 추진하고 있는 관측기기는 두 가지다.

우선 고층대기 열권의 바람을 모니터링 하기 위해 먼저 미국 국립대기연구소와 함께 패브리 페로 간섭계를 설치해서 운영할 예정이다. 이 장비는 중간권에서 열권에 이르는 넓은 고도 영역에서 바람을 관측할 수 있는 거의 유일한 관측기기이다. 두 번째 관측기기는 전리권의 이온 밀도와 이온 바람을 동시에 모니터링을 하기 위한 레이더 시스템이다.

또한 한국천문연구원과 공동으로 GPS 수신기를 설치하여 전리권 총전자밀도를 관측할 예정이다. 지자력계를 설치하여 지구 자기장을 관측하면 태양폭발 등에 따르는특별한 우주기상현상을 감지할 수 있고, 이러한 시기에 발생하는 극지 고층대기의 변화를 연구할 수 있을 것으로 기대하고 있다.

지질과학 연구

지질학자들은 퇴적환경과 고기후, 육상과 해저의 암석, 가스 하이드레이트를 연구했다. 또 지각과 상부맨틀의 지진파속도를 구했으며 남극대륙 부근에 있는 중앙해령을 처음 탐사했다. 나아가 남극대륙과 파타고니아의 지질을 조사하고 북극해와 다산기지 주변에서도 연구재료를 채집했다.

유규철 · 이종익 · 진영근 · 박민규 · 박숭현
우주선 · 남승일 · 박태윤 · 이미정 극지연구소

남극해의 과거를 들여다보며 미래를 가늠

고기후

우리나라의 본격적인 남극지질과학 연구는 다른 남극 연구에 비하여 좀 늦은 감이 있다. 본격적인 연구의 시작은 남극 세종기지를 건설 준비 중이었던 1987년, '남극과학기지 주변환경조사' 사업이 수행되면서라고 할 수 있다. 당시 매우 열악한 연구시설과 부족한 재원 때문에 하나의 주제에 대한 밀도 높은 다학체간 연구를 수행할 수 없었다. 그러므로 여러 분야의 학자가 육상과 해양의 이 연구에는 참가하지 못했다.

1992년부터 얼음이 떠 있는 바다를 항해할 수 있는 내빙선을 이용해 연구재료를 얻을 수 있었지만, 내빙선이라는 한계와 재원 부족으로 연구활동 영역이 세종기지 주변 반경 약 100킬로미터를 넘지 못하였다. 이러한 어려움 속에서도 고기후에 관심을 가진 연구원들은 최근 온난화 현상이 급격하게 일어나는 남 셰틀랜드 군도 주변에 발달한 피오르드(Fjord), 빙하 호수, 브랜스필드 해협의 퇴적물과 육상과 토양에서 연구재료를 얻기 시작하였다.

육상 고기후 연구의 경우, 육상 노두(露頭, 지층이 흙으로 덮여있지 않고 지표 위로 드러난 곳)와 과거에 해수면 변동에 따라 기지 주변 연안에 발달하였던 해빈(beach)은 좋은 연구대상이 되었다. 나아가 킹조지 섬 바톤 반도의 토양에 함유된 점토광물과 바람에 운반되어 생긴 풍성(風成) 기원의 먼지 입자도 연구대상이 되었다. 이들은 고기후 변화의 증거를 위한 고기후지시자(proxy, 프록시) 개발과 남극 세종기지 주변에 분포하는 토양 중의 화학풍화 작용의 증거로 활용할 수 있다.

기지 주변 육상의 동토층에서 만들어지는 원형 토양층 내에 남아있는 식물들의 연대를 측정한 결과, 지금부터 290~4,710년 전으로 나왔다. 가장 오래된 식물의 연령은 해양과 호수 퇴적층에 기록된 해빙기 연대와 유사하였다. 그러므로 원형 토양층은 지역 해빙기를 밝히는 육상 지표가 될 수 있고 육상의 빙하 역사를 복원하는데 참고가 되었다. 이러한 육상의 고기후 연구는 브랜스필드 해협과 사우스오크니섬 주변의 해저퇴적물의 기원지를 밝히는 중요한 기초 자료로 활용되었다.

극지연구소

고기후의 주요한 연구재료는 해저퇴적물이다.

맥스웰 만에서 해저퇴적물을 채집하는 광경

연구팀은 세종기지의 반대편에 있는 필데스 반도 앞의 랭거(Langer) 호수에서 중국연구팀이 얻은 길이 9미터의 호소퇴적물의 담수성 규조류의 특성을 규명하여, 지난 홀로세 동안의 해침(海浸)의 역사를 찾아내었다. 뿐만 아니라 퇴적학 분석과 지화학 분석을 통해 최후최대빙하기(Last Glacial Maximum, LGM) 이후 홀로세 동안의 해양 환경과 비교할 수 있는 과거의 육상환경을 복원하였다. 또한, 이 지역의 다른 호소인 롱(Long) 호수의 코어에서는 지난 빙하기 이후의 나타난 과거 생산력을 복원하였으며 호텔(Hotel) 호수와 루디(Rudy) 호수에서 약 4미터의 시추 퇴적물에서 테프라(화산재) 층의 성인과 해빙 시기를 결정할 수 있었다.

마리안 소만 연구

또한 1989년 이후 얻어진 맥스웰 만과 마리안 소만의 일부 수층 특성과 부유물질 자료는 해양과 빙하와 해빈 사이에서 생기는 부유물질의 분산 과정을 이해하는데 큰 도움을 주었다. 해양물리학적인 접근을 통한 부유물질의 분산을 이해하기 위해 1996년부터 2000년까지 여름에 마리안 소만의 조수빙하 근처에서 해수의 염분, 수온, 수심, 부유물질을 측정하였다. 이를 통해 조수빙하의 빙벽 근처에서 특징이 있는 다섯 개의 수층을 알게 되었다. 다섯 개의 수층이란 첫째, 표층 1미터 안의 수온과 염분이 낮고 탁도(濁度)가 높은 표층 플륨(plume, 수층의 특징이 보존되지 않는 물),

둘째, 표층 혼합수, 셋째, 염분이 높고 탁도가 낮으며 수온이 최대인 층, 넷째, 온도가 낮으며 탁도가 높은 표층 플륨, 다섯째, 저층수이다. 나아가 조석과 바람 그리고 유빙의 활동에 따라 수층 구조 및 부유물질 분산 형태가 달라진다는 사실도 알았다. 이러한 연구를 통하여 마리안 소만에서 계절에 따른 육상 기원과 생물 기원 입자들의 퇴적작용을 이해하게 되었다.

남극해는 제4기 고해양 변화를 연구하기에 적합한 지역이어서 고기후 연구원들은 기지 주변의 피오르드 퇴적층에 기록된 과거의 정보에 주목하였다. 예컨대, 기지 앞에 있어 우리와 가까운 마리안 소만과 맥스웰 만과 애드미럴티 만은 극지 피오르드의 특징을 잘 보여준다. 과거에는 연구가 단편적으로 이루어졌으나 2000년 이후부터는 기존의 연구들을 토대로 다양한 분야의 연구결과를 종합하여 과거의 해양 환경을 복원할 수 있었다. 또한, 이 시기 이후로 과거 해양 환경의 일차생산력 복원에 필수적인 고생물, 그 중에서도 규조류화석을 연구하여 과거의 환경복원에 대한 신뢰성을 높였다.

마리안 소만의 코어퇴적물에서 하부에 나타나는 다이아믹톤(diamicton, 땅에서 들어간 자갈과 모래와 진흙이 뒤섞여 굳어진 퇴적물)이 퇴적된 기본적인 원리와 고빙하의 분포를 복원하였다. 그 결과 1,450~1,700년 전에는 킹조지 섬 일대에는 기후는 온화했지만 눈이 많이 와서 마리안 소만의 빙하가 전진하면서 다이아믹톤이 형성되었다는 해석이 나왔다. 기후가 따뜻해도 강수량에 따라 빙하가 증가할 수 있다는 역설적인 논거를 보여준 연구결과였다.

여름에는 맥스웰 만으로 마리안 소만의 혼탁한 융설수가 유입되어 육성기원의 퇴적물(Terrigenous Sediment)이 많이 퇴적된다. 코어 기록에서 유기 탄소량이 많은 구간은 오히려 추워지는 시기이고 탄소량이 낮은 구간은 여름이라 생각할 수 있다. 이러한 해석은 규조류 군집분포에서도 확인할 수 있는데, 탄소량이 낮은 더운 시기에는 원양성 종이 많은 반면에 탄소량이 높은 추운 시기에는 해빙종이 많아진다. 이러한 규조의 변화는 200~300년 주기로 나타나는데, 이는 태양의 흑점 주기와 일치하였다. 2000년, 맥스웰 만의 다른 소만인 콜린스 만에서 얻은 두 개의 코어에서는 외국의 연구에서도 찾아보기 힘든 북대서양심층수의 순환과 관련된 약 500년 주기의 소빙하기 기록을 발견하였다. 이를 미국지질학회지(GSAB)에 게재한 이 연구에서, 현재 불안정하고 급격한 북반구의 겨울철 기후변동이 소빙하기 도래와 온난화 추세의 결과라는 새로운 해석을 제시하였다.

대부분의 해양 환경 연구가 시계열 결과에 중점을 두는 반면, 고해양 연구는 다양한 지역 공간에 얻어지는 결과물에 중점을 둔다. 이에 기지 주변의 한정된 공간에서 벗어나 브랜스필드 해협, 벨링스하우젠 해, 사우스오크니 섬 주변과 웨델 해의 북쪽에 있는 포웰 분지까지 연구지역을 확장하였다.

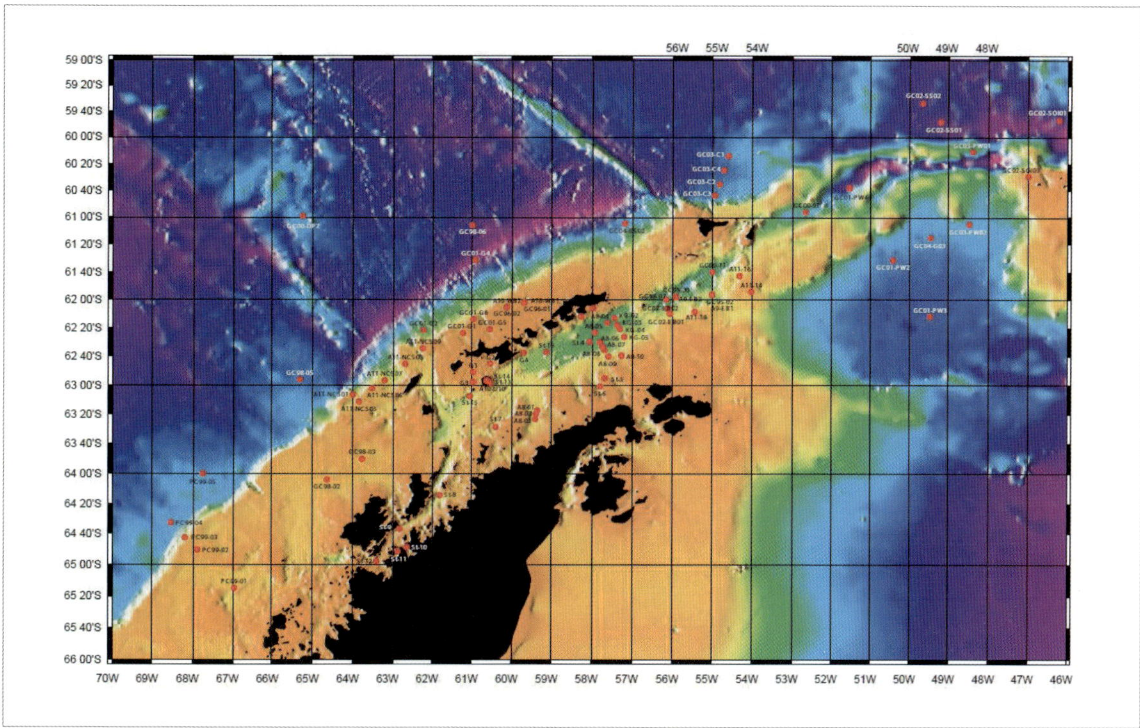

고기후 연구재료를 채집한 시추지점 (붉은 점)

국제 공동연구의 필요성

2009년, 우리 쇄빙연구선이 건조된 이후 고기후와 고해양 연구 내용이 상당히 달라졌다. 우선, 기지 주변을 벗어나 환경이 더 가혹한 극지로 들어가 연구할 수 있는 기반이 마련되었다. 쇄빙연구선 건조와 더불어 고기후와 고해양 분야에서 미국과 영국 같은 극지 연구 선진국들이 공동연구를 하자는 제의가 쇄도하였기 때문이다. 그런 제의의 하나로 2009년 2월에는 미국의 연구책임자이자 남극반도 서남극 빙붕 해역의 저명한 고해양학자인 해밀톤 대학교의 유진 도맥(Eugene Domack)교수와 국제협력에 관한 상호 의견 교환을 가졌다. 이후 협동연구를 위한 초안에 따라 국내 연구자로서는 최초로 2010년 미국 쇄빙선 파머(Palmer) 호에 한국 과학자 두 명이 승선하여 남극반도 서부 연안의 피오르드에서 시료를 얻어 현재 분석 중에 있다. 또한, 2010년 12월 우리 쇄빙연구선으로는 최초로 프린스 구스타프 채널 동부 연안 입구까지 탐사하였으며, 웨델해 북부 조인빌 섬 근처와 브랜스필드 해협 동부 분지에서 일반해양조사와 해양지구물리 탐사를 하였고, 해양퇴적물을 획득했다.

기지 주변의 고기후·고해양 연구 또한 새로운 분석 기법과 주제를 통해 발전하고 있다. 예를 들면, 육상 고기후의 경우, 펭귄의 먹이 섭생과 이들의 대사활동의 산물인 펭귄의 알 껍질에 대한 조직적, 화학 조성의 특성을 살펴보고, 펭귄 서식지의 영향을 받는 주변 호소(湖沼) 지역 퇴적층을 시추한 시료에서 이러한 특성들과 비교하여 고환경을 해석하려고 한다. 또 여름철 기지 주변의 높은 설선에서 녹은 용출수를 연안에서 채취, 그 화학성분과 동위원소 조성을 이용하여 피오르드의 해수와 해양 퇴적물 간의 상관성을 해석하였다. 또한, 서남극 빙붕 내에 존재하는 다양한 미네랄 입자들(Fe_2O_3, MnO_2, SiO_2, Al_2O_3 etc..)의 광화학적 성질을 미시적인 관점에서 이해하고 이러한 얼음 내 광화학 반응의 특이성이 대기·해양·고기후·고해양(빙하기)에 어떠한 영향을 미치는지를 규명한다. 이를 위하여 다양한 기기(cryo-SEM, cryo-TEM, Linkam cold stage가 장착된 광학현미경 등)를 사용하여 실험실에서 얼음 내에 존재하는 미네랄 분진입자의 형상과 분포를 관찰한 결과가 도출되었는데, 이는 저명한 학술지인 Science의 '편집자 선정(Editor's choice)'에 채택되어 328권 1,077페이지에 게재되었다. 나아가 실제 기지 주변의 해수 혹은 빙하 녹은 물을 이용하여 실험실과 동일한 실험을 수행하여 실제 극지방 환경(해빙 혹은 빙하)에서 독특한 얼음 광화학 반응이 일어나는지 확인하기 위한 연구를 진행 중이다.

그리고 킹조지 섬의 대표 식생인 지의류의 탄소와 질소 동위원소 분석 결과와 더불어, 킹조지 섬 바톤 반도 야외 노두 조사에서 지의류로 덮여있는 암석 시료들을 채취하여 암석과 지의류가 서로 맞닿아 있는 경계면을 따라 광물학적 분석을 하였다. 또한 암석 시료를 얇게 갈아서 만든 박편에 있는 광물들의 화학조성을 분석하였으며, 변질된 광물의 극미세 조직과 화학조성을 분석하기 위하여 그 박편을 고분해투과전자현미경(Transmission Electron Microscope, TEM)으로 관찰하였다. 이번 결과를 바탕으로 향후 지의류가 일으킨 생물학적 풍화작용이 바톤 반도에서 생지구화학적 순환에 미치는 영향을 정량적으로 분석할 계획이다.

점보 피스톤 롱 코어링 시스템

지난 빙하기 동안에 킹조지 섬을 덮고 있었던 빙하가 녹으면서 드러난 노두(露頭)가 우주선(Cosmic ray)에 계속 노출된다. 이 때 만들어진 우주기원 동위원소를 측정하면 빙하가 녹아 지표 위로 땅이 드러난 연대와 빙하가 줄어드는 비율을 추정할 수 있다. 이러한 결과는 차후 남극대륙에서 현재 노출된 암석 노두에 대한 우주기원 동위원소 분석 연구에 활용할 것이라 기대가 크다.

과거 이 지역의 해양 순환을 복원하기 위한 기초 조사로 2004년부터 현재까지 잠수부가 마리안 소만 앞 연안에 수온과 염분을 측정할 수 있는 센서를 부착한 조석계를 수심 약 33미터에 설치하여 지속적으로 수중특성을 측정하고 있다(기존의 연구 결과를 보면 하계 마리안 소만의 표층수 아래 수심 30미터의 수층은 남 셰틀랜드 군도 주변 해역에서 복사열의 영향을 받는 표층수와 거의 유사하다). 잠수부가 수중에 설치한

유규철

길이 40미터의
롱 코어링 시스템

조석계는 그 위치가 부정확하지만, 2014년 기지 부두 옆에 고정 조석점을 설치한다면 다양한 보정작업을 통해 연간 해수면 변동을 알 수 있다. 두 정점의 해양 자료는 기지 주변 생태계 연구와 환경변화 연구에 귀중한 자료를 제공할 것이다. 그러한 예로서, 현재 큰띠 조개에서 성장선을 따라 지화학성분을 분석해 최근의 환경변화를 복원하였다. 문제는 이를 보충하기 위한 해양모니터링 자료가 부족한데, 현재의 해양 모니터링을 계속한다면, 차후 큰띠조개의 성장과 해양과 기후변화의 상관관계를 규명하는데 큰 도움을 줄 것이다.

무엇보다도 앞으로 크게 기대되는 게 있다. 바로 2013년 쇄빙연구선에 최신의 피스톤 코어링 시스템인 최신 점보 피스톤 롱 코어링 시스템(Jumbo Piston Long Coring System)이 장착된다면, 우리는 기지 주변과 킹조지 섬 피오르드에서 기존의 고해양 연구를 보완할 수 있는 아주 좋은 기회가 될 것이다. 이 시스템은 퇴적물이 미세해서 잘 코어링하면 최대 40미터의 해양퇴적물을 얻을 수 있다. 연안 환경에서 과거의 중력 코어러(Gravity corer)로 획득된 코어 길이는 대부분 6미터 미만인데, 최신의 시스템은 최대 40미터를 획득할 수 있기 때문이다. 이는 훨씬 더 오래 전인 과거의 환경기록을 복원할 수 있다는 의미가 된다.

● 남 셰틀랜드 군도 화성작용

마그마성분 변화 연구

남극 세종기지가 있는 남 셰틀랜드 군도는 중생대 중기부터 남극대륙 주변에서 일어난 해양판이 다른 판 밑으로 들어가는 섭입(攝入)작용으로 형성되었다. 이 섭입작용은 현재의 리빙스턴 섬이 있는 군도의 남서쪽에서 시작해서 점점 킹조지 섬이 있는 북동쪽으로 진행하였다. 군도에서 가장 큰 킹조지 섬은 신생대 중기에 화산활동이 활발했던 지역으로, 이 시기에는 드레이크 해협이 아직 열리지 않았기 때문에 남 셰틀랜드 군도를 비롯한 남극반도에 붙어 있었으며, 브랜스필드 해협도 열리지 않아, 남셰틀란드 군도는 남극반도에 결합되어있었을 것으로 생각된다. 나아가 남극도 남미 대륙에 붙어있었다.

따라서 현재의 킹조지 섬은 신생대 후기까지 남극대륙 주변부에 있었다고 생각된다. 남 셰틀랜드 군도 화산암에 대한 지금까지 한 연대측정 결과를 보면 대체적으로 남서방향(1억4,300만 년)에서 북동방향(4,400만 년)으로 갈수록 연대가 젊어지는 경향이 있다. 또 형성시기가 젊어짐에 따라 지구화학원소들도 규칙적으로 변화한다. 따라서 남 셰틀랜드 군도는 오랜 시간 해양판이 섭입하면서 생성되는 마그마의 성분이 어떻게 변하는지를 연구할 수 있는 최적의 지역이다.

세종기지 주변 지질도

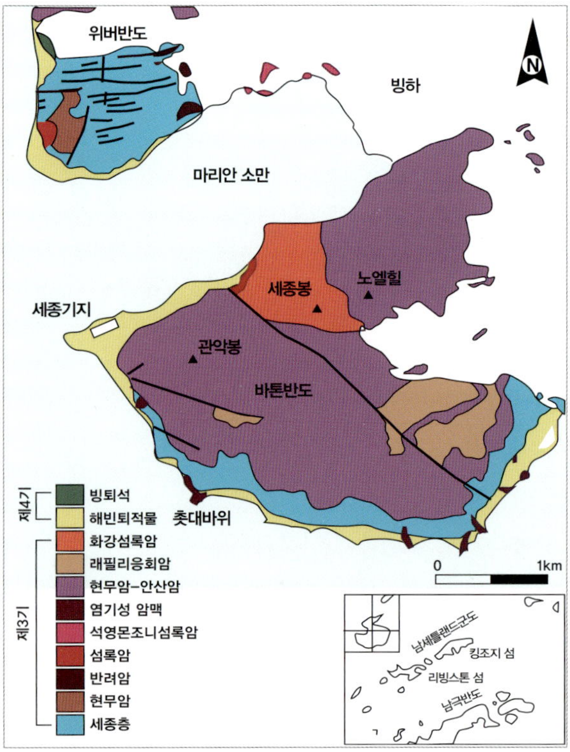

이종익

세종기지 일대의 지질

세종기지가 있는 킹조지 섬의 바톤 반도와 세종기지 맞은 편의 위버 반도의 최하부에는 화산쇄설성암으로 구성된 세종층이 있고, 그 위에 다양한 성분의 용암이 분포하며, 최후기에 화강암체가 주변 암석을 뚫고 들어갔다. 여름철이 되면 이 지역 대부분의 지표가 노출되기 때문에 화산성 퇴적작용, 마그마 분출작용, 화강암 관입과 관련된 변성, 변질, 광화작용 등을 연구하기에 아주 좋다. 또 현재에는 다양한 빙하지형이 노출되어 있기 때문에, 빙하활동과 관련된 제4기 지질연구에도 최적의 지역이다.

연구팀은 세종기지가 완공된 1988년부터

바톤 반도의 지질 특성을 조사하는 야외 조사에 주력하였고, 점차 기지가 있는 필데스 반도와 어디미럴티 만으로 조사지역을 확대하였다. 1990년대 중반부터는 연구지역을 남 세틀랜드 군도 전역으로 확대하였으며 깁스 섬과 리빙스턴 섬, 디셉션 섬에 상륙하여 야외캠프를 설치하거나 타국기지에 체류하면서 이 섬들을 조사하였다. 2000년대부터 남극반도와 남미대륙의 분리 또는 상호연관성을 연구하기 위해 남미 파타고니아와 드레이크 해협도 연구했다.

킹조지 섬 바톤 반도에서 최하부층인 세종층은 층리가 잘 발달되는 화산쇄설성 퇴적암으로 층상응회암, 응회질 사암과 셰일 등으로 구성되고, 각력암도 약간 나온다. 세종층의 적갈색 내지 흑색 셰일 층준(層準)에서는 식물화석이 형체는 사라진 채 흔적만 남은 인상화석으로 많이 산출된다. 1992년 조사에서는 고사리류 2속 3종, 피자식물 9속 14종이 수집되었다. 이 식물들은 신생대 제3기 팔레오세 후기부터 에오세에 생장했던 것으로 추측할 수 있다.

전희영

바톤 반도에서 산출된 식물화석

지금은 남극에 나무는 없어도 과거에는 여러 종의 나무가 생장했음을 알 수 있다.

1990년대 중반부터는 체계를 세워 정밀 지질조사를 시작하였는데, 우선 화산암을 채집하여 새로이 해석하였다. 예컨대, 바톤 반도와 위버 반도에 분포하는 화산암류를 산출상태, 지구화학 특성 등을 바탕으로 세 그룹으로 세분화하고, 각각 독립된 화구에서 분출된 것을 밝혀내었다. 또 바톤 반도와 위버 반도 화산암류들이 첫째, 도호(島弧, Island arc, 일본열도와 같이 휘어진 섬)형성 초기 성분이 압도적으로 우세한 점, 둘째, 대륙지각 물질로 구성된 기반암이 존재하지 않는 점, 셋째, 두 개의 화산대가 존재하지 않는 점 같은 특성을 보아, 완전하지 않은 도호환경(화산섬들의 형성환경)에서 형성된 것으로 해석하였다.

바톤 반도를 뚫고 관입한 화강암체에 대한 지질조사와 지구화학 분석을 실시한 결과 이 화강암체가 반려암, 섬록암, 화강섬록암, 반화강암으로 구성된 층상 관입암체인 것을 밝혀냈다. 주요 구성광물인 흑운모의 K-Ar 절대연대측정(4,100만 년)을 통해 이 암체가 신생대 에오세(Eocene epoch, 에오세는 5,580만 년 전부터 3,390만 년 전 까지를 말한다)에 관입한 것으로 해석하였다. 바톤 반도 최후기의 관입암체인 화강섬록암체 주변에는 열수교대(熱水交代) 작용으로 형성된 많은 이차광물(양기석, 녹염석, 녹리석, 방해석)과 황화광물(황철석, 황동석, 반동석)이 발달한다. 이 광물들에 대한 황-산소 동위원소 분석 결과로써 이 광화작용이 화강섬록암의 생성, 그리고 화강암체 관입과 관련이 있다는 것을 알게 되었다. 열수변질 작용을 받은 암석들은 대체적으로 2,800만~4,200만 년의 K-Ar 절대연령을 보이는데, 이는 화강섬록암 보다 많게는 약 1,000만 년 정도 젊다. 즉 화강섬록암 관입 이후 상당기간 열수변질 작용이 지속되었음을 알 수 있다.

남 셰틀랜드 군도 일대의 지질

킹조지 섬을 제외한 남 셰틀랜드 군도의 층서와 암석, 유용광물이 묻혀있는 광상 같은 전반적인 지질학적 특성을 이해하고자 연구원들은 1990년대 초반부터 야외캠프를 설치하거나 타국기지 체류하면서 쉬지 않고 현장조사를 하였다. 먼저 1993년 시즌 리빙스턴 섬 폴스(False) 만 현장조사를 통해 이 일대에 남 셰틀랜드 군도에서 가장 젊은 화강암이 분포하는 것을 밝혀내었다. 이 화강암은 주로 토날라이트(tonalite)로 구성되어 있으며, 석영섬록암과 화강섬록암도 약간 있는데 전체적으로는 화산활동으로부터 만들어졌다는 것과 화산호(火山弧) 환경을 지시하는 지구화학적 특징을 보인다.

1994~1995년에는 남 셰틀랜드 군도에서도 지형이 험악하기로 유명한 깁스 섬에 상륙하였다. 깁스 섬은 섬의 중앙을 가로지르는 구조대를 따라 초염기성암이 발달해 있는데, 여기에는 큰 크롬 광상이 발달되어 있다. 깁스 섬 동부에 대한 지질 조사를 통해 채취한 변성암의 절대 연대는 2,500만~2,600만 년 정도로 측정되었다. 이 암석들은 녹색편암상의 변성작용을 받았는데, 변성작용은 드레이크 해협의 형성 또는 섀클턴 파쇄대(Shackleton Fracture Zone)가 남극반도로 섭입하는 지체구조 운동 때문으로 해석된다.

1995~1996년부터 본격화된 리빙스턴 섬에 대한 현장조사는 지층이 쌓인 순서인 퇴적학적 층서 조사, 암석학적 성인 연구, 광석광물 특성 연구처럼 다양한 관점에서 이루어졌다. 리빙스턴 섬 중앙부의 헤스페리데스(Hsperides) 포인트에는 열수광맥이 발달한다. 이 열수광맥에 대한 현장조사와 광석광물 분류 그리고 광물 결정 속에 갇힌 유체를 연구하는 유체포유물(流體包有物) 연구를 통해 광화작용이 네 차례 있었음을 밝혀냈다. 광화작용이 일어난 각 시기마다 다양한 금속광물이 만들어졌는데, 이들은 대체적으로 200~300°C 정도의

드레이크 해협 피닉스 해령에서 드레지로 해저화산암을 수집하는 장면

이종익

저온, 저염 환경에서 형성되었다는 것을 알 수 있다. 또 이 광화작용은 다금속천열수(多金屬淺熱水, 지하 그리 깊지 않은 곳에서 연, 아연, 동 등의 금속광물이 함께 형성되는 작용) 광화작용의 특징을 잘 보여준다.

남미대륙과 남극반도 사이의 드레이크 해협에는 해령확장 작용 소멸 여부를 놓고 논란 중인 소규모 해양판인 피닉스 판(Phoenix plate)이 존재한다. 이 판을 형성한 피닉스 해령의 확장작용이 소멸된 것인지 여부와 이 해령에서 분출한 화산활동의 특성을 규명하기 위한 연구를 1999년 시즌부터 시작하였다. 1999~2000년에는 온누리 호를 이용하여 정밀 해저지형 자료를 얻었다. 2002~2003년에는 조사선 유즈모게올로기야(Yuzhmorgeologiya) 호를 타고 해저화산 시료를 채취하였고, 실험실에서 K-Ar 연대측정과 지구화학을 분석 하였다. 그 결과 피닉스 해령의 확장작용 소멸 시기가 P3 구역이 330만 년, P2 구역이 200만 년인 것으로 밝혀졌다. 이 결과는 기존의 여러 지구물리 자료가 제시하는 '330만 년 동시 소멸설'과는 배치되는 것이며 해령의 P3 구역에서 P2 구역을 향해 확장작용이 단계적으로 소멸되었다는 가설을 지지한다.

이종익

디셉션 섬에서 화산가스를 채집하는 장면

남 셰틀랜드 군도와 남극반도 사이에는 배호분지(背弧盆地)로 예상되는 브랜스필드 해협이 발달해 있고, 이 해협 중앙에는 활화산인 디셉션 섬이 존재한다. 디셉션 섬의 화산활동 특성과 열수작용의 화학적 특성을 이해하기 위해 2006~2007년, 연구원들은 스페인 하계 기지에 체류하면서 시료를 채집하였다. 디셉션 섬에서 채취한 분기공 가스, 온천수 등의 헬륨 동위원소 값($^{3}He/^{4}He$)은 전형적인 중앙해령현무암의 값보다 약간 낮다. 이는 디셉션 섬에서 분출한 마그마가 중앙해령현무암 기원 물질에 해양판의 섭입 성분에서 유래한 방사성 헬륨(^{4}He)이 더해져서 형성되었다는 것을 지시한다. 지질온도계(地質溫度計, 다양한 화학분석을 통해 암석, 광물, 열수 등의 형성온도를 구하는 방법)를 적용한 결과 디셉션 섬 하부에 있는 열수시스템의 온도는 150~300℃ 정도이다.

결론적으로 남 셰틀랜드 군도에는 중생대부터 현재까지 많은 화성활동이 있었고, 현재까지 활동 중인 활화산도 존재한다. 따라서 남 셰틀랜드 군도는 해양판의 섭입과 관련된 화성활동의 다양성을 연구할 수 있는 최적의 연구대상이다.

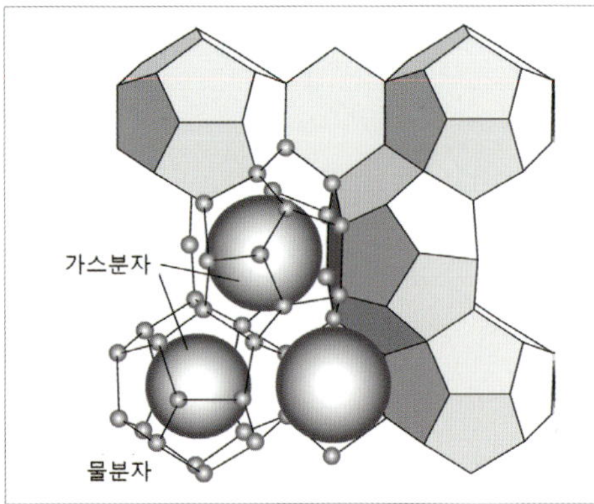

물 분자가 만든 격자 안에 메탄가스의 분자가 들어가 만들어진 가스 하이드레이트 구조

● 가스 하이드레이트

'불타는 얼음'

눈으로는 물론 만져 보아도 차가운 얼음이 틀림없지만 불을 붙이면 강한 불꽃을 내며 타는 얼음이 있다. '불타는 얼음', 가스 하이드레이트는 20세기 후반에 지구상에서 발견된 가장 놀라운 물질 중의 하나이다. 얼음처럼 보이는 가스 하이드레이트는 물 분자들로 형성된 격자 안에 주로 메탄가스의 분자가 들어가서 만들어진 물질이다. 판타지 소설에나 나올 법한 이 신기한 물질은 연금술 시대가 저물어가고 화학의 시대가 열렸던 1810년 어느 날, 칼슘, 칼륨, 나트륨을 발견한 영국의 저명한 화학자인 험프리 데이비 경(Sir Humphrey Davy 1778~1829)의 어두운 실험실에서 합성되면서 이 이상한 얼음의 존재가 처음으로 세상에 알려졌다.

오랫동안 실험실에서만 만들어지는 이상한 물질로만 남아 있던 가스 하이드레이트가 실험실 바깥에서 돌연 발견된 것은 그 후 100년이 훌쩍 지난 20세기에 들어서이다. 1930년대에 북극동토지역에서 생산된 천연가스를 운반하기 위한 가스관이 속속 설치되었는데, 가스관이 얼음 같은 물체에 자주 막히는 현상이 일어나서 큰 문제를 일으켰다. 이 골치 덩어리의 정체는 가스 하이드레이트로 판명되었는데 순수한 얼음이 아니라 가스관내에서 물과 메탄이 얼어붙어 만들어진 것으로 없애야 할 물질이라는 인식이 강했다.

지구상에서 자연상태에서 만들어진 가스 하이드레이트가 발견된 것은 그로부터 다시 수십 년이 흐른 후였다. 제2차 세계대전 이후에 지구해양과학 분야의 탐사가

오호츠크해에서 채취한 얼음처럼 보이는 가스 하이드레이트 ①
얼음처럼 보이는 가스 하이드레이트는 놀랍게도 불이 붙는다. 그러므로 흔히 '불타는 얼음'이라고도 부른다. ②

진영근

활발해지면서, 세계 각처의 영구동토지역과 해양의 지층에 가스 하이드레이트가 존재한다는 증거들이 속속히 발견되기 시작하였다. 그러나 실제 가스 하이드레이트를 발견한 것은 아니고, 간접적인 증거일 뿐이었다. 이런 증거를 바탕으로 드디어 1960년대에는 영구동토층지역에서, 1970년대와 1980년대에는 해저심해시추사업을 통해 깊은 지층 내에 감추어져 있던 가스 하이드레이트 시료들이 채취되었고, 그 실체가 육안으로 확인되었다. 이후 1990년부터 최근까지 우리 동해를 비롯하여 가스 하이드레이트는 전 세계 해양에서 속속 발견되고 있다.

차갑고 깊은 바다와 영구동토층

가스 하이드레이트는 메탄의 공급이 충분하고 압력이 높으며 온도가 낮은 조건을 충족하는 지역에서 형성된다. 가스하이레이트는 현재까지 전 세계의 각처에서 발견되었는데, 육상에서는 남북극의 영구 동토지역에만 존재한다. 해양의 경우에는 수온에 따라 가스 하이드레이트가 나타나기 시작하는 수심이 달라진다. 북극해와 같이 차가운 해양에서는 수심 300미터의 해저에도 존재하지만, 따뜻한 해역에서는 수심 700~800미터까지 내려가야 확인할 수 있다. 지층은 밑으로 내려가면서 지온이 상승하기 때문에 가스 하이드레이트가 존재할 수 있는 구간은 영구동토지역에서는 지표로부터 1,200~1,300미터 깊이까지, 해양에서는 해저면에서 수백 미터 깊이까지에 국한된다.

가스 하이드레이트가 관심을 모으는 가장 큰 이유는 막대한 매장량 때문이다. 과학자들은 지구상의 가스 하이드레이트에 포함된 탄화수소의 총량이 석유, 석탄, 천연가스와 같은 모든 화석연료 보다 많다고 추정하고 있다. 가스 하이드레이트가 녹으면 물과 메탄가스가 생기는데, 표준상태(0°C, 1기압)에서 녹으면, 원래 부피의 약 164배에 달하는 메탄가스를 방출한다.

메탄은 두 가지 얼굴을 가지고 있다. 하나는 지구 온난화의 또 다른 주범으로, 이산화탄소의 25배에 달하는 강력한 온실효과를 가졌다는 것이며, 또 하나는 전기를 만들고 가정에서 주방연료로도 사용할 수 있는 청정한 천연가스라는 것이다.

메탄가스 방출과 기후변화

러시아 과학자들이 포함된 미국 알래스카 대 연구진은 2010년 사이언스 지에 실린 논문을 통해 '북극해 동 시베리아 북극 대륙붕 지대에서 메탄가스가 흘러나오며, 그 양이 지구 전체 바다에서 방출되는 양과 맞먹을 정도'라고 밝혔다. 또한 이 지역의 해수는 다른 바다에 비해 무려 8배나 높은 메탄농도를 보이고 있다고 보고하였다. 과학자들은 이 현상을 최근의 급속한 지구 온난화에 따라 동 시베리아 북극 대륙붕 해저의 영구동토대와 가스 하이드레이트 층이 녹으면서 그 속에 포함된 막대한 양의 메탄이 이미 방출되기 시작한 증거로 제시하였다. 2008년 유엔환경기구(UNEP)는 북극에서 메탄이 본격적으로 방출되기 시작하면 방출된 메탄의 강력한 온실효과로 인해 지구기온이 급격히 상승하고, 이것은 다시 더 많은 메탄을 방출하게 하는 악순환을 일으켜, 돌이킬 수 없는 환경재앙을 가져오는 '온난화의 시한폭탄'이 될 것이라고 경고하였다. 얼어붙은 북극의 호수에 구멍을 내면 메탄가스가 방출되는데, 유튜브에서는 이 메탄가스를 눈으로 확인할 수 있는 실험 장면을 볼 수 있다. 호수에 구멍을 뚫고 불을 붙이면 화염이 수 미터씩 치솟는데, 이는 얼음 아래 갇혀 있던 메탄가스가 순간적으로 방출한 증거다(http://www.youtube.com/watch?feature= player_detailpage&v=YegdEOSQotE). 이런 현상에 주목한 과학자들은 최근 이런 북극지역의 영구동토층과 가스 하이드레이트의 메탄 방출현상을 연구하기 위한 국제적 연구활동을 본격적으로 시작하고 있다. 그 예로 2009년 11월 시작된 유럽연합(EU)의 '북극 영구동토층과 가스 하이드레이트에서 방출되는 메탄이 기후변화에 미치는 영향 : 장기 모니터링을 위한 유럽협력(PERGAMON)' 프로그램에는 24개국이 참여하고 있다.

2011년 12월~2012년 4월 동안 가스 하이드레이트 생산시험시추작업이 수행된 알래스카 북사면의 이그닉 시쿠미(Ignik Sikumi) 시추지점 ①
생산된 가스를 태우는 모습 ②

Fire in the Ice, Vol. 12, Issue 1, 2012년

머지 않아 생산할 듯

메탄가스는 친환경 버스의 연료로 사용하는 천연가스의 주성분이다. 태우면 이산화탄소와 물만 나오기 때문에 석유에 비해 깨끗한 에너지이다. 따라서 가스 하이드레이트를 개발할 수 있다면 막대한 양의 청정에너지를 얻을 수 있을 것으로 기대된다.

최근 에너지 자원이 부족한 일본, 중국, 인도와 우리나라는 자국 해역에서 막대한 양의 가스 하이드레이트를 발견하고 이를 개발해서 생산하려고 막대한 예산을 투입하는 등 국가적인 노력을 쏟는다. 하지만 전문가들은 가스 하이드레이트가 가장 먼저 개발될 수 있는 곳은 북극지역이 될 것으로 예상한다. 북극권 지역의 가스 하이드레이트 매장량은 전 세계 매장량의 약 20퍼센트인 약 400기가 톤으로 추정된다. 2008년 미국 지질조사소는 알래스카 북극지역에서만 1억이 넘는 가구에 10년 이상 난방을 제공할 수 있는 막대한 양의 가스 하이드레이트가 매장되어 있다고 보고하였다. 실제로 2002년과 2007년에 캐나다 북극 영구동토지역인 말릭(Mallik)에서 세계 최초로 가스 하이드레이트를 시험 생산하는 데 성공하였다. 또한 작년 2012년 2월~4월 동안 알래스카 북사면(North Slope)의 이그닉 시쿠미(Ignik Sikumi)지역에서 가스 하이드레이트 개발과 생산 분야의 선도국인 미국과 일본이 가스 하이드레이트 공동채굴 시험시추에 성공하였다. 전문가들은 머지 않아 북극 영구동토층지역에서 가스 하이드레이트 생산이 가능할 것으로 예상하고 있다.

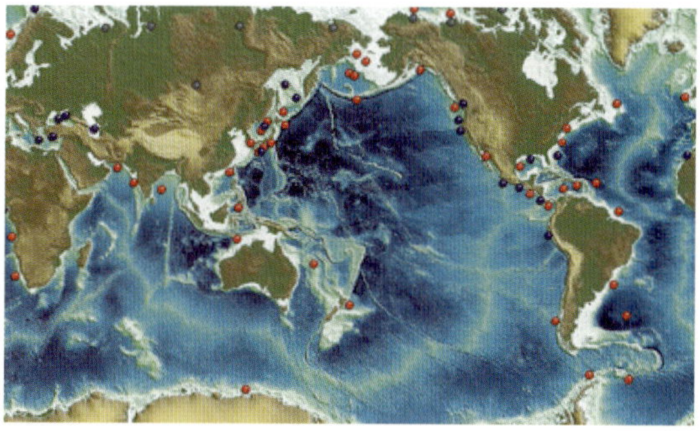

미국지질조사소

전 세계의 가스 하이드레이트 분포도

검은 점은 가스수화물 시료를 직접 채취한 곳이고 빨간 점은 간접적인 증거를 찾은 곳이다.

북극지역은 잘 알다시피 지구상에서 가장 빠르게 온난화가 진행되고 있는 지역이다. 지난 2007년은 사상 유래 없이 북극의 해빙이 축소된 해로, 그 해 7월의 경우, 북극해의 절반에 해당한 해역에서 얼음이 사라졌다. 성급한 과학자들은 불과 수년 내에 여름철에 북극에서 해빙이 완전히 사라질 것이라고 주장한다. 이렇게 북극해빙이 빠르게 사라지면 지구 온난화로 인해 많은 피해가 예상된다. 하지만 북극해와 연안지역에서는 사람들의 활동이 활발해지며 이 지역에 매장된 막대한 에너지자원의 개발이 가능할 것이다.

우리는

우리 극지연구소에서도 지난 10여 년간 계속해서 극지 해역에서 가스 하이드레이트를 탐사해왔다. 탐사 결과 남극반도 세종기지 주변해역에서 지구물리탐사를 통해 우리나라 연간 천연가스 소비량의 300배에 해당하는 가스 하이드레이트 층을 발견하였다. 또 러시아 오호츠크 해 가스 하이드레이트 국제 공동연구탐사에 참가하여 다량의 해저 가스 하이드레트 시료를 직접 채취하였다.

2010년부터는 첨단탐사장비를 갖춘 우리나라 쇄빙연구선이 남북극해 탐사를 본격적으로 시작하면서 많은 나라가 국제 공동연구를 제안하고 있다. 그 일환으로 2013년 여름 한국-캐나다-미국 3개국 연구팀이 캐나다 북극해에서 국제 공동연구탐사를 할 예정이다. 이 탐사에서는 현재 과학적인 핫이슈로 많은 관심을 모으고 있는 북극해

대륙붕지역의 영구동토층과 가스 하이드레이트가 급격히 녹아나면서 일어나는 메탄 방출 현상을 조사할 계획이다. 이 연구지역은 가스 하이드레이트를 최초로 시험 생산한 말릭 지역에 인접한 곳이다. 이번 북극해 국제 공동연구는 지구 온난화의 폭탄과 미래 에너지 자원이라는 두 가지 구실을 하고 있는 가스 하이드레이트의 글로벌 이슈를 함께 연구할 수 있는 좋은 기회가 될 것이다.

● 지각이 움직이는 신호

해저의 지각활동

해양환경을 체계 있게 연구하려면 해저지각활동에 대한 정밀한 관측이 매우 중요하다. 해저지각활동에 관한 연구는 해양환경과 기후연구에서 핵심분야의 하나로써, 특히 이를 연구하기 위한 관측망구축은 해양지구과학의 국제적 경쟁력을 키우기 위해 빠뜨릴 수 없는 분야다. 이 연구는 해저지진을 관측하고 연안에서 지진재해를 예측하고 대비하며 또 해저에서 일어난 지진으로 생긴 해일의 가능성을 조사하는 등, 재해를 예방하고 해양기후를 이해하는 경제적 사회적 필요성이 커지고 있다.

극지에서 해저지각활동과 해저환경변화를 지속적으로 조사하고 관측하기 위해서는 극저온에서 정지하지 않고 작동하는 극지용 수중음향관측센서와 자율관측시스템(Autonomous Underwater Hydrophone system, AUH)과 해양환경관측용 계류 장비가 바탕인 극지 광역관측망 구축이 반드시 필요하다. 또한 장기적으로는 근거리 무선통신시스템이 필요하며, 수중-해상간의 음향통신과 위성통신을 연계한 글로벌 통신시스템을 이용한 실시간 광역자율관측망이 구축되어야 한다.

이에 극지연구소에서는 미국 해양대기청에 속한 태평양해양환경연구소(PMEL)와 2005년 12월부터 2010년 5년간 남극 브랜스필드 해협과 드레이크 해협과 스코시아 해에 무인자율수중음향관측망을 설치하여 성공적으로 자료를 획득하였다.

수치모델링을 통한 해양 T파 발생 메커니즘 규명

해양 T파는 지진과 관련된 음원 중 해양에서 시작된 것, 혹은 해양지진 때문에 발생된 후, 해양음향전파채널 또는 소파채널(SOund Fixing And Ranging, SOFAR channel, 수중에서 음파가 손실없이 효율적으로 전파되는 해양음향전파채널)을 통하여 약간의 에너지 감소와 함께 먼 거리를 전파해가는 파를 말한다. 해양 T파의 존재를 확인한지 이미 50년이 넘었지만, 여전히 그 발생메카니즘은 명확히 밝혀지지 않았다. 이 연구를 통해 우리는 해저지각과 그 하부에서 일어나는 다중산란(혹은 난반사)이 해양 T파의 발생에 어떤 영향을 미치는지 수치 모델링을 통하여 정량적인 분석을 하고 이를 바탕으로 수중음향장비에 기록될 T파의 기록시간대별 에너지분포를 보여주는 포락선을 컴퓨터모델링하였다.

우선 해저지각에서 일어나는 지각내부의 지진파에서 수중 음향파로의 산란현상을 다루기 위하여 방사상 전달이론에 기초한 몬테카를로 방법(통계적 시뮬레이션방법)을 적용하였고 하부지각의 지층구조로부터 음향 모드(특성함수)를 계산하여 해저면에서 2차로 생성된 T파의 포락선을 합성하였다. 이 연구를 통해 우리 연구팀은 지각내부에서 발생한 지진의 에너지가 수층에서 모든 방향으로 균등하게 전파되는 것이 아니라 특정방향으로 더 높은 에너지가 효율적으로 전파된다는 사실을 알았다. 지진의 깊이 또한 음향파의 도달시간대별 에너지분포에 영향을 주어서 T파 포락선의 형태와 에너지 준위에 변화를 준다는 사실을 밝혔다.

해양 T파 관측과 지진파 관측

2005년 12월부터 2010년까지 5년에 걸쳐 자율수중음향장비를 이용하여 남극 브랜스필드 해협 부근과 드레이크 해협과 스코시아 해에서 광역자율수중음향관측망 운용에 성공했다.

회수한 자료를 분석한 결과 모든 채널의 자료에서 신호 대 잡음 비율이 양호하였으며 전 채널에서 이상 없이 기록된 것을 볼 수 있었다. 지진 음향과 빙산기원음향을 자동으로 찾는 프로그램(Ishmael, 음원자동인식 소프트웨어)를 미국과학자와 공동개발하였고, 이 연구과제의 공동연구기관(NOAA/PMEL)에서 개발한 '시시크(Seasick, 해양 T파 분석과 위치결정 프로그램)'를 이용하여 신호의 위치를 결정하였다.

이를 이용하여 극 지역 해저지각에서 나는 소리와 주변 빙권(氷圈)에서 발생한 광대역신호(broadband signal), 해양포유류 발성음(vocalization)을 포함하여 여러

박민규

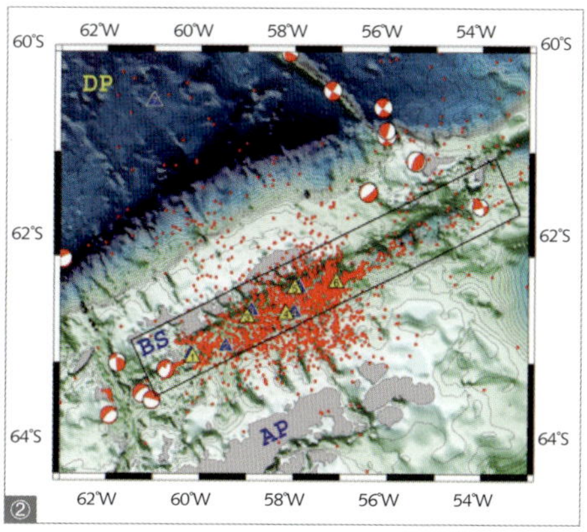

극지연구소

남극에서 운용한 무인자율 수중음향관측 장비 ①
2006~2007년 4,000회 넘게 생긴 지각활동음의 위치 ②

신호를 관측하고 기록하였다. 그 가운데서도 2005년 11월~2007년 11월 간 브랜스필드 해협에서 발생한 3,900건의 해저지각의 소리를 정밀하게 분석한 결과, 브랜스필드 해협은 현재 배호분지(背弧盆地, back-arc basin, 해양지각이 대륙 아래로 섭입하면서 대륙 쪽으로 생기는 분지로 서태평양에서 주로 발견되며 우리나라 동해도 이에 해당된다고 알려졌다)가 형성되는 초기단계로 활발한 지각활동이 일어나고 있음을 알 수 있었다. 또 5,925건의 빙권에 관계된 신호가 계절에 따른 현상을 뚜렷하게 보여주고 있다는 것을 알 수 있었다. 2007년 12월~2008년 12월 간 스코시아 해역에 수중음향 관측망을 운용하여 그 동안 보고되지 않았던 해저지각활동을 관측하였다. 해저지각에서는 지진, 마그마 관입, 화산 분출, 단층 외에도 여러 현상이 일어나는데 이 때 신호가 되는 수중 음향이 관측망에 포착되고 기록된다.

중앙해령의 지구동역학 관계를 이해하기 위해서는 그 주위에서 일어나는 지진의 위치와 발생 시각을 결정하는 것이 중요하다. 그러나 바다에서 일어나는 수많은 소규모 지진들은 지진이 일어난 진원 바로 위의 지표의 지점인 진앙이 육상지진관측망에서 멀어 지상에 설치된 지진계로 정확한 진앙의 위치를 결정하기는 쉽지 않다. 한편, 바다 속의 소파채널을 통해서 전파되는 T파는 거리에 따라 에너지가 줄어드는 정도가 다른 실체파(body wave, 지구 심부로 전파되는 지진파)에 비하여 작기 때문에, 심해저에서 발생한 미소지진을 감지하기에 좋다. 예를 들어, 2006년 3월 6일에 남위 40.11도, 동경 78.49도의 변화단층에서 일어난 6.2규모의 지진에서, '미국국립지진센터(NEIC)'에서는 첫 주 동안 3개의 여진이 일어난 것으로 보고했다. 그러나 '포괄적 핵실험 금지조약(CTBT)' 준비위원회 산하의 '국제감시망(IMS)'의 수중음향자료를 '상호상관

인도양에서 일어난 아주 작은 지진의 수중음향을 관측하여 밝혀낸 새로운 지체구조

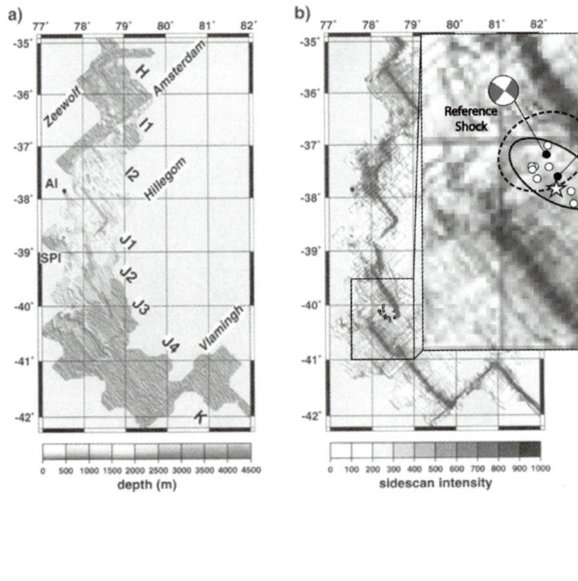

극지연구소

(cross-correlation)' 방법으로 분석한 결과, 총 14개의 여진을 찾아낼 수 있었다. 일반적으로 주 지진과 여진은 변환단층의 단층선을 따라 일렬로 발생하나, 이 연구에서 찾아낸 일련의 여진들은 두 개의 겹쳐진 중앙해령 사이에 있는 다수의 평행한 단층선을 따라 일어나는 좀 더 복잡한 단층형태라는 것을 밝힐 수 있었다. 이와 같은 복잡한 변환단층 구조는 '책 선반(Bookshelf)'이라고 불리는 단층 현상의 일환으로 추정된다.

현재까지 전 세계에서는 지구지각활동에 대한 연구가 활발히 수행되었다. 남극반도 주변은 문명 세계에서 멀고, 다른 지역에 비해 설치된 지진계가 적어 지진활동분포도(seismicity)에 대한 충분한 자료가 부족하다. 대규모 지진의 정확한 진원을 결정하거나, 지구 내부 구조를 규명하는 등의 아주 넓은 지역을 대상으로 하는 지진연구를 위해서는 남극지역에서 지진 관측망을 설치할 필요가 있다. 이런 필요성 때문에 2001년 말부터 남극 세종기지에 STS-2 광대역 디지털 지진계를 설치하여 운영하고 있다. 나아가 2001년부터 축적되어온 세종기지의 지진자료와 남극반도에 있는 칠레와 아르헨티나 기지의 지진관측소의 자료와 1998년부터 2001년 동안 파타고니아와 남극반도에서 설치된 임시지진관측망(the Seismic Experiment in Patagonia and Antarctica, SEPA)에서 관측된 원격 지진자료를 이용하여 지각과 상부맨틀의 지진파 속도 구조를 연구하였다.

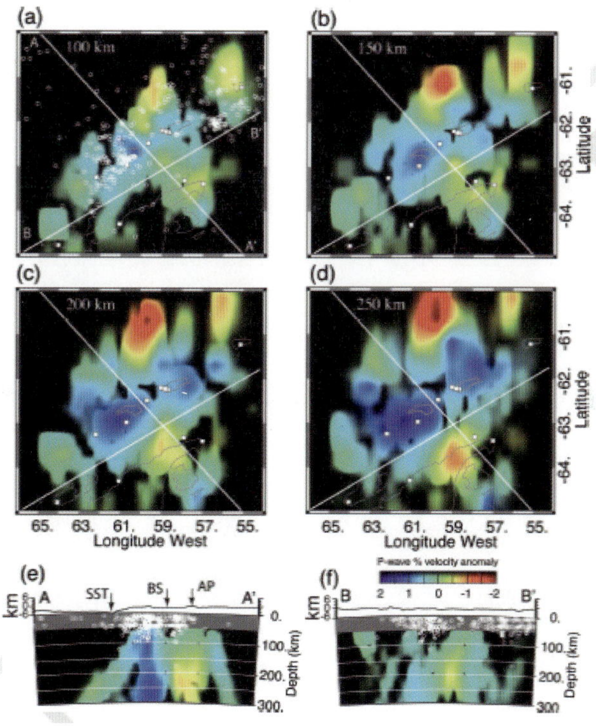

박용철

세종기지 주변 지각과 상부맨틀의 P파의 속도구조

지하 약 150~200킬로미터 부근에서 부분 용융의 증거가 포착되었다.

● 극지 중앙해령

판구조론

지구는 인류에게 알려진 바로는, 태양계 내에서 생명체가 존재하는 유일한 행성이다. 생명의 존재에서 가장 기본이 되는 조건은 바로 물이며, 물의 존재 자체가 곧 지구의 독특한 특성이기도 하다. 그러나 지구과학자에게 다른 행성들과는 다른 지구만의 독특한 특성을 들라고 한다면, 바로 '판구조의 존재'라고 할 것이다.

최근의 연구들은 물과 판구조라는 상이해보이는 특성들이 밀접히 연관되어 있음을 보여준다. 물은 생명의 토대이기도 하지만, 지구의 판구조가 작동하는 것도 물 때문이다. 또 판구조의 작동이 생물진화에 대단히 중요하다는 것이 밝혀졌다.

지구의 표면이 연속되지 않고 불연속적인 판으로 되어있다는 판구조론은 상당히 최근에 정립된 이론으로, 1960년대 중반부터 기초가 다져졌고 1970년대에 들어서서야 지구의 현상을 종합적으로 설명하는 이론으로 받아들여졌다. 판구조론에 따르면 지구의 바깥 부분은 위치에 따라 두께가 15~200킬로미터인 여러 개의 딱딱한 판으로 구성되어있는데, 이 판들은 '중앙해령'이라 불리는 해저산맥에서 형성되어 해구에서 지구내부로 섭입되어 소멸된다. 중앙해령 주변의 지판이 가장 얇으며 해구 부근이 가장 두껍다. 그리고 지판 사이에는 판이 소멸되거나 생성되지도 않으면서 마찰만 일으키는 경계부도 있는데, 지구과학자들은 이를 변환단층이라고 부른다. 생성되고 소멸되는 지판의 양은 비슷하여, 판의 기본 크기는 수천만 년 동안 대략 비슷하게 유지한다. 그러나 수억 년 단위의 긴 시간으로 보면, 지판은 완전히 소멸하고 새로 형성된다고 할 수 있다. 결과적으로 지구는 지판의 생성과 소멸 때문에 끊임없이 순환하며 새로워진다.

판구조 운동은 기본적으로 지구내부의 물질이 중앙해령을 통해 올라왔다가 섭입대에서 다시 지구내부로 돌아가는 과정이라고 볼 수 있다. 즉 판구조 운동은 지구표면과 내부 사이에서 일어나는 물질순환과정인 것이다. 이 지구가 점차로 식는 과정이라고도 볼 수 있다. 그런데 판구조와 같은 방식의 특수한 형태의 순환이 어떻게 가능할까? 그것은 바로 지구 내부에 적당량의 물이 있어 윤활 작용을 하고 있기 때문이다.

판구조, 중앙해령, 그리고 열수

이러한 판구조 운동은 기나긴 지질시대 동안 일어났던 지구환경변화의 가장 근본적인 원인으로, 몇 가지 이유에서 지구와 생물 진화에 있어서 매우 중요한 현상이다.

첫째, 지판들의 상대운동에 따른 대륙의 분포변화는 지구로 들어오는 태양에너지

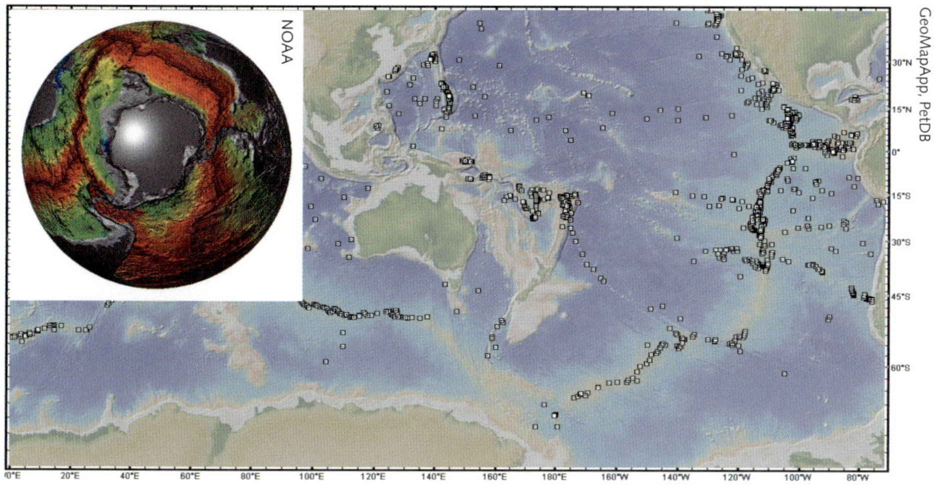

중앙해령은 해양지각이 형성되는 곳으로서 지구 최대의 구조물이다.

왼쪽의 작은 그림은 해령이 남극 대륙을 둘러싸고 있는 모습을 보여준다. 큰 그림에서 해령을 따르는 작은 네모는 연구된 지역이다.

반사량을 변화시켜, 에너지 수지에 변화를 가져와 수천만 년 단위의 기후변화를 규제하는 기본조건이 된다.

둘째, 지표에서 관찰할 수 있는 지진과 화산활동은 바로 이러한 판구조 운동 때문에 일어나며 이것은 지표를 큰 규모로 변화시킨다. 그런데 판구조 운동은 위와 같이 큰 규모나 폭발 같은 지각활동 외에도 지구환경에 매우 중요한 일을 하는데, 이는 중앙해령과 섭입대 상부 지판에 있는 배호 분지에서 일어나는 해양지각 형성과정과 이에 수반되는 열수분출 때문이다.

판구조론에 따르면 중앙해령(과 배호분지)은 지판이 벌어지고 있는 곳이다. 지판이 벌어질 때, 판과 판 사이에 틈이 생기는데, 이 틈을 메우기 위해 그 하부에 있는 맨틀이 상승한다. 이 상승하는 맨틀의 일부가 녹아서 마그마가 되는데, 이 마그마가 분출하여 굳어진 것이 바로 해양지각이다. 이 때, 해양지각의 깨진 부분을 통해 해수가 내부로 침투하며, 이 해수가 마그마에서 공급되는 열로 끓어올라 열수가 되어 중앙해령 곳곳에서 분출한다. 이 열수는 마그마와 더불어 지구 내부의 에너지를 해저로 전달하며 해수의 조성에 직접 영향을 준다. 게다가 이 열수에는 마그마에서 기원하거나 해양 지각에서 추출된 다양한 광물질이 용해되어 있는데, 열수가 분출하면서 차가운 해수와 만나면 광물질이 급격히 침전하여 유용광물이 많이 모인 광상을 만든다. 유명한 지중해 사이프러스 섬의 대규모 구리 광산도 이렇게 형성된 것이다.

그러나 중앙해령에서 분출하는 열수는 바닷물 조성에 영향을 미치고 광물이 농집된 광상을 형성하는 이상의 중요성이 있다. 장기간에 걸친 중앙해령 탐사 결과, 중앙해령에는 태양에너지에 의존하는 생태계와는 다른 특수한 생태계가 형성되어 있는 것이 발견되었다. 다른 생명체들의 1차적 에너지원이 태양에너지인데 비해 이 생명체들의

1차 에너지 공급원은 바로 중앙해령에서 분출하는 열수이다. 이들 중앙해령에 분포하는 생명체들은 육상에서는 발견하기 힘든 희귀종들로 지표상의 생명체들과 상호작용 없이 독자적인 생태계를 이루어 중앙해령의 중심축을 따라 장대하게 분포하며 서식한다. 그러므로 이 생명체들에게 열수는 대단히 귀중한 생명의 물질이다.

극지 중앙해령의 중요성

맨틀의 상승, 용융, 마그마 형성, 열수의 형성, 광맥의 형성, 독특한 열수 생태계 등 지구과학과 생물학적 주제가 긴밀히 연결되어 있는 융복합적 연구대상인 중앙해령은 1977년 미국이 잠수정 앨빈(Alvin)으로 동태평양의 갈라파고스중앙해령을 탐사함으로써 그 구체적인 모습을 드러내기 시작했다. 이후 40년간 새로운 지구과학과 생물학적 발견을 위해 연구자들은 중앙해령을 활발히 탐사하였고, 지구, 생명의 진화, 생명의 기원을 이해하는 데 많은 이바지를 하였다. 그리고 이제는 중앙해령 주변에 서식하는 고온성 생명체에서 유용물질을 추출하는 연구까지 이르는 등, 응용분야까지 연구범위가 확대되었으며 새로운 광물자원의 보고로 각광을 받고 있다.

중앙해령은 지구전체를 마치 야구공의 실밥처럼 감싸고 있으며 길이는 7만 킬로미터 정도로 단일 구조물로서는 지구 최대 규모이다. 이 중앙해령에 대한 탐사는 선진국을 중심으로 40년간 활발히 진행되었다. 그러나 극지에 있는 중앙해령은 접근이 쉽지 않아, 아직 많은 부분이 도전의 영역으로 남아 있다. 중앙해령은 북극점을 지나가고 있으며, 남극대륙을 둥글게 둘러싸고 있는데, 특히 남극을 둘러싸고 있는 중앙해령은 전체 해령의 약 1/3에 해당하는 2만 킬로미터 규모이다. 현재까지 해령의 연구는 접근이 용이한 저위도 지역 중앙해령에 집중되었는데, 연구결과가 축적될수록 극지역에 있는 중앙해령에 대한 탐사의 필요성이 꾸준히 증가되었다. 중앙해령은 위치에 따라 지질학적 특성, 맨틀의 조성, 생태계 등이 매우 다양하다는 것이 알려졌으며, 따라서 극지 중앙해령에 대한 탐사와 연구 없이는, 중앙해령의 특성과 열수 생태계를 총체적으로 파악할 수 없기 때문이다. 예를 들어 동태평양 중앙해령의 열수생명체와 서태평양 배호 분지에 분포하는 열수생명체는 같은 태평양의 생물인데도 매우 다른데, 동서 태평양을 연결하는 남극 중앙해령에 대한 탐사와 연구 없이는 다양성의 원인을 규명할 길이 없는 것이다.

저위도 중앙해령에서도 연구되지 않은 영역이 아직 많지만, 세계적인 중앙해령 탐사의 관심은 주로 극지 중앙해령으로 향하고 있다. 예를 들면, 2001년 미국과 독일이 합작하여 북극을 관통하는 각켈 중앙해령을 탐사하였고, 프랑스는 태평양과 남극해의 경계인 태평양-남극 중앙해령을 기초적인 수준이긴 하지만 탐사를 수행한 바 있다. 이는 극지 중앙해령 연구의 필요성에 부응하기 위한 국제적인 노력의 산물이다. 현재 많은 부분이 탐사되지 않은, 남극을 둘러싸고 있는 중앙해령 탐사를 위한 국제적인 협력이 이루어지고 있으며, 그 결과 인도양과 남극해의 경계에 있는 인도양 중앙해령 상당부분의 탐사가 진행되었다.

우리나라의 중앙해령 탐사

우리만의 쇄빙연구선 아라온 호가 생기면서 우리의 지구과학자들도 남극 중앙해령 탐사에 박차를 가하고 있다. 2011년, 한국해양과학기술원 부설 극지연구소는 뉴질랜드와 장보고기지 사이의 오스트레일리아-남극 중앙해령을 탐사하였는데, 이전까지 한 번도 탐사된 적이 없어 중앙해령 연구자들에게는 전혀 알려지지 않은 곳이었다. 이 중앙해령은 남극해에서도 가장 해황이 거칠기로 유명하여 큰 조사선이 아니면 탐사를 수행할 수 없기 때문이었다. 게다가 중앙해령의 주요 연구 국가인 미국과 유럽에서 가장 먼 곳에 있는 등 여러 가지 요인이 복합되어 아무도 탐사하지 못했다.

탐사 대상 지역인 남극 중앙해령

극지의 중앙해령은 해령에서도 알려진 부분이 거의 없어 새로운 연구지역으로 떠오른다. 붉은색 박스 부분은 오스트레일리아-남극 중앙해령의 일부로, 극지연구소가 2011~2012년 기간 동안 3차례에 걸쳐 기본적인 탐사를 진행한 곳이다. 하얀 선은 탐사가 진행된 구간(KR1, KR2)들이다.

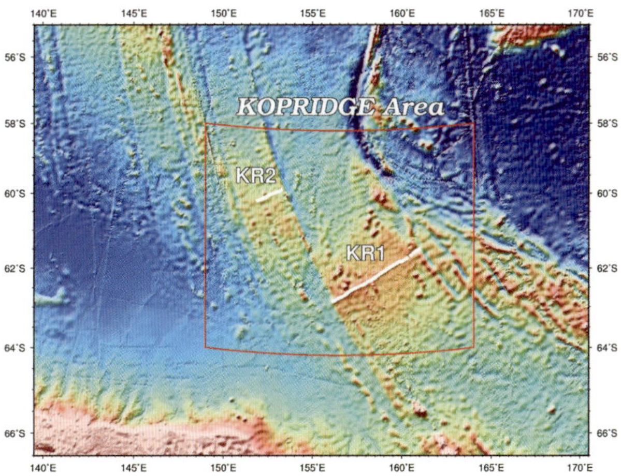

극지연구소

우리나라 연구소는 이 지역을 세계 최초로 탐사하여, 지형도를 작성하고 시료 채취와 열수분출의 증거를 확보하여 중요한 과학적인 성과물을 얻었다. 이는 우리 지구과학자들이 높이 7미터를 넘나드는 파도, 40노트를 넘나드는 강한 바람과 싸워가며 얻어낸 쾌거였다. 그 후 2011년 12월과 2013년 1월 탐사를 통하여 더 정확한 열수분출구의 위치를 확인하였으며 열수의 화학적 특성을 규명하기 위한 시료를 채취하여 연구하고 있다. 이 중앙해령에서 획득된 지형, 자력, 해양 지각 시료들은 남극 지역 맨틀의 진화와 판구조론을 이해하는 데 매우 중요하게 이용될 것이다. 특히 2013년 1월 말 수행된 세 번째 탐사에서 주목할 만한 성과를 얻었는데, 이 중앙해령에 분포하는 신종 열수생명체들을 발견하였다. 이는 열수생명체의 진화 역사를 다시 쓸 수 있을 정도로 중요한 연구의 바탕이 될 것이다. 이러한 다양한 연구들은 중앙해령 연구사에 매우 획기적인 공헌을 할 수 있을 것으로 기대된다. 이러한 연구결과를 바탕으로 아직도 미지로 남아 있는 남극 중앙해령들에 대한 장기적인 연구를 수행하는 한편, 미래에는 북극권 중앙해령으로도 진출해야 할 것이다.

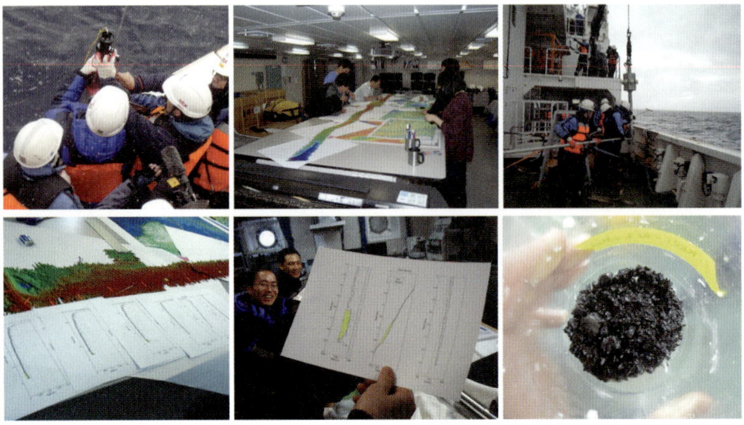

KOPRIDGE 탐사자들

극지연구소의 남극 중앙해령 탐사 수행 모습

지형조사와 토론, 열수탐사, 시료 채취 등의 모습을 담고 있다.

남극대륙의 과거

초대륙이 분리된 현장

남극대륙에 대한 우리나라의 지질학연구는 2006~2007년에 시작되었다고 할 수 있다. 남극운석탐사대가 운석탐사 지역 주변 암석을 수집하고 이중 화강암체에 대한 지화학 분석과 지체구조적 의의를 다룬 것이 최초의 연구라고 할 수 있다. 이후 장보고기지를 동남극 북빅토리아 랜드에 세우기로 결정하면서 이 기지를 기반으로 하는 지구물리-지질 과제인 '장보고기지 주변 빙권과 지각권의 상호작용 : 데이비드(David)빙하 종합 관측망 구축 및 빙하진화 연구'가 진행 중이다. 이중 지질에 해당하는 부분은 빙하 기반암의 특성, 기반암에 발달한 구조선과 빙하의 이동속도 같은 동역학적인 요소들의 상호작용을 밝히는 것이 그 목적이다.

이 연구의 일환으로 2012년 1월 1일부터 13일까지 운석탐사 팀과 공동으로 장보고 기지에서 남서쪽으로 약 215킬로미터 떨어져 있으며, 데이비드 빙하의 상류지역인 북빅토리아 랜드 마운트 조이스(Mt. Joyce)지역의 지질을 조사하였다. 먼저 조사지역의 중앙부에 있는 설원을 야영지로 선택한 다음, 헬리콥터로 약 1.2톤에 이르는 캠핑장비와 식량, 스노우 모빌, 연료를 수송하고, 텐트 같은 야영시설을 직접 설치하였다.

지질조사의 당초 연구목표는 지역에 존재하는 고생대 트라이아스기 사암 퇴적암체와 중생대 쥐라기 화산암체의 시료를 채취하고 그 특성과 분포를 기재하는 것이었다. 하지만 야영지와 조사지역 간의 이동을 위한 교통수단인 스노우 모빌(스키두)의 냉각계통이 제대로 작동하지 않아, 장거리 운행이 불가능했다. 따라서 야영지 주변의 화산암체인 페라르(Ferrar) 누층군(累層群)만 조사할 수 있었다.

페라르 누층군은 곤드와나(Gondwana) 초대륙이 분리되기 시작하던 약 1억8천만 년 전에 일어난 화산활동을 기록하고 있다. 당시 초대륙으로 존재하던 곤드와나 대륙이 분리되어 현재 분포하는 대륙들의 모습을 만들었다는 점에서 이 사건은 남극이 지금과 같은 모습을 갖추게 되는 일련의 과정의 첫 번째 단계라고 할 수 있기 때문에 중요하다. 지질학적으로는 초대륙이 분리되는 지체구조적 과정에서, 아직 풀리지 않은 맨틀의 구실을 볼 수 있게 하는 단서를 제공하기 때문이다.

장보고기지 주변과 북빅토리아 랜드

지질조사 팀은 캠프에서 가까운 곳의 암석 노출지 두 곳을 집중해서 조사하였다. 장보고기지 주변과 북빅토리아 랜드에 대한 기초지형도와 지질도는 주변에 기지를 가진 이탈리아와 독일 그리고 미국이 이미 출판하였으며, 이번 조사지역도 이들 지질도 중에 포함되어있다.

첫 번째 조사지역은 야영지역의 남서쪽에 있는 아웃포스트(Outpost) 누나탁으로 페라르 누층군 중 커크패트릭(Kirkpatrick) 화산암체와 페라르 조립현무암(dolerite)으로 이루어진 지역이다. 아웃포스트 누나탁은 높이가 약 300미터이며 대략의 층서를 살펴보면, 하부에는 베개상 현무암(타원체의 단괴 형태를 띤 용암으로, 분출과 동시에 물과 직접 접촉해 굳으면서 생성된 것) 중부에는 현무암류, 상부에는 수평으로 일반 현무암보다 암석의 결정이 더 치밀한 조립현무암으로 이루어졌음을 알 수 있다. 이중 관찰이 가능한 곳은 하부의 베개상 현무암과 관련된 화산암체이다. 이곳에서 나타나는 베개상 현무암의 상부에서는 기체 관구조(현무암 내에서 기체가 빠져나가면서 형성된 관구조)를 보여주며, 가장 바깥쪽에는 현무암이 물과 만나 매우 빠르게 냉각된 유리질 테두리도 보인다. 일부 베개상 현무암의 경우, 모양이 길이방향으로 길게 늘어난 경우도 있고, 현무암질 용암이 급격히 식으면서 물과 반응해 변질된 팔라고나이트(palagonite)로 이루어진 부분도 많았다. 하부의 화산암체는 옆으로는 잘 이어지지 않고 윗면이 울퉁불퉁한 형태를 보이는 부분이 많다. 연구자들은 이렇게 형성된 부분을 채우면서 만들어진 암체도 많을 것이라 예상한다. 반면에 중부의 현무암류는 기복이 거의 없이, 표면을 얇은 판처럼 덮은 것이 특징이며 옆으로도 매우 잘 연장된다.

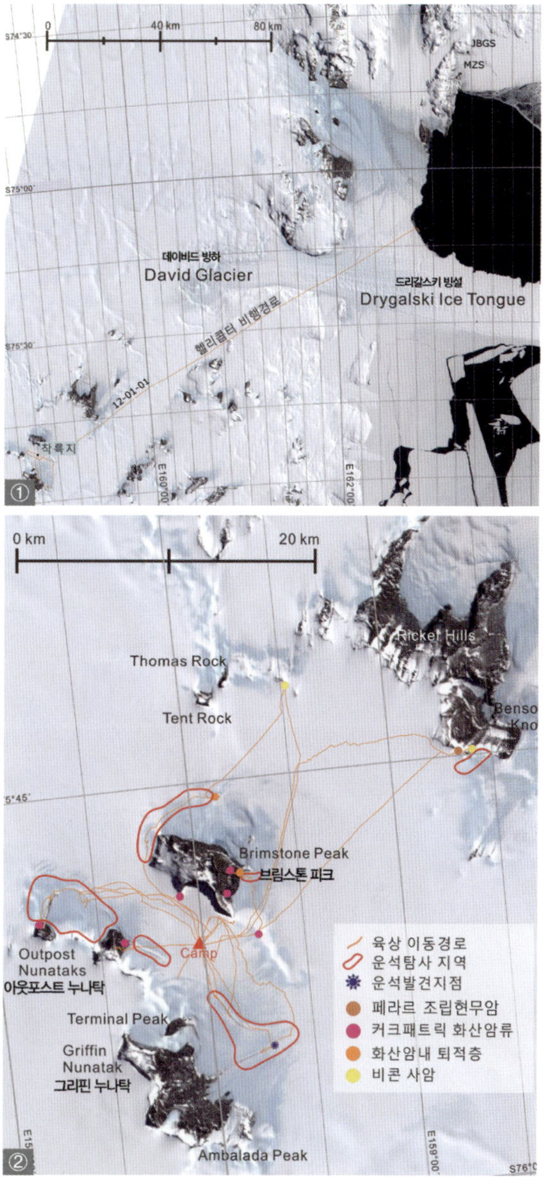

조사지역의 위치

① 데이비드 빙하에서 조사지역에 이르는 헬리콥터 비행경로

② 현지 캠프주위의 지질조사 이동로 (JBS : 장보고기지, MZS : 마리오주켈리기지(이탈리아).

두 번째 조사지역은 브림스톤 피크(Brimstone Peak)와 북쪽의 작은 누나탁이다. 브림스톤 피크는 높이가 약 600미터에 달하며 아웃포스트 누나탁에 비해 하부의

우주선

브림스톤 피크의 남쪽에 있는 야영지의 모습

화산암체를 노출하고 있다. 지층의 대략적인 순서는 노출된 부분 중 최하부인 현무암류와 응회암 등, 그리고 하부의 두꺼운 현무암과 폭발성 화산분출과 관계된 화산쇄설성 퇴적체가 있으며, 이 위에 놓인 층들은 대개 아웃포스트 누나탁의 층서와 비슷하다. 특히 북쪽의 작은 누나탁에서는 소규모 퇴적암과 하이알로클라스타이트(hyaloclastite, 용암이 물과 반응하여 폭발적으로 형성되는 각력암)가 발견되었다. 퇴적암은 응회암과, 사암, 이암으로 구성되어 있으며, 상부에는 이들을 절단하는 두꺼운 하이알로클라스타이트가 발달하여, 퇴적물이 작은 호수와 같은 곳에서 퇴적되었고 그 위로 현무암질 용암이 바로 유입되었음을 알려준다. 또한 하이알로클라스타이트 위에 발달하는 두께 약 20미터의 팔라고나이트와 현무암 복합체가 층리의 전체적인 형태와 비스듬한 각을 이루며 만나는 등 층리가 달라, 용암삼각주(熔岩三角洲, lava delta, 육상을 흐르던 용암이 물속으로 들어가면서 마치 삼각주와 같은 형태를 만든 것)를 만들어낸 것으로 예상하고 있다.

연구의 위험성

이와 같은 자료는 모두 발로 뛰는 현장조사로 얻은 것들이다. 남극의 노출된 빙하에는 깎여진 절벽이 드러난 것들이 많기 때문에 매우 급한 경사를 이루는 경우가 많다. 또, 기계적 풍화로 깨어진 크고 작은 암석파편들이 사면에 쌓여 비탈에 돌이 많이 흩어진 돌서렁(talus)이거나 빙하가 움직이면서 만든 빙퇴석(빙하가 옮긴 바위와 자갈과 모래와 진흙 같은 물질들의 퇴적물) 언덕일 때가 많다. 모두 걷기 힘들고 위험한 장소들이다. 이 때문에 이번 탐사에서는 연구소에서 초빙한 산악전문가의 도움이 매우 컸는데, 극지의 현장조사를 위해서는 이들 전문가가 꼭 필요하다는 것을 절실히 느끼게 해주었다. 사실 남극대륙 야영지의 생활은 현장조사 이외에도 몸으로 해결해야 하는 일들이 많다. 연구소의 극지적응훈련을 통해 캠프 설치와 철수 같은 큰일부터 식사 준비, 화장실 처리 등 작은 일까지 미리 경험하고 연습한 것이 큰 도움이 되었다.

그 가운데 가장 힘든 것은 야영 중간, 이틀 내리 몰아친 블리자드에 대응하는 일이었다. 맑은 하늘에서 시작된 폭풍은 전날 내린 눈을 쓸어와 눈보라를 만들었다. 쌓인 눈이 텐트를 덮치지 않도록 바람에 맞서 눈 벽을 세우고 텐트를 바람에 직각방향으로 배치했지만, 텐트주변에 쌓이는 눈은 어쩔 수 없었다. 모든 탐사대원이 매 시간 나가서 눈치우는 작업을 계속하여 현장조사를 나간 날보다도 힘든 날이었다. 하지만 이 조사를 통해 중생대 화산활동의 양상과 관계된 많은 증거들을 수집하였고, 야영생활과 현장조사에 대한 많은 경험을 쌓을 수 있었다.

앞으로 본격적으로 장보고기지가 운영되어 남극대륙에 대한 지질연구가 이루어지면 더 많은 전문인력이 더 나은 수송수단으로 더 자세하고 체계적인 조사를 할 수 있기를 기대한다. 덧붙여, 후발주자로서 기초조사가 이루어진 지역에 기지를 짓고 연구를 시작하는 우리는 다른 지질학자가 하지 않은 새롭고도 앞선 연구를 하기 위해서 어떤 연구를 해야 할지 고민하는 것도 현시점에서 중요한 과제이다. 상세한 기존 자료의 조사와 함께 여러 학제의 전문가들이 현지에 함께 방문해 현장 특성을 살피는 것도 매우 중요하다. 이런 과정을 통해 서로 다른 분야의 연구를 한 지역에서 각각 또는 다른 분야의 여러 학자들이 함께 할 수 있다면, 극지 연구에 수반되는 수송과 안전에서 부담을 줄일 뿐 아니라, 연구의 질도 향상 시킬 수 있을 것으로 보인다.

우주선

브림스톤 피크 남쪽의 누나탁에서 관찰되는 퇴적암과 화산암

① 누나탁의 전경. 아래쪽 넓은 부분은 응회암층이고 위쪽 절벽을 이루는 부분은 하이알로클라스타이트. 퇴적물은 이 두 층 사이에 끼어있다.

② 응회암층 상부에 나타나는 래필리(lapilli-크기가 2~64밀리미터인 화산쇄설물)

③ 퇴적암층의 평행층리 사암. 층리는 종종 정점이층리(구성 입자의 크기가 위로 갈수록 작아지는 구조를 보이는 층리)를 보임.

④ 퇴적암층을 침식하며 발달한 하이알로클라스타이트 화산암체

우주선

아웃포스트 누나탁의 지질학적 특성

① 아웃포스트 누나탁의 전반적인 지층의 발달을 보여주는 전경사진

② 하부의 베개 상 현무암

③ 팔라고나이트가 두껍게 발달한 베개 상 현무암

④ 상부의 조립질현무암 관입에 발달한 주상절리. 절벽의 높이는 약 30미터

● 북극해 기후변화

북극해의 여러 가지 특징

북극해는 남극대륙과 비슷한 면적인 약 1,400만 제곱킬로미터로, 전 바다 면적의 약 3.9퍼센트를 차지하며 5대양 중 가장 작은 대양이다. 북반구 가장 북쪽에 있는 북극해는 유라시아와 북미 대륙 그리고 그린란드로 둘러싸여 있는 지중해 모양의 대양이다. 북극해는 그린란드와 스발바르 군도 사이에 있는 프람 해협과 바렌츠 해 대륙붕을 통해 북대서양과 연결되어 있는 반면, 알래스카와 러시아 동쪽의 시베리아 사이의 베링 해협을 통해서는 북태평양과 연결된다.

북극해에서 깊은 곳을 차지하는 저층수는 수심이 깊은 프람 해협을 통해 북대서양을 오간다. 또한 프람 해협과 바렌츠 해의 대륙붕을 통해서 북대서양 수괴(水塊)의 지류인 노르웨이 표층수가 열과 염분을 북극해로 운반한다. 반대로 북극해의 차갑고 염분이 낮은 표층수는 많은 해빙과 함께 프람 해협을 통해 동부 그린란드 대륙붕을 따라 북대서양으로 빠져나간다.

또한 북극해의 대부분 해역은 겨울동안 그 해에 얼어붙은 일년생 얼음과 여러 해 동안 녹지 않은 다년생 얼음으로 결빙되어 있다. 반대로 여름에는 대기온도도 높아지고 북대서양과 북태평양에서 꽤 따뜻한 표층수가 올라와, 그 영향을 받는 연안 가까운 해역에서는 해빙(海氷)이 빠르게 녹는다. 최근에는 지구 온난화에 따라 여름철 북극해의 해빙이 급격히 녹아 사라지고 있다. 1979년 위성으로 해빙의 분포를 관측하기 시작한 이후, 21세기 들어 북극해 해빙이 빠르게 사라졌으며, 2007년 여름에는 특히 급격하게 북극해 해빙이 사라지는 일이 2012년 여름까지도 계속 이어졌다. 그 결과 2012년 9월 13일에는 해빙 면적이 역대 최소인 341만 제곱킬로미터를 기록하였으며, 이는 1979년의 해빙에 비하여 약 40퍼센트가 녹은 셈이다. 북극해 중에서도 북태평양과 연결된 서북극해에서 여름철에 해빙이 매우 빠르게 녹으면서 북극해의 해양환경이 급격하게 변하고 있다.

지구 온난화에 따라 북극해 해빙은 줄어들고 주변 대륙에서 수분 공급이 많아져, 동시베리아 같은 고위도지역의 여름철에는 비가 많이 오고 겨울철에는 눈이 많이 내린다. 특히 여름철에는 비도 많이 오지만 눈이 녹으면서 커다란 강을 통해 북극해로 유입되는 담수의 양도 급격히 증가하고 있다. 여름철에 해빙이 급격히 녹으면서 강과 함께 담수가 많이 유입되어 북극해 표층수의 염분은 점점 적어지고 있다. 북극 표층의 염분이 감소됨에 따라 북극해의 결빙과 해양순환 시스템은 큰 영향을 받는다. 또한 염분이 낮아진 북극해 표층수가 프람 해협을 통해 북대서양으로 유출되면서 북대서

남승일

2012년 여름 아라온 호의 서북극해 탐사

①, ② 멀티 코어시추기를 이용하여 해저 표층퇴적물을 시추하는 광경이다.

③ 해저 퇴적물 시추를 위해 갑판 후미에 준비된 중력 코어 시추기

④ 중력 코어 시추기를 이용하여 해저 퇴적물을 획득한 후 퇴적물이 가득 채취된 파이프의 모습이다.

양에서 형성되는 심층수에 중요한 영향을 미친다. 이 결과 전 지구적인 해양 순환을 조절하는 북대서양 열 염분 순환시스템에도 큰 영향을 미치게 된 것이다. 결과적으로 지구 온난화에 따라 북극해의 해양순환 시스템의 변화는 전 지구의 기후환경변화에 중대한 영향을 미치게 되는 것이다.

해빙 감소에 따른 해양환경변화가 가장 급격하게 일어나고 있는 곳이 서북극해역이다. 서북극해는 우리나라와 가장 가까우며 베링 해협을 통해 북태평양과 연결되어 있다. 앞에서 설명한 것처럼 최근 지구 온난화와 함께 염분이 낮아지고 수온이 꽤 높아져 미생물의 생육에 도움이 되는 무기성 원소인 영양염이 많은 북태평양 표층수가 많이 유입되면서 서북극해의 얼음이 급격하게 감소하고 있는 것이다.

우리의 연구 성과

우리나라 쇄빙연구선이 취항하면서 우리나라에서 가까운 서북극해의 단독탐사가 가능해졌다. 지난 2010년 7월 중순부터 1개월 동안 서북극해에서 일어나고 있는 기후환경변화를 연구하기 위해 우리 쇄빙연구선으로 역사적인 북극탐사를 하였다. 탐사 지역은 서북극해의 척치 해 대륙붕과 노스윈드(Northwind) 해령이었다. 이후 2011년과 2012년 여름철에 서북극해에서 일어나고 있는 해빙 감소의 원인과 그 영향을 밝히고자 독자적인 해양지구물리탐사와 해저지질탐사를 하였다.

극지연구소에서는 서북극해 탐사에서 획득된 표층퇴적물과 시추퇴적물코어에 기록된 고기후지시자(프록시)를 이용하여 최근 수천 년 전부터 과거 수십만 년 전에

일어났던 기후환경변화를 정밀하게 복원하는 연구를 하고 있다. 쇄빙연구선의 탐사로 얻은 지구물리자료와 해저퇴적물 시추코어에 숨어 있는 기후변화 기록을 정밀하게 분석하여 향후 서북극 해역에서 수행될 심부(深部) 시추 해역에서 정확한 시추지점 선정에 필요한 기본자료로 활용할 계획이다. 나아가 23개국이 참여하고 있는 거대과학 프로그램인 '국제해저지각시추작업(國際海底地殼試錐作業, IODP)'에서 추진하는 북극해 심부해저시추 탐사연구를 선도할 것이다. 또 미래의 북극해 해저 시추를 통해 지구가 온난했던 과거 중생대 이후 북극해가 진화한 역사와 북극해 주변 대륙에서 빙하가 확장하고 후퇴했던 역사를 밝혀 북극해가 전 지구적인 기후변화에 미친 정확한 지질학적인 기록을 복원하는 데 중요한 역할을 할 것이다.

박태윤

스툽베켄(Stupbekken) 개울 상류의 노두에서 산출된 후기고생대의 분지형 판상산호 화석 ①

스발바르 군도에서 발견된 식물화석 ②

지금은 스발바르 군도에 나무가 전혀 없어도 과거에는 나무가 생장했다는 것을 이 식물 화석을 보고 알 수 있다.

북극 동토의 화석

예비조사

극지연구소 최초의 북극 지질 연구는 2003년 8월 허순도 박사를 중심으로 한 세 사람의 예비연구였다. 당시 다산기지 일대의 지형과 지질을 살펴보면서 지질학적 연구의 가치를 논의하였다. 그러나 본격적인 지질 연구는 2007년, 이화여대와 일본 지질연구자와 함께한 다산기지 북쪽에 있는 제4기 화산암체에 대한 조사였다. 하지만 스피츠베르겐 섬에 많이 분포한 퇴적암에 대한 제대로 된 연구는 이루어지지 않고 있었다.

다산기지가 있는 늬-올레순 주변에는 후기 고생대, 중생대 트라이아스기, 신생대 제3기의 지층들이 분포한다. 이 중, 가장 넓게 분포한 지층은 후기고생대 지층인데,

노르웨이를 비롯한 다른 나라 학자들이 기초암상과 산출되는 화석에 관한 기초 연구를 하였다. 덕분에 우리가 목표로 하고 있는 좀 더 세밀한 퇴적상 연구와 산출 화석의 전문적인 분류, 그리고 진화를 연구하기 쉬워졌다. 이 연구를 위해 고생물학과 퇴적학 각 두 명의 연구인력이 2012년 9월 처음으로 고생물과 퇴적암을 조사하였다.

이 조사는 앞으로 수행될 다산기지 주변 지질조사의 예비조사 성격이 강했다. 따라서 퇴적학과 고생물 연구를 위하여 암석 시료와 화석 시료 채취뿐만 아니라, 다산기지 주변의 연구에 도움이 될 노두(露頭, 지층이 흙으로 덮여있지 않고 지표위로 드러나 있는 곳)들을 확인하는 데에도 초점을 맞추었다. 다산기지에서 북서쪽으로 약 6킬로미터 떨어진 스툽베켄(Stupbekken) 개울의 상류에 있는 절벽 노두, 기지 서쪽으로 가장 높은 산인 높이 718미터의 쉐텔리그 봉(Scheteligfjellet), 기지 남쪽의 높은 봉우리인 체펠린 봉(Zeppelinfjellet), 쉐텔리그 봉 남쪽에 있는 클로텐 봉(Kloten) 주변에 분포하는 후기고생대 지층을 확인하였다. 이를 통해 자세한 퇴적상 분석과 고생물 연구를 위해서 우선 스툽베켄 개울 상류의 노두와 클로텐 봉 주변의 노두를 주요 연구 목표로 삼아야 한다는 결론을 얻어내었다.

게다가 이 두 지역에서는 그 동안 잘 연구되지 않은 후기고생대 지층의 완족 동물, 판상산호, 태형동물, 조류, 삼엽충의 화석이 많았고 채집하기도 쉬웠다. 조사를 통해 많은 완족 동물 화석을 채취할 수 있어서, 앞으로 좋은 고생물연구가 가능할 것으로 보인다.

험한 지형에서의 연구

이러한 연구의 문제점 중 하나는 기지에서 연구를 할 만한 노두까지 가기가 쉽지 않다는 점이다. 늬-올레순의 기지촌을 벗어난 지역에서는 차량통행이 금지되어 있어, 앞서 언급한 다산기지 주변의 노두들로 가는 데는 적어도 왕복 4시간이 걸린다. 게다가 기지촌을 벗어나게 되면 사람이 다니는 길이 거의 없어, 노두로 가는 것 자체에 큰 힘이 든다. 예를 들어, 페름기의 완족 동물화석이 가장 잘 나타나는 캅 스타로스친(Kapp Starostin) 층이 잘 드러난 클로텐 봉 주변의 노두로 가려면, 빙하가 녹아서 생긴, 무릎 깊이에 물살이 빠른 개울들을 건너야 하고, 큰 자갈들이 쌓여있는 곳을 지나가야 한다.

박태윤

클로텐 봉 주변의 노두에 다다르기 위해 건너야 하는 빙하
북극에서는 마을을 벗어나면 북극곰에 대비한 총을 가지고 가야한다.

또 노두에 도달하면 연구를 위해 많은 암석과 화석시료들을 채취해야 하는데, 매번 이 돌들을 배낭에 가득 넣고 기지로 돌아오는 것은 너무 힘들고 위험하다. 그러므로 왕복 4시간이 걸리는 노두들을 연구하려면 텐트와 식량을 준비해서 노두 주변에 캠프를 차리고 며칠간 머무르면서 연구하는 방안도 고려해야 할 것으로 보인다. 또한 이런 조사에서는 조사자체도 중요하지만, 지질학자들의 안전이 무엇보다 중요하므로 북극곰과 빙하에 대한 안전에도 신경을 써야 할 것이다.

기지 주변의 후기고생대 지층 지질조사를 통해, 이 지역에 퇴적학적, 고생물학적 측면에서 다양한 연구거리가 있다는 사실을 알게 되었다. 또 기지 주변의 지질연구를 위한 기초사항들도 이해할 수 있었다.

우리 연구소의 극지지구시스템연구부는 앞으로 좀더 본격적인 다산기지 주변의 지질조사를 계획하고 있다. 나아가 연구지역을 늬-올레순 주변부에 머무르지 않고 스피츠베르겐 섬 전체로 확대하여, 북극권 지질 전체의 지체 구조 진화를 연구하는 기반을 다질 것이다.

● 파타고니아의 지질

파타고니아에서

파타고니아는 남위 40도 이남의 남아메리카를 지칭하는 말로, 대부분의 지역이 아르헨티나와 칠레에 포함된다. 칠레 남단에 있는 푼타아레나스는 파타고니아의 관문격인 도시로, 과거 마젤란 해협을 통과하는 배들이 정박한 요지였다. 또한 서남극과 남극반도로 가는 길목으로도 중요하다.

파타고니아는 지질학적으로는 태평양 쪽 안데스 산맥부터 동쪽의 평원 지대에 걸쳐 있어 다양한 특성이 있다. 남아메리카와 남극 대륙은 과거 곤드와나 대륙을 함께 구성했으며 특히 파타고니아 남단은 약 3,000만 년 전 남극반도와 분리되기 전까지 남극반도와 더불어 해양판의 섭입에 연계된 지질학적 과정을 함께 겪어왔다. 쥐라기 때부터 시작된 나스카 판과 남극 판 같은 해양지각이 밀고 들어가며 발생한 여러 지질학적 작용 때문에 안데스산맥과 남극반도의 화산들이 분출했고, 그 배후 지역에는 퇴적분지가 생겨났으며, 주변에서도 해양판이 밀고 들어가는 과정에서 관련된 화산 활동이 일어났다.

때문에 남극반도와 주변 지질을 폭넓게 종합적으로 이해하려면 파타고니아 남단을 연구하는 것이 중요하다고 연구자들은 생각하고 있다. 이에 따라 이 지역의 지질 연구는 크게 두 갈래로 나뉜다.

파타고니아 화산암체 연구

먼저 남미 파타고니아 화산암체를 연구한다. 코르디예라(Cordillera) 동쪽 파타고니아 일대(남위 40도~52도)에는 약 1,500만 년 전부터 시작된 남칠레(South Chile) 해령이 남아메리카 판 아래로 밀고 들어가는 독특한 지구조 때문에 광범위한 현무암질 마그마가 분출하였다. 대략 10,000세제곱킬로미터가 넘는 용암이 광범위한 면적에 걸쳐 산출되는 이 지역 현무암질 암석은 '신 제3기 파타고니아 플라토 현무암(Neogene Patagonian Plateau Basalts)'이라 불린다. 이 현무암류들의 지구화학성분은 태평양 판이 밀고 들어가는 과정과 관련된 태평양 쪽 안데스 산맥 일대에 산출되는 칼크 알칼리 계열 현무암(이산화규소 함량이 48퍼센트 이상이며 분화가 진행되는 동안 철/마그네슘 비율이 일정하게 유지되는 특성을 지녔다. 주로 해양판이 대륙판 아래로 밀고 들어가는 섭입대에서 발견된다)과는 다른 열점(熱點, hot spot, 지구 내부 깊은 곳에서 마그마가 오랜 동안 솟아나는 곳) 혹은 대양저 신장환경(伸長環境, 해저가 단순히 신장되는 환경으로 해저확장과는 다르다)에서 산출되는 대양도 현무암(Ocean Island Basalts)과 비슷한 특성을 보인다. 알칼리 계열(소듐이나 칼륨 같은 알칼리성분의 함량이 높고 규소로 포화되지 않은 현무암)의 이 현무암은 상당히 긴 시간(1,500만 년 전부터 최근 수십만 년 전까지)에 걸쳐 계속되면서 넓게 산출되어 이들 암석 성인에 대한 여러 가설들이 제시되었다. 이 지역은 여러 개의 판들(나즈카 판, 남극 판, 남아메리카 판, 스코시아 판)과 해구, 해령 같은 여러 지구조들이 좁은 지역에서 만나 복잡하게 서로 작용했던 곳이다. 그러므로 판의 작은 움직임에도 새로운 연약권(軟弱圈) 맨틀이 암권(岩圈) 맨틀로 유입되어, 마그마 생성을 위한 열과 물질이 공급되어 다량의 마그마를 생성해서 분출시킬 수 있는 환경이 마련되었던 것으로 보인다.

극지지구시스템 연구부의 지질연구그룹에서는 2008년 남반구하계에 파타고니아 남단, 칠레 푼타아레나스에서 약 200킬로미터 떨어진 팔리 아이케(Pali Aike)와 모로 치코(Morro Chico) 지역(남위 52도 부근)의 현무암을 체계 있게 조사, 암석시료를 확보하여 연구하였다. 그 결과 팔리 아이케와 모로 치코 지역에서 산출되는 현무암류는 파타고니아 북부와 중부 지역(남위 40도~50도) 현무암류와는 다른 동위원소의 특성이 있다는 것을 알아내었다. 나아가 이들은 남극반도, 뉴질랜드, 동남극 북빅토리아랜드에서 산출되는 알칼리 화산암류를 만든 근원맨틀과 유사한 맨틀에서 유래했다는 것이 밝혀졌다. 즉, 파타고니아 중·북부 지역과 파타고니아 남단 하부맨틀은 서로 다른 지구화학적 특성을 지니고 있으며, 아주 먼 지역의 화산암류를 만든 맨틀과도 비슷하여 아주 흥미로운 지구조 역사를 경험하였을 것으로 해석된다.

이러한 해석의 세부적인 부분을 입증하고 이해할 증거를 수집하기 위해서는 팔리 아이케 지역과 남극반도, 뉴질랜드, 동남극 북빅토리아 랜드 화산암에 포획되어 산출되는 맨틀 포획암 연구를 통해 그 지역 맨틀의 진화과정을 비교 연구하는 것이 필요하다. 따라서, 지질연구그룹은 파타고니아 남단 팔리 아이케 지역과 동남극 북빅토리아

랜드 화산암 산출지역에서 맨틀 포획암 시료를 확보하기 위해 2011년, 2012~2013년, 야외지질조사를 한 결과 두 지역에서 맨틀 포획암 시료를 확보하였다. 이후, 체계적인 지구화학적-암석학적 연구를 통해 이 지역 지체구조 환경과 맨틀진화 과정을 연구할 예정이다.

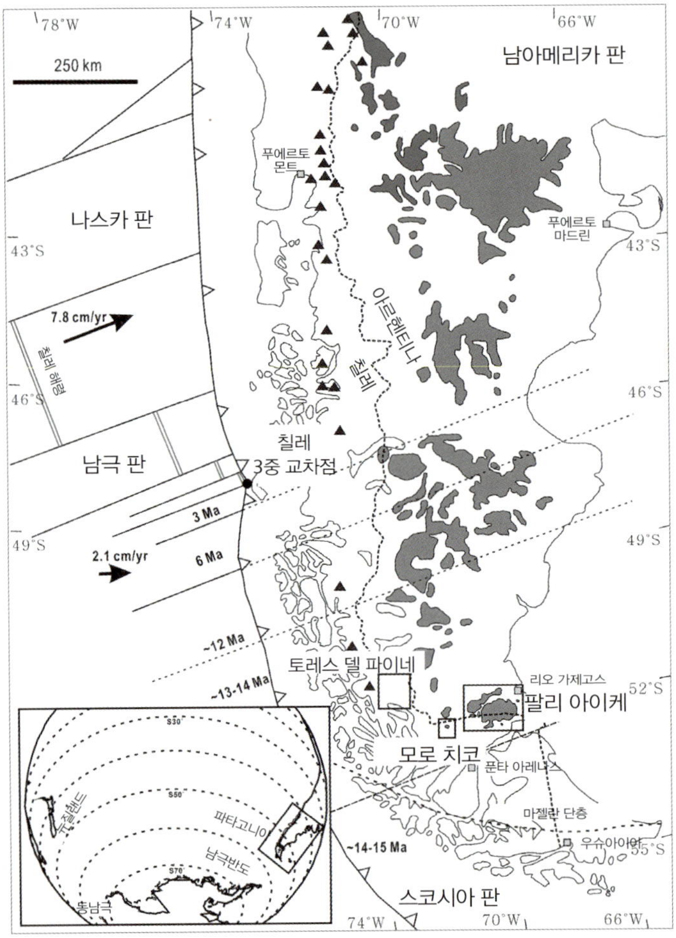

남아메리카 남쪽의 지체구조의 특성, 화산과 화산암체의 분포, 그리고 극지연구소 지질조사지역을 나타낸 파타고니아 지역지도

분지퇴적체 연구

파타고니아 지질연구의 두 번째 갈래는 쥐라기~제3기 섭입 작용으로 생긴 분지 내에 있는 퇴적체에 대한 연구이다. 이 섭입 작용과 관련된 지질 현상들은 남극반도에서는 남극반도와 주변 열도의 화산분출로, 파타고니아에서는 충상단층(衝上斷層, 심한 횡압력으로 끊어진 지층이 다른 지층 위로 올라갈 정도로 심한 단층)으로 생긴 안데스 산맥의 발달과 대륙 전면부 분지(前面部盆地, foreland basin, 충상단층의 무게 때문에 지각이 아래쪽으로 휘면서 생긴 퇴적분지)인 마가야네스 분지(Magallanes Basin)의 발달로 대표적으로 나타난다. 마가야네스 분지는 심해에서 천해에 이르는 퇴적체로 채워졌으며 칠레 파타고니아의 토레스 델 파이네(Torres del Paine)지역에서는 이 가운데 심해저 퇴적체가 두껍게 잘 노출되어있다.

2000~2001년, 2010~2011년, 연구자들은 분지 퇴적체의 퇴적작용과 분지발달 현황을 상세하게 조사하였다. 초기에는 가까운 노두를 연구하였는데, 이를 바탕으로 분지를 채운 퇴적체 중 저탁류(底濁流, turbidity current, 바다밑바닥을 흘러내려가는 퇴적물과 물 혼합체의 흐름)와 암설류(岩屑流, debris flow, 많은 양의 진흙과 자갈이 뒤섞여 마치 콘크리트와 같은 모습으로 흐르는 것)의 특징이 차례로 보이는 퇴적층은 사면에서 시작된 암설류가 저탁류로 발달하는 과정을 나타낸다는 것을 밝혔다. 이러한 사실은 교과서에 있지만 실제로는

보기 힘든 것을 밝혀낸 것으로 중력류(重力流, gravity flow, 사면을 따라 발달하는 퇴적물과 물 혼합체의 흐름을 통칭하는 용어)의 발달과정을 이해하는데 중요하다.

이미정

파타고니아의 토레스 델 파이네 지역 중생대 심해저 퇴적암 노두

정상부분 절벽의 높이는 약 200미터

나아가 분지전체의 발달과 여기에 함축된 지체구조적인 의미를 밝히고자 했으나, 산악지역에 분포하는 노두에 대한 지식이 없었다. 이에 2009~2010년과 2010~2011년에 기존연구에서 다루지 못한 산악지역을 조사했다. 추가 조사지역은 자동차가 접근할 수 있는 곳에서 걸어서 2시간 이상의 시간이 걸리는 산악 지역이어서 야영을 하면서 조사해야 했다. 산의 능선이고 기후가 건조하기 때문에 하천이 없어 식수도 큰 문제였다. 다행히 단층으로 생겨난 약 5미터 폭의 협곡에서 녹지 않은 눈을 발견하여 식수로 쓰면서 한결 수월하게 야영할 수 있었다.

이 조사로 안데스 산맥 배후지의 대륙 전면부 분지는 퇴적물이 북쪽에서 왔으며 이와 별도로, 서쪽의 급경사면에서도 단속적으로 퇴적물이 왔음을 밝혔다. 또한 이전 조사결과와 함께, 분지 내에서 남북으로 발달하는 심해저의 물길이 안데스 산맥의 융기에 따라 점차 동쪽으로 이동했다는 것을 알 수 있었다. 남극반도 지역의 동시대 지층은 주로 화산암인데, 현재 많은 부분이 해저에 있을 것으로 추측된다. 당시에는 서로 연결된 섭입대였지만 판이 밀고들어간 과정과 그 섭입 이후의 융기와 침강의 역사는 사뭇 달랐을 것이다. 또한 마가야네스 분지의 동쪽에는 천해에서 형성된 퇴적체가 잘 발달하는데, 이는 남극반도 동쪽의 제임스 로스(James Ross) 섬과 세이무어(Seymour) 섬에 발달하는 천해(淺海) 퇴적체와 유사한 특성을 보여 향후 남극반도 주변을 연구할 때 함께 고려하여, 전체 분지의 지질학적 과정을 이해해야 할 것이다.

빙설과학 연구

우리 학자들은 외국학자들과 공동으로 얼음을 시추하고 극지의 얼음과 빙하 연구에서는 없어서는 안 될 실험시설을 완성하였다. 또한 빙하코어를 분석하여 인간 활동의 증가에 따른 대기환경변화 연구를 위해 빙하코어를 분석하고 나아가 쇄빙선과 해양구조물설계에 필요한 극지얼음의 특성을 연구하였다.

허순도 극지연구소 최경식 한국해양대학교

● 얼음에 감추어진 과거 기후와 환경변화의 기록

우리의 빙설학 연구

우리나라는 만년빙과 영구동토가 없기 때문에 빙설과 관련된 연구가 활발하지 않았지만, 최근 기후변화에 대한 관심이 높아지고 북방지역을 개발할 필요가 생기면서 빙하 연구에 대한 관심이 높아지고 있다. 만년빙에 기록된 과거의 기후와 대기환경을 복원하는 연구를 하기 위해서는 빙원지역의 내부구조와 그 물성을 이해해야 한다. 이를 위해 빙하를 탐사하고 빙하시료를 채취하기 위한 빙하코어 시추 작업이 필요하다.

그 동안 우리나라의 빙하 연구는 극지연구소를 중심으로 이루어지고 있지만, 유일한 남극과학기지인 세종기지는 남극반도의 북쪽에 있는 섬에 있고 여름철의 기온이 높아 얼음의 상태가 좋지 않으므로 빙하 연구에 많은 제약이 있었다. 그러나 2014년 남극대륙에 장보고기지가 건설되면 제대로 된 얼음 연구를 할 수 있을 것으로 기대된다.

한국해양과학기술원 부설 극지연구소에서는 2007~2008년 '국제극지의해'를 기점으로 빙하 연구 기반구축을 위한 빙원탐사, 빙하시추, 빙하코어 분석 연구를 수행하고 있다.

우리나라가 참가한 최초의 빙하시추는 2007년 6월, 한·중 공동으로 중국 간쑤성 치렌산(해발고도 5,350미터)에서 90미터 길이의 빙하코어를 채집한 것이다.

우리나라 최초의 남극 빙하시추
2012년 1월 남극 장보고기지 북서쪽 70킬로미터에 있는 스틱스(Styx) 빙하에서 얼음을 시추하였다.

강정호

2008년 7월에는 우리나라 주도로 몽골 알타이산맥 참바가랍 산(해발고도 3,830미터)에서 한·중·몽 공동으로 빙하를 시추하여 40미터 길이의 빙하코어를 획득하였다. 또한 우리 손으로 200미터까지 빙하코어를 시추할 수 있는 빙하시추기를 개발하여 2010년 6월에 몽골 알타이산맥 뭉흐하이르항 산(해발고도 3,804미터)에서 70미터 길이의 빙하코어를 얻었다. 2012년 1월에는 남극 장보고기지 주변에서 우리나라 최초로 남극에서 빙하를 시추했다.

연구소는 남극에서 빙하탐사 능력을 축적하기 위하여 국제 공동연구를 활용하여 빙하탐사와 빙하시추 프로그램에 참여하였다. 2006~2007년에는 남극 내륙의 일본 돔 후지기지에서 남극 심부빙하시추에 참여하였다. 2007~2008년에는 남극대륙의 해안기지인 프랑스의 뒤몽 뒤르빌기지에서 남극 내륙의 돔 C 콘코디아기지까지 1,500킬로미터의 남극대륙 종단에 참가하여 빙원에서 연구활동에 필요한 빙원 종단기술, 남극 내륙기지운영, 1,000미터 이상의 빙하코어 시추 기술 등을 습득하였다. 또한 '국제극지의해' 사업으로 북극 그린란드에서 현재보다 기온이 높았던 최후간빙기인 엠(Eem) 시기의 기후변화 복원을 위한 북그린란드 심부빙하시추(NEEM)에 참여하였다.

극미량의 빙설시료

지구상에서 가장 깨끗한 극지의 빙설시료에 함유된 원소 농도는 아주 낮은 극미량 또는 초극미량 수준이다. 그러므로 빙설시료를 분석하기 위해서는 대단히 깨끗한 청정실험환경과 초극미량을 측정할 수 있는 첨단분석기기가 필요하다.

극지연구소에서는 빙설시료를 분석하기 위한 냉동실험실, 청정실험실, 청정분석실과 첨단분석기기들을 운영하고 있으며, 그 결과 극미량 무기원소의 농도분석과 동위원소 분석에서 대단히 믿을 만한 자료를 생산하고 있다. 이를 기반으로 빙하코어를 활용한 고기후 연구에 참가하여 우수한 연구결과를 발표하고 있다. 예컨대, 남극 내륙의 보스톡기지에서 시추된 보스톡 빙하코어를 분석하여 지난 42만 년 동안 남극 대기에서 순환되는 미량금속의 플럭스 변화가 대기환경변화에 미치는 영향에 관한 연구를 수행하였다. 또 남극 돔C(남위 75도06분, 동경 123도21분)에서 시추된 '유럽심부빙하시추 프로젝트'의 빙원 얼음코어를 확보하여 지난 80만 년 동안의 기후변화에 따른 대기환경과 지구환경변화를 이해하기 위한 미량원소와 희토류원소와 백금족원소의 농도변화를 깊이있게 연구하고 있다.

허순도

열이온화질량분석기 (TIMS)
극미량 강설시료에 포함된 무기원소 농도와 동위원소 분석에 사용된다.

최근에 내린 눈에서 남극의 대기와 내리는 눈 사이의

상호작용을 이해하기 위한 연구와 산업화에 따른 오염현상을 규명하기 위한 연구를 수행하고 있다. 나아가 지구의 기후와 환경변화를 규명할 수 있는 새로운 추적원소를 분석할 기술을 개발하여, 빙설시료에서 과거 화산폭발, 운석충돌(외계 물질 유입), 건조지대 증가에 따른 먼지입자 증가, 극지 강설로 유입된 유기화합물, 극한지의 수은 거동을 연구하였다. 한 예로써, 남극 돔 후지기지에서 채집된 강설시료에서 지난 50년간의 지구 배경 대기(오염되지 않은 공기) 백금족원소 농도변화를 분석하여 백금족원소가 과거 화산폭발에 대한 중요한 추적자로 활용될 수 있음을 밝혔다. 또 1980년 이후 자동차에서 백금 촉매장치를 쓰면서 백금족원소가 대기 순환을 통하여 극지까지 오염시키고 있음을 확인하였다. 또 나아가 극지방 외에서도 인류가 사는 곳에 가까운 중·저위도 고산빙하에서 기후·환경변화에 따른 대기조성 변화와 인간 활동에 따른 대기오염 현상을 규명하였다. 한·프랑스·미국 간의 공동연구를 통해 남미 볼리비아 사하마 화산 정상부에서 시추한 얼음시료에서 미량 원소를 분리하여 지난 최대빙하기 이후 열대지역 대기에서 순환된 미량금속 플럭스 변화에 자연과 사람이 미친 영향을 연구하였다. 히말라야 에베레스트 산, 중국서부의 치롄산과 몽골 알타이 산맥의 아시아 지역에서 시추한 빙하코어를 이용하여 지난 2,000년 동안 몬순기후대의 변화와 인간 활동 증가가 북반구 중위도 대기환경에 미친 자연과 사람의 영향을 평가하기 위한 연구를 하였고, 대기 중의 에어로졸 입자의 기원을 연구하였다.

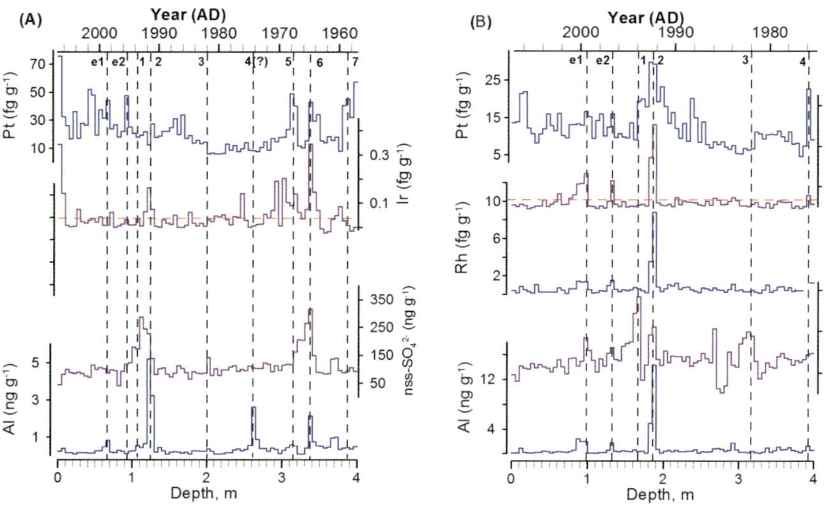

남극 돔 후지에서 채집된 강설시료에서 확인된 지난 50년간의 백금족원소 거동

수직선은 대규모 화산활동을 나타낸다.

① 필리핀의 피나투보 ② 칠레 세로 허드슨 ③ 칠레 엘 치촌 ④ 뉴질랜드 나우루호 ⑤ 남극 디셉션 섬
⑥ 인도네시아 아궁 ⑦ 칠레 카란-로스베르나도스 ⓔ1, ⓔ2 남극 에레부스

● 우리가 얼음을 깨는 이유

빙하

극지의 빙해역에서 발견되는 얼음은 그것을 만든 것의 출처에 따라 육상의 빙하에서 만들어진 얼음과 바닷물이 얼어서 형성된 얼음으로 나눌 수 있다.

빙하(氷河, glacier)를 만든 얼음은 육상에서 수 천 수 만 년 동안 쌓인 눈이 자체의 무게로 압력을 받아 단단한 얼음으로 바뀐 것이다. 빙하는 얼음 자체의 무게 때문에 낮은 곳으로 서서히 흘러내리는 얼음을 말한다. 이 빙하가 해안에 도달하면 빙하의 끝부분의 얼음이 파도에 흔들리거나 조석으로 오르내리다가 떨어져 나가 빙산이 된다. 극지의 육상에서 만들어진 얼음으로 된 빙하나 빙산에는 염분이 포함되어 있지 않다.

반면 해빙(海氷)은 바닷물이 얼어 형성된 얼음으로, 바닷물 속의 염분이 얼음에도 들어있다. 염분이 있는 바닷물은 민물보다 더 낮은 온도에서 언다. 호수에 비해 바다에서 얼음이 잘 얼지 않는 이유가 여기에 있다.

해빙(海氷)

표층의 바닷물이 충분히 차가워지고 기온이 영하 2℃ 이하로 유지되면 바늘 끝처럼 작은 얼음의 결정이 형성되며 표면에 뜨게 된다. 이때 처음에는 결정들이 서로 느슨하게 결합되어 수면에 부드럽고 푸석한 얇은 얼음층이 만들어진다. 이 얼음은 표면이 은빛 기름처럼 번쩍이는 모습을 띄게 되어, 흔히 그리스 얼음(grease ice)이라 부른다.

최경식

해빙에서 얼음코어를 시추하는 광경

최경식

남극해를 떠도는 빙산 ①
남극해에서 막 결합되기 시작한 팬케이크 얼음 ②

이렇게 만들어진 얼음은 파도에 부서지고, 서로 부딪치며 직경 1~3미터, 두께 10센티미터 정도의 불규칙하고 둥글둥글한 빙판을 만든다. 이 둥근 빙판을 팬케이크 얼음(pancake ice)이라고 부른다.

다음 단계에서 팬케이크 얼음은 몇 개씩 서로 결속되어 아주 안정되고 단단한 빙판을 만든다. 일단 해수면에 빙판이 형성되면 지금까지와는 달리 더 이상 개별적인 얼음 조각끼리 결속하지 않고 빙판은 두꺼워진다.

이후 겨울철 차가운 기온에 따라 빙판의 두께는 점점 두꺼워지며 1년생 얼음이 형성된다. 다음 해 여름이 되면 기온이 오르지만, 앞서 형성된 1년생 얼음이 완전히 녹지 않는다면 그 다음해 겨울이 되면서 1년생 얼음이 다시 얼면서 두꺼워진다. 두 번의

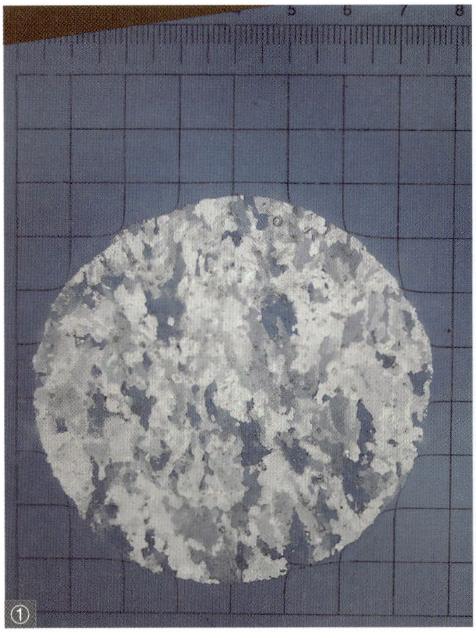

최경식

얼음 시편의 결정구조 편광사진
① 수평방향
② 수직방향

결빙이 진행되면 빙판의 두께가 두꺼워지면서 두께방향(수직방향)으로 길게 얼음의 결정이 늘어서기 때문에, 빙판에서 수직방향과 수평방향의 결정구조가 달라진다. 1년생 해빙의 경우 바닷물 속의 염분이 길게 늘어선 기둥형의 얼음 결정 사이에 끼어 남아있게 된다.

겨울을 지나 살아남은 이 얼음을 2년생 얼음이라고 하는데, 이렇게 녹고 다시 어는 과정을 여러 해 겪고 살아남은 얼음을 다년생 얼음이라 부른다.

빙판이 두꺼워지면 얼음과 바닷물의 접촉면에서 염분이 빠지며 얼음 결정 사이에 갇히게 된다. 해빙 속에 들어있는 염분이란, 실제로는 얼음 결정 사이에 갇힌 염분을 말한다. 이것이 1년생 얼음과 다년생 얼음을 구분하는 큰 차이점인데 염분이 거의 다 빠져버린 다년생 얼음은 매우 단단한 조직을 갖고 있어 외관상으로도 1년생 얼음에 비해 표면이 매끄럽다.

겨울철 육지에 인접한 해안가에는 비교적 균일한 두께의 1년생 빙판이 만들어지는데 이것은 최대 2미터 정도 두께까지 성장하다가 여름이 되면 점차 녹아 소멸한다. 반면 북극해와 남극해의 극빙은 두께가 3미터 이상인 다년생 얼음으로 중간 중간에 균열이 생겨 갈라진 거대한 얼음덩어리이다. 극빙의 움직임으로 인하여 다년생 얼음 사이에는 수많은 유빙이 떠다니는 수로를 형성하며 짧은 기간 동안 선박의 통행이 가능해진다.

극지 연구의 조건

북극지방은 지구상에 남은 최후의 자원부존지역으로 북극해의 수심이 얕은 대륙붕에 석유와 천연가스가 풍부하게 매장되어 있다고 추정되며, 실제로 1970년대 후반부터는 이들 지역에서 석유생산이 이루어지고 있다. 하지만 여름철의 짧은 기간을 제외하고는 항상 두꺼운 얼음으로 덮여 있으므로 극지에서 자원을 개발하기 위해서는 추운 기후와 얼음 바다를 극복할 수 있는 쇄빙선박과 같이 특수한 설비와 극지공학 기술이 필요하다.

또한 남극지방의 자연환경은 지구의 생성과 변화를 연구하는 천연의 과학 실험장으로서 중요하다. 그러므로 우리나라도 과학자들을 파견하여 남극을 비롯한 극지의 환경에 대한 조사와 관측활동을 계속하고 있다.

최근 극지에 대한 관심이 증가하면서 새로운 쇄빙선박과 해양구조물 설계를 위해 극지 얼음의 재료 특성에 관한 연구가 이루어지고 있다. 빙해역 현장에서 쇄빙선박을 이용해 수행하는 실선(實船)시험은 육상의 빙해수조(氷海水槽, ice tank)에서 수행되는 모형시험 사이의 상관관계를 검증하기 위해 실시한다. 빙해역 실선시험에서는 쇄빙선박이 얼음과 충돌하면서 받게 되는 충돌에 따른 힘과 그 변형을 계측하고 빙판 위에 올라서서 얼음에 대한 재료특성을 계측한다. 실선의 쇄빙성능과 모형시험 결과에 대한 비교를 통해 더 정확한 빙 하중 추정과 더 나은 쇄빙선박 설계가 가능하기 때문이다.

현장시험에서 얻고자 하는 얼음의 특성에 관한 항목은 빙판의 두께와 깊이에 따른 온도와 염분과 밀도, 그리고 얼음의 압축강도와 굽힘 강도와 결정구조이다.

운석과학 연구

우리나라는 2006~2007년 운석 연구를 시작하여, 180개의 운석을 채집하였다. 나아가 레이저 불화방식과 산소 동위원소 분석시스템에 이은 전자현미경 설치로 필요한 1차 분석시설이 준비되었다. 앞으로는 운석들을 연구하는 일만 남았는데 그 전에 채집한 운석을 종류별로 분류한 다음 국제운석학회에 등록해야 한다.

이종익 극지연구소

● 운석탐사

가장 힘들고 위험한 운석탐사

운석은 매년 우주로부터 지구로 들어오는 약 4만 톤의 우주물질 중 지구 표면에 도달하는 극히 일부의 돌덩어리를 말한다. 2012년 기준으로 인류가 보유한 60,000여 개의 운석 가운데 48,000개 이상이 지구 표면의 3퍼센트에 지나지 않는 얼음대륙 남극에서 발견되었다. 40년의 운석탐사 역사를 갖고 있는 일본과 미국은 이미 각각 17,000개가 넘는 남극운석을 보유하고 있다.

남극에서 운석이 많이 발견되는 이유는 최대 100만 년 정도 된 빙하가 계속 낮은 해안으로 흐르면서 주변 산맥에서 돌들을 모아 놓기 때문이다. 그러나 빙하의 흐름이 막히는 산맥 옆의 수많은 돌 가운데서 하나의 운석을 찾는 일은 말 그대로 인내와 싸움이다.

21세기 첨단 과학시대임에도 운석탐사에는 특별한 방법이 없다. 운석을 발견할 가능성이 높은 지역에서 걸어서 하나하나 눈으로 확인해야 한다. 이를 위해 남극의 강풍도 버텨내야 한다. 2011년 시즌(남극 하계연구기간은 보통 11월에서 다음해 2월까지지만 해를 넘기더라도 전년도 시즌으로 칭한다), 미국 탐사대는 눈 폭풍 때문에 텐트생활 42일 중 단 15일 동안만 밖으로 나갈 수 있었다. 물론 탐사를 위해 경비행기, 헬리콥터, 소노우모빌 같은 이동수단과 위성전화, GPS, 첨단화된 야영장비가 동원되지만, 현장탐사 자체는 원시적이라 할 수 밖에 없다. 그래서 남극을 오래 연구한 나라에서도 운석탐사를 가장 힘들고 위험한 탐사로 꼽고 있다.

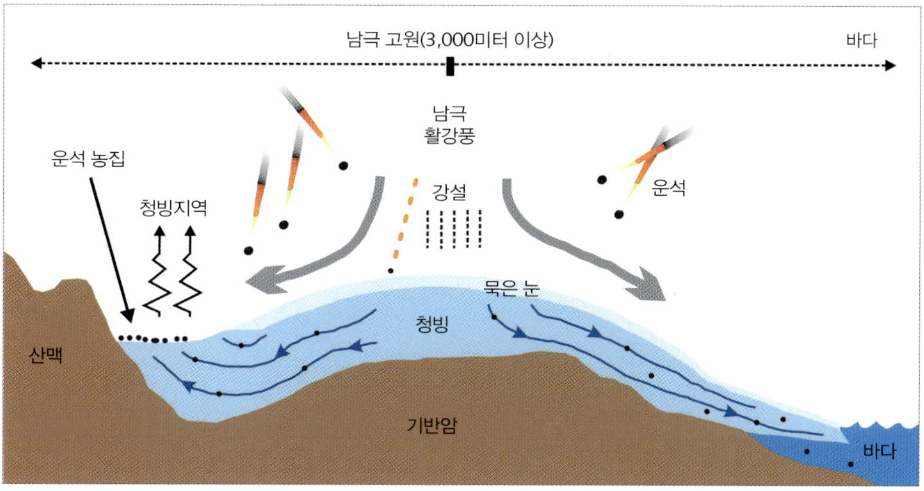

캐시디

남극 운석
농집과정 모식도

태양계의 정보를 간직한 운석

운석을 채취하려면 가장 원시적인 방법을 동원해야 하지만, '우주의 타임캡슐' 또는 '우주 DNA'라 불리는 운석에 대한 연구는 첨단과학 그 자체이다. 지구를 포함한 태양계는 약 46억 년 전에 형성되었고, 이후 1억 년 정도의 짧은 시간에 모든 행성과 위성이 만들어졌다. 그러나 지금도 끊임없이 진화하는 지구에는 40억 년 보다 오래된 암석이 없다. 그에 비하여 운석 대부분은 태양계 형성 초기에 만들어져 진화하지 않았기 때문에 당시의 정보를 그대로 간직하고 있다. 태양계 형성 초기의 정보, 그리고 지구와 같은 행성의 진화를 알고자 하는 많은 과학자들이 운석에 관심을 갖는 이유가 여기에 있다. 현재 가장 신뢰도가 높은 태양계의 나이, 45억6천7백만~45억6천8백만 년도 운석을 통해 얻어진 연대이다.

운석은 인류의 과학유산으로 생각되어, 될 수 있는 한 시료를 파괴하지 않고, 소량만 사용하여 많은 정보를 얻는 것이 연구의 기본 규칙이다. 따라서 많은 첨단 분석기기가 운석 연구와 연계되어 개발되고 있다.

2006~2007년에 시작된 우리의 운석 연구

21세기가 시작된 시점에서도 남극의 운석탐사는 일본, 미국, 중국, 이태리처럼 남극 연구를 먼저 시작한 몇 개 국가만의 전유물이었다. 극지연구소에서는 2006년부터 쇄빙연구선 건조사업이 본격화되었고, 제2기지 건설을 통한 남극대륙 진출 논의가 활발하게 이루어지기 시작했다. 이때부터 재편된 주요사업을 통해 남극대륙을 탐사하기로 하였고 그 첫 번째 대상으로 운석탐사를 선정하였다. 당시 대륙진출 교두보가 전혀 없었기 때문에 탐사지역을 상업 비행기가 들어가는 서남극 패트리어트 힐즈

2006~2012년 우리나라 남극운석 탐사 지역

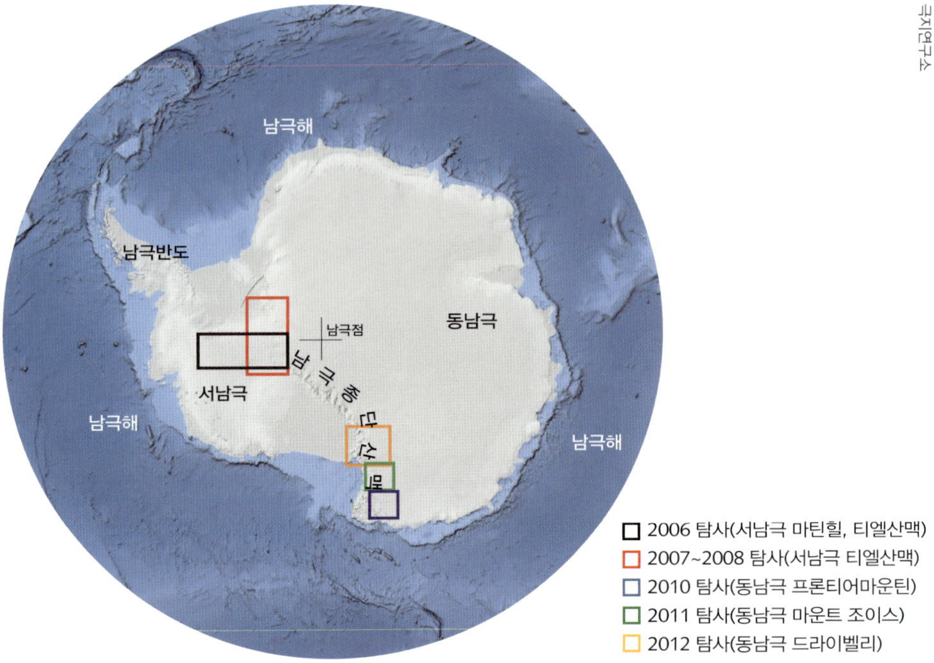

극지연구소

(남위 80도20분, 서경 80도25분)의 주변지역으로 정하고 1년간 준비에 들어갔다.

2006년 4월에는 코오롱스포츠(주)와 계약을 통해 탐사장비와 산악전문가를 지원받기로 하였으며, 8월에는 남극 운석탐사 4개국 대장을 초청하여 국제워크샵(International Workshop on Antarctic Meteorite Survey, IWAMS06)을 개최하여 많은 정보를 수집하였다. 11월에는 탐사팀이 북한산에서 적응훈련을 하였고, 12월 하순에 6명의 대원이 칠레 푼타 아레나스에 합류하여 최종적으로 장비와 부식을 점검하고 토레스 델 파이네에서 생존훈련을 받았다. 남극 탐사지원회사인 수송회사(Antarctic Logistics Expedition, ALE)로부터 영국인 가이드 한 명을 추천 받아 총 7명의 대원이 해를 넘겨 2007년 1월 7일 남극대륙에 첫발을 내딛었다. 남극 연구 30년 만에 처음으로 우리나라 운석탐사대가 남극대륙에 진출한 순간이었다.

블리자드 속에서 캠프를 설치하고 있는 제1차 남극운석탐사대

이종익

패트리어트 힐즈기지에서 장비 점검하고, 크레바스 구조훈련, 스노우모빌 운전 요령 등 기초훈련을 다시 받은 후 1월 10일 탐사지역으로 경비행기를 이용해 날아갔다. 한정된

예산으로 대륙 깊숙한 곳까지 가기에는 처음부터 무리였다. 탐사 지역은 남위 82도와 81도 사이인 마틴힐, 내쉬힐, 피릿힐 세 지역이었다. 베이스 캠프를 이동하면서 3주간 1,000킬로미터 이상을 스노우모빌로 달리고 블리자드와 싸우면서 운석을 찾았지만, 결과는 실패였다. 실패 원인은 탐사지역의 고도가 충분히 높지 않았기 때문이다. 남극에서 운석은 보통 고도가 2,000미터 이상이고 여름철 기온이 영하 20℃ 이하가 지속되는 고원지대의 산맥 주변 청빙 지대에서 발견된다. 하지만 위 세 지역은 고도가 1,500미터가 되지 않았고, 기온도 영하 20℃까지 내려가지 않는 지역이었다. 이 경우 청빙 지대에 노출된 운석은 해가 지지 않는 남반구 여름철에 태양열을 받아 표면온도가 15도 이상으로 올라간다. 결국 이 열은 운석을 떠받치고 있는 얼음을 서서히 녹여 운석이 다시 얼음 속으로 가라앉는다.

패트리어트 힐즈기지로 돌아와 철수를 준비하고 있을 때, 수송회사 측에서 뜻밖의 제안을 했다. 남극 운석탐사 지역 중 가장 고위도인 남위 85도 티엘산맥까지 하루 동안 경비행기를 무상으로 지원하겠다는 것이었다. 선택의 여지가 없었다. 대원 6명과 소노우모빌 한 대만 갖고 3시간을 날아갔다. 1월 28일 낮 12시, 남은 시간은 6시간. 3시간이 좀 지났을 때 주먹만 한 검은 돌이 눈에 들어왔다. 첫눈에 검게 탄 표면, 곧 용융각(熔融殼)이 뚜렷한 운석임을 알아보았다. 우리나라 탐사대가 남극에서 최초로 발견한 이 운석은 공식표기법을 따라 TIL06001로 명명되었으며, 대한민국 소유의 두 번째 운석이 되었다. 남은 2시간 동안 4개의 운석이 추가되어 총 5개의 운석을 회수하였다.

2007년 이후에는

2007년과 2008년 시즌에는 계속 티엘산맥에서 큰 무리를 하지 않고 운석을 탐사하여 각각 16개와 8개의 운석을 추가로 회수하였고, 이로써 우리나라는 총 29개의 운석을 확보하게 되었다. 이 중에는 최대 5킬로그램 정도 되는

이종익

대륙의 빙원을 달리는 제1차 남극운석탐사대 ①
대한민국 제1호 남극운석, TIL06001 오디너리 콘드라이트 ②
서남극 티엘산맥에서 발견된 최대크기의 운석 (TIL08004 팔라싸이트, 5킬로그램) ③

이종익

빅토리아 랜드 프론티어 마운틴에서 운석을 수집하는 장면
운석을 오염시키지 않으려고 운석에 절대 손을 대지 않는다.

석철질(石鐵質) 운석도 회수되었다. 이 운석들은 극지연구소 실험실에서 모두 분류한 후 국제운석학회에 등록되었다.

2011년 초에 제2기지 건설지가 동남극 빅토리아 랜드의 테라 노바 만으로 정해졌고, 2014년 3월에 완공될 이 기지는 장보고기지로 정해졌다. 이후 장보고기지를 거점으로 지속적인 운석탐사를 수행하기 위해 2010년 시즌부터 빅토리아 랜드에서 운석을 찾고 있다.

2010년 시즌에는 이태리와 공동으로 탐사를 실시해 프론티어 마운틴과 주변지역에서 113개의 운석을 회수할 수 있었고, 장보고기지에서 반경 300킬로미터 이내의 탐사 후보지 네 곳도 확보하였다.

2011년 시즌에는 데이비드 빙하 상류지역인 북빅토리아 랜드 마운트 조이스에서 극지연구소 단독으로 베이스캠프를 설치하고 지질조사팀과 공동으로 운석탐사를 실시하였다. 이 시즌에는 비록 단 한 개의 운석을 회수하였지만, 극지연구소 자체의 지원체계가 수립되었고, 대륙진출을 위한 중요한 전진 거점을 확보하였다는 점에서 큰 성과가 있었다고 할 수 있다.

2012년부터는

2012년 시즌부터 극지연구소는 독자적으로 남극대륙을 탐사하기 위한 기반을 구축하기 시작하였다. 총 12명으로 구성된 운석-지질-지구물리 연합 탐사대는 장보고기지 반경 300킬로미터 이내에서 헬리콥터를 이용한 다양한 탐사활동을 수행하였다. 지질팀은 북빅토리아 랜드 유레카 스퍼스 지역에서 2주간 야외캠프를 설치하고 고생대 퇴적층 조사와 화석을 채집하였고, 반경 100킬로미터 내외의 변성기반암도 많이 채집하였다. 지구물리팀은 기지 주변에 여러 대의 지진계를 설치하였다. 운석팀은 이태리팀과 공동으로 드라이밸리 서측 빙원에서 운석을 탐사해 총 37개의 운석을 회수하였다. 헬리콥터를 이용한 장거리 탐사를 위하여 기지에서 최대 200킬로미터 지점까지 총 4곳의 항공유 저장소를 설치하였고, 2013년부터 다학제간 탐사를 지원하기 위하여 드라이밸리에 하계시즌캠프 설치 지점을 확보하였다. 한정된 여름 시즌에 항공기, 헬리콥터의 지원시스템, 그리고 막대한 예산이 투입되는 남극대륙탐사를 효율적으로 수행하기 위해서는 많은 분야의 연구팀이 협력하여 탐사지역과 지원시스템을 공유하여야 한다. 2006년 시즌부터 운석탐사로 시작된 남극대륙탐사는 지질, 지구물리, 생명과학 분야가 함께 투입되는 다학제간 큰 규모로 발전하고 있다.

2006년 시즌부터 2012년 시즌까지 총 여섯 번의 운석탐사를 통해 180개가 넘는 운석을 수집하였다. 하지만 40년이 넘는 탐사역사와 10,000개 이상의 남극운석을 확보하고 있는 일본, 미국 같은 나라들과는 격차는 아직도 크다. 그래도 2014년 3월 장보고기지가 완공되고, 체계적인 탐사지원시스템이 구축되면 1,000개 이상의 운석이 회수될 날도 멀지 않았다.

이제는 운석 연구 선진국으로 도약하기 위한 연구시설 확충에 전력을 기울여야 할 시점이다. 남극 운석은 연구에 앞서 종류별로 분류를 한 후, 국제운석학회에 등록해야 한다. 2006년 레이저(Laser) 불화(弗化)방식 산소 동위원소 분석시스템 설치부터 시작된 운석 분석 시스템 구축 작업은 2013년 전자현미분석기 도입으로 1차 목표가 달성되지만, 첨단 분석기술 개발을 통한 본격적인 연구는 이제부터 시작이라 할 수 있다.

이종익

남극대륙으로 비행하는 러시아 수송기 일류신 76

북극정책 연구

점점 얼음이 녹고 있는 북극해 해저에는 엄청난 양의 지하자원이 있는 것으로 연구되었다. 우리 정부는 북극의 자연과학분야 연구 외에도 인문과학 및 산업분야 연구에도 정책지원을 할 계획이다.

이유경 극지연구소

● 북극에 대한 우리나라의 비전과 정책

극지 연구를 위하여

지난 2013년 1월 정부는 국가차원에서 극지정책 비전과 방향을 제시하기 위하여 '극지정책 선진화 방안'을 발표하였다. 그 방안에 따르면 정부는 북극정책 마스터플랜을 마련하고 북극 관련 연구를 자연과학뿐 아니라 인문과학, 산업 분야 등으로 정책적 지원을 확대할 예정이다. 또한, 북극정책 기본방향과 전략을 뒷받침하기 위하여 관련된 정보를 수집해서 분류하고 북극해 전문가를 양성할 계획이다. 이 밖에도 북극항로, 해양 플랜트, 조선 산업, 자원개발 참여 등 새로운 분야의 비즈니스 모델을 개발할 계획이다. 그러나 극지정책은 다양한 부처와 관련이 되어 있어 협의를 위한 위원회

그린란드 자켄버그 연구지 ①
인간의 잘못으로 이 아름다운 광경이 사라져서는 안 된다.

그린란드 자켄버그 기후변화 모사연구지 ②
비닐 텐트는 온도상승을 실험하기 위하여 쳐놓았다.

이유경

구성이 필요하나 정부차원의 위원회 조직이 없는 상황이다. 따라서 정부부처 국장과 민간전문가 등을 위원으로 하는 (가칭)극지정책위원회 신설을 검토하고 있다.

한편 2013년 7월 해양수산부는 '지속가능한 북극의 미래를 여는 극지 선도국가'라는 비전 아래 관계부처 합동으로 수립한 '북극 종합정책 추진계획'을 발표하였다. 이 계획에 따르면 정부는 북극권 국제협력과 과학연구활동을 강화하고 북극 비즈니스 모델을 발굴 추진하며 북극 정책의 법·제도 기반을 확충할 계획이다. 이와 같은 범정부 북극 종합정책 추진전략을 구체적으로 실현하기 위하여 '북극정책 마스터플랜'을 수립하고 2017년까지 집중적으로 관심을 기울일 것이다.

러시아와 북극의 자원

미국지질조사소에 따르면 북극에는 아직 발견되지 않은 전 세계 석유와 가스 탐사 자원량의 약 22퍼센트가 매장되어 있는 것으로 추정되는데, 천연가스는 세계 수요량의 10년, 석유는 5년 분량이다.

러시아는 북극에 매장된 에너지를 개발하여 약 40개가 넘는 지역에서 석유와 가스를 생산한다. 한 때 러시아 최대 유전이 있었던 야말로네네츠의 최대 도시 나딤에서는 2005년 우크라이나로 보내는 가스 공급을 중단하여 유럽을 떨게 한 일이 있다. 가스 밸브 하나로 유럽을 주무를 수 있었던 것이다. 덧붙이자면 러시아 에너지 사업의 주축은 가스회사인 가스프롬, 석유회사인 로스네프티, 그리고 송유관과 가스관을 독점 건설하는 트란스네프티이다. 가스프롬은 전 세계 30개국이 넘는 나라에 천연가스를 수출한다.

러시아는 에너지와 관련된 시설도 건설하는데, 유럽뿐만 아니라 동북아시아에 석유 공급을 할 수 있도록 시베리아 다이세트에서 극동 연해주에 있는 항구인 코즈미노를

알래스카 카운실에 설치된 이산화탄소 측정장치 ①
다산기지 주변 빙하 후퇴 지역 ②

이유경

연결하는 총 4,663킬로미터의 동시베리아송유관(ESPO)을 건설하고 있다. 1단계 공사는 이미 완료했고, 이 송유관을 중국 다칭까지 연결하면서 중국에 원유 공급을 시작했다. 이 송유관으로 운송된 다음 시베리아횡단열차로 블라디보스톡까지 운반된 러시아 원유 12만 배럴을 우리나라도 수입한 경험이 있다. 앞으로 북극항로가 개발되면 러시아의 자원을 해상으로 운송하는 것도 가능할 것이다.

러시아 외의 나라들

북극 그린란드에는 탄화수소 자원 외에도 다양한 종류의 광물이 묻혀있고 금, 은, 다이아몬드, 루비, 사파이어, 석탄, 텅스텐, 아연, 구리, 납, 철, 니켈, 몰리브덴, 희토류의 생산지이기도 하다. 따라서 2009년 천연자원에 대한 권리를 획득한 그린란드의 정부가 자원개발 허가권을 외국기업에 제공하여, 이미 덴마크를 비롯한 일본, 미국, 영국, 중국, 오스트레일리아의 기업이 다양한 그린란드 자원 탐사 또는 개발에 참여하고 있다.

북극에서 자원을 개발하는 것은 위험하고 비용이 많이 드는 산업이다. 혹한의 추위, 동토의 융해로 인한 지반의 불안정, 매년 변화하는 해빙과 유빙 등 극한 환경에도 견딜 수 있는 특수 시설과 전문 인력이 필요하기 때문이다. 또한 수송인프라가 갖추어져야 하므로 사업 초기에 대규모 투자가 필요하다.

그러나 북극 자원 개발은 먼 미래의 이야기가 아니다. 유전이나 광산을 직접 개발하는 것 외에 가스관과 송유관과 같은 수송 인프라 건설, 시추장비와 해상플랜트 제작 등 다양한 산업 기회가 북극에 열려 있기 때문이다. 이 문을 열고 들어가기 위하여 우선 북극 다산과학기지를 비롯한 환북극 탐사와 연구활동을 통해 북극 활동에 익숙한 전문 인력을 키우고, 북극이사회와 북극과학위원회와 같은 국제기구 활동을 강화하며, 그린란드와 같이 외국 기업의 탐사와 개발 기회를 제공하는 지역에서 먼저 자원개발을 시작할 필요가 있다.

북극항로는

북극해의 해빙이 줄어들면서 북극을 가로질러 태평양과 대서양을 오가는 통상항로에 대한 관심이 높아졌다. 북극항로에는 러시아 연안을 따라 가는 북동항로와 캐나다에 인접한 북서항로가 있다. 북동항로를 북극해항로(또는 북극항로)라고도 하는데, 최근 북극해의 해빙이 녹으면서 여름 동안 러시아 연안에 얼음이 없는 항로가 만들어져서 북동항로에 대한 관심이 높아졌다. 반면 북서항로는 캐나다 북쪽의 섬 사이를 지나가는 항해로 캐나다 북극 도서(島嶼)와 북극해가 만나는 지역은 여름에도 얼음이 녹지 않아 북동항로보다 항해가 더 어려운 편이다. 실제 북동항로는 19세기 중엽에 처음 지나간 반면, 북서항로는 20세기 들어 아문센이 처음으로 항해했다.

북극해 연안국들은 북극해역에서도 1982년 채택되고 1994년 발효된 UN해양법협약의 적용을 받는다. 이 말은 원칙적으로 200해리 배타적경제수역(EEZ)을 인정받는다는 뜻이다. 따라서 러시아와 캐나다는 각각 북동항로와 북서항로의 주요해협을 내수(또는 영해)로 주장하며 타국 선박의 출입을 규제하고 있다.

북동항로를 통과한 첫 번째 상선은 2009년 독일 벨루가 사의 9,600톤 급 화물선 프래터니티(Fraternity) 호와 포사이트(Foresight) 호로 울산을 출발해 러시아 블라디보스톡을 경유한 뒤 러시아의 핵추진 쇄빙선의 호위를 각각 받으며 러시아 얌부르크 항에 들어섰다. 이후 최종 목적지 네덜란드의 로테르담까지 무사히 도착했는데, 이는 기존의 운항거리보다 약 5,300킬로미터가 줄어들고 상선 한 척당 30만 달러, 항해일수 10일을 단축한 기록이었다.

일본은 1990년대부터 북극항로 개발을 위해 러시아, 노르웨이와 공동프로젝트를 진행하고 있고, 중국은 2000년대 들어 4차례나 대규모 탐사대를 북극에 파견하고 2012년에는 설룡 호가 북극해를 가로질러 아이슬란드까지 항해를 하기도 하였다.

우리나라는 2010년 '북극해 북동항로 진출 기본계획'을 세우고 2013년 10월 북극항로 개척을 위한 시범운항을 했다. 북서항로는 당분간 해빙이 남아 있겠지만, 북동항로는 조만간 해빙이 없는 지역이 될 것으로 예상되기 때문이다. 그러나 북동항로는 빙질의 조건, 수심, 러시아의 요구와 규정 등에 크게 영향을 받을 것으로 예상되어 아직도 풀어야 할 숙제가 남아 있다고 하겠다. 나아가 러시아와 분쟁이 생겼을 때를 대비해, 러시아문화에 통달하고 러시아어를 유창하게 구사하는 러시아협상전문가를 양성해야 한다.

북극이사회

북극 관련 정부간 조직으로는 북극이사회가 있다. 북극이사회는 북극과 인접한 국가들 간의 포럼으로 캐나다, 덴마크, 핀란드, 아이슬란드, 노르웨이, 러시아, 스웨덴, 미국 8개 국가가 회원국이며 비 북극권 6개 국가가 옵서버로 참여하고 있다. 또한 상임 참가그룹으로 북극에 거주하는 소수민족을 대표하는 6개 단체가 활동하고 있다. 우리나라는 2013년 정식옵서버가 되었다.

우리나라는 2012년 9월 스발바르 조약에 가입하여 스발바르 국제사회의 일원이 되었다. 이제 우리나라 국민이나 기업도 스발바르에 거주할 자유가 있고, 어업, 광업, 무역 등 경제활동을 노르웨이 국민과 똑같은 조건으로 할 수 있다. 인류 공유지가 된 스발바르 제도에서 우리도 경제활동이라는 권리를 누리면서 환경보전의 의무도 다 할 수 있기를 바란다.

찾아보기(가~라)

다

라

찾아보기(라~사)

마

바

사

찾아보기(사~타)

차

카

타

찾아보기(타~Z)